Werner Bächtold

Mikrowellenelektronik

Aus dem Programm Informationstechnik

Kommunikationstechnik
von M. Meyer

Signalverarbeitung
von M. Meyer

Grundlagen der Informationstechnik
von M. Meyer

Mikrowellenelektronik
von W. Bächtold

Mikrowellentechnik
von W. Bächtold

Informationstechnik kompakt
herausgegeben von O. Mildenberger

Einführung in die Mikrosystemtechnik
von F. Völklein und T. Zetterer

Elemente der angewandten Elektronik
von E. Böhmer

Nachrichtentechnik
von M. Werner

vieweg

Werner Bächtold

Mikrowellen-elektronik

Komponenten, System- und Schaltungsentwurf

Mit 212 Abbildungen

Herausgegeben von Otto Mildenberger

uni-script

Die Deutsche Bibliothek – CIP-Einheitsaufnahme

Herausgeber: Prof. Dr.-Ing. Otto Mildenberger lehrte an der Fachhochschule Wiesbaden in den Fachbereichen Elektrotechnik und Informatik

1. Auflage August 2002

Ursprünglich erschienen bei Friedr. Vieweg & Sohn Verlagsgesellschaft mbH,
Braunschweig/Wiesbaden, 2002

www.vieweg.de

Umschlaggestaltung: Ulrike Weigel, www.CorporateDesignGroup.de

Gedruckt auf säurefreiem und chlorfrei gebleichtem Papier.

ISBN 978-3-528-03937-0 ISBN 978-3-663-12240-1 (eBook)
DOI 10.1007/978-3-663-12240-1

Vorwort

Die moderne Mikrowellentechnik ist durch folgende zwei Merkmale gekennzeichnet:

1. Erschliessung von höheren Frequenzen: Die Kommunikationstechnik fordert laufend höhere Datenraten und höhere Bandbreiten. Im Mobilfunksektor müssen daher neue Mikrowellenbänder erschlossen werden. Namentlich findet der mm-Wellenbereich mehr und mehr Anwendung für die drahtlose Kommunikationstechnik über kleine Distanzen.

2. Trend zu kostengünstigen, kompakten Geräten: Die kleinen und höchst leistungsfähigen Geräte der Mobilfunktechnik illustrieren diese Entwicklung eindrucksvoll. Dank den Fortschritten der digitalen Elektronik und der analogen des Radioteils konnten Gewicht, Volumen, Leistungsbedarf und Kosten der Endgeräte in einem Mass reduziert werden, wie man es vor 20 Jahren auch mit grösstem Optimismus nicht vorherzusagen gewagt hätte.

Die Mikrowellenelektronik ist im Verlauf der letzten 20 Jahre von einer vom Standpunkt der Gestehungskosten sehr aufwändigen Technologie zu einer kostengünstigen geworden. Gleichzeitig haben sich auch die Entwicklungszeiten für neue Produkte erheblich verkürzt und die Ansprüche an die Entwickler sind gestiegen. Die Mikrowellenschaltungsentwickler haben in der gleichen Periode als markante Neuerungen die integrierte Mikrowellenschaltungstechnik MIC (microwave integrated circuits) und die monolithisch integrierte Mikrowellenschaltungstechnik MMIC (monolithic microwave integrated circuits) eingeführt. Zum Erfolg der Technologie hat dabei ganz wesentlich die moderne rechnergestützte Entwurfstechnik beigetragen. Diese Computerwerkzeuge erlauben die volle Entwurfsprozedur, von der ersten Schaltungsidee bis zum Layout des Silizium- oder Gallium-Arsenid-Chips und des Mikrostreifensubstrates, am Bildschirm durchzuführen. Mit diesem Werkzeug hat sich auch die Arbeitsweise des Ingenieurs verändert; viele über Jahre etablierte Entwurfsmethoden sind somit veraltet. Die numerische Analyse mit wesentlich genaueren Modellen der passiven und aktiven Bauelemente sowie die zur Verfügung stehenden Optimierungsmethoden erlauben eine sehr viel kürzere Entwicklungszeit mit weniger Redesigns.

Diesen neuesten Entwicklungen in der Mikrowellenenelektronik trägt dieses Lehrbuch Rechnung. Aufbauend auf den klassischen Grundlagen der Netzwerkanalyse, Elektronik, Leitungstheorie sowie den linearen und nichtlinearen passiven Bauelementen der Mikrowellentechnik werden hier die aktiven Halbleiterbauelemente der Mikrowellenelektronik und deren Anwendungen in hybriden und monolithisch integrierten Schaltungen eingeführt.

Kapitel 1 umfasst die Physik und die Modelle der aktiven Bauelemente Bipolartransistor (BJT), Hetero-Bipolartransistor (HBT), Gallium-Arsenid-Feldeffekt-Transistor (MESFET) und High Electron Mobility Transistor (HEMT) sowie des Halbleiterlasers. In Kapitel 2 über Mikrowellentransistorverstärker werden, nach einer allgemeinen Betrachtung der Eigenschaften von verstärkenden Zweitoren, verschiedene Verstärkertopologien eingeführt und die Grenzen des Dynamikbereichs, gegeben durch das Rauschverhalten und die Nichtlinearität, analysiert.

In Kapitel 3 "Mikrowellenoszillatoren" werden nach einer Einführung in den Grobentwurf von Mikrowellenoszillatoren mit verstärkenden Dreipolelementen das Rauschverhalten behandelt und die verschiedenen Bauformen von Synthesizern eingeführt. Im Kapitel 4 "Monolithisch integrierte Mikrowellenschaltungen" wird von den vorhergehenden Kapiteln Gebrauch gemacht und die Möglichkeiten und Grenzen des monolithischen Schaltungsentwurfs, in erster Linie für GaAs-MESFET-Schaltungen abgesteckt. Neben den linearen Schaltungen werden dabei Mischer, Vervielfacher, Schalter sowie digitale Schaltungen eingeführt.

Das vorliegende Skript baut auf die früher erschienenen Skripten "Lineare Elemente der Höchstfrequenztechnik" (Vdf-Verlag 1998) und "Mikrowellentechnik" (Vieweg-Verlag 1999) auf. Es hat sich mit der Vorlesung "Hochfrequenz- und Mikrowellenelektronik II" entwickelt, die erstmals 1989 gehalten wurde. 1998/99 wurde der Inhalt wesentlich umgestaltet und erweitert. Ich bin allen meinen an der Ausarbeitung beteiligten Mitarbeitern am Institut für Feldtheorie und Höchstfrequenztechnik der ETH Zürich zu grösstem Dank verpflichtet, namentlich Herrn Dr. I. Lamoth für die Textverarbeitung und die sorgfältige Ausführung der Zeichnungen.

Zürich, Mai 2002 Werner Bächtold

Inhaltsverzeichnis

Seite

1 Aktive Halbleiterbauelemente der Mikrowellentechnik

1.1 Bipolartransistoren

Seit seiner Erfindung durch Shockley, Bareen und Brittain im Jahr 1948 hat der Bipolartransistor (BJT: Bipolar Junction Transistor), das erste verstärkende Halbleiterbauelement, eine ungeahnte Entwicklung erlebt und seine Bauform hat nur noch eine ganz entfernte Ähnlichkeit mit dem ursprünglichen Element. Auch beim Bipolartransistor hat die technologische Entwicklung mit der Miniaturisierung gleichzeitig eine wesentliche Erhöhung der Leistungsfähigkeit, sowohl bezüglich Betriebsfrequenz und Verlustleistung wie auch um Grössenordnungen reduzierte Fabrikationskosten gebracht. Wesentlicher Motor dieser Entwicklung war die digitale Elektronik, die sich aber heute nur noch bei Anwendungen mit höchsten Ansprüchen an die Schaltgeschwindigkeit auf die Bipolartechnologie stützt.

Die Mikrowellenelektronik konnte von dieser Entwicklung in grossem Masse profitieren. Heute stehen Silizium-Bipolartransistoren als Einzelelemente wie auch in integrierten Schaltungen mit einem Einsatzbereich bis zu 10 GHz zur Verfügung. Hetero-Bipolartransistoren, basierend auf Halbleitermaterialkombinationen Silizium-Germanium und den III-V Halbleitern Gallium-Arsenid und Indium-Phosphid, stellen für die Mikrowellentechnik entscheidende Weiterentwicklungen dar und finden Anwendung im Millimeterwellenbereich und in der Gigabitelektronik.

In diesem Kapitel wird eine Einführung zur Funktionsweise und zu den gebräuchlichen Modellen vermittelt. Mit den geeigneten Modellen und Grundkenntnissen der Halbleiterphysik wird eine Basis sowohl für den Entwurf von hybriden und monolithisch integrierten Mikrowellenschaltungen mit Hilfe von CAD-Systemen als auch für die Analyse der Kleinsignal-, Rausch- und Verzerrungseigenschaften gelegt.

Bezüglich der Technologie von Bipolartransistoren und deren integrierten Schaltungen wird auf die Literatur [1, 2] verwiesen.

1.1.1 Funktionsweise des Bipolartransistors, das Ebers-Moll-Modell

Die Funktionsweise des Bipolartransistors basiert auf dem Verhalten von Elektronen und Löchern in Halbleiterübergängen, d.h. sie kann mit der Kenntnis der Trägertransporteigenschaften in pn-Halbleiterdioden hergeleitet werden [1 – 3].
Figur 1.1 zeigt die bekannte Trägerverteilung eines in Flussrichtung vorgespannten pn-Kontaktes.

Für die Trägerverteilung ausserhalb der Sperrschicht, d.h. für $x < x_p$ und $x > x_n$ gilt:

1. Die Löcher- und Elektronen-Majoritätsträgerdichten p_p und n_n sind durch die Dotierungsdichten: Akzeptorendichte N_A und Donatorendichte N_D gegeben:

$$p_p \approx N_A \qquad \text{und} \qquad n_n \approx N_D$$

2. Tief in den Bahngebieten $|x| \gg L_p, L_n$ erreichen die Minoritätsträgerdichten n_p und p_n die Gleichgewichtswerte:

$$n_p\left(|x| \gg L_p, L_n\right) = n_{po} = n_i^2 / p_p \tag{1.1}$$

$$p_n\left(|x| \gg L_p, L_n\right) = p_{no} = n_i^2 / n_n \tag{1.2}$$

mit L_p und L_n : Diffusionslängen der Löcher bzw. Elektronen

n_i : intrinsische Trägerdichte

3. An den Sperrschichträndern wird die Minoritätsträgerdichte durch das Quasi-Fermi-Niveau der gegenüberliegenden Seite bestimmt. Mit einer extern angelegten Diodenspannung U_D sind diese Minoritätsträgerdichten bei x = x_p und x_n :

$$n_p(x_p) = n_{po} e^{U_D/U_T} \tag{1.3}$$

$$p_n(x_n) = p_{no} e^{U_D/U_T} \tag{1.4}$$

mit Temperaturspannung $U_T = kT/q$, Boltzmannkonstante k, Elementarladung q

4. In den Bahngebieten fallen die Minoritätsträgerdichten exponentiell mit den charakteristischen Längen L_p bzw. L_n vom Wert $n_p(x_p)$ auf n_{po} und von $p_n(x_n)$ auf p_{no} ab

$$n_p(x) = n_{po}\left(e^{U_D/U_T} - 1\right)e^{(x-x_p)/L_n} + n_{po} \tag{1.5}$$

$$p_n(x) = p_{no}\left(e^{U_D/U_T} - 1\right)e^{(-x+x_n)/L_p} + p_{no} \tag{1.6}$$

5. Mit dem Dichtegradienten der Minoritätsträgerdichten $\left(n_p(x_p) - n_{po}\right)/L_n$ und $\left(p_n(x_n) - p_{no}\right)/L_p$ an den Sperrschichträndern sind die Elektronen- und Löcherdiffusionsstromdichten J_n und J_p verbunden:

$$J_n = \frac{qD_n}{L_n}\left(n_p(x_p) - n_{po}\right) = \frac{qD_n n_{po}}{L_n}\left(e^{U_D/U_T} - 1\right) \tag{1.7}$$

$$J_p = \frac{qD_p}{L_p}\left(p_n(x_n) - p_{no}\right) = \frac{qD_p p_{no}}{L_p}\left(e^{U_D/U_T} - 1\right) \tag{1.8}$$

Die totale Diodenstromdichte ist

$$J_D = J_n + J_p = J_s\left(e^{U_D/U_T} - 1\right) \tag{1.9}$$

mit

$$J_s = \frac{qD_n n_{po}}{L_n} + \frac{qD_p p_{no}}{L_p} \tag{1.10}$$

und D_p und D_n : Diffusionskonstante der Löcher bzw. Elektronen

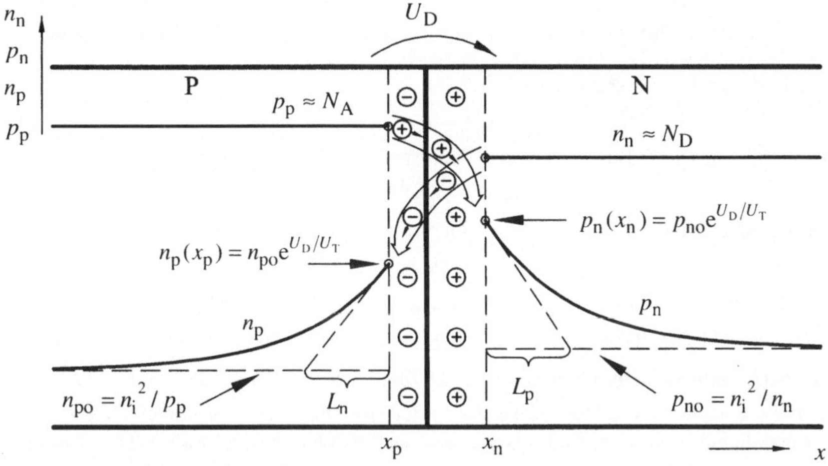

Figur 1.1 Trägerverteilung eines in der Flussrichtung vorgespannten pn-Übergangs.

Der Bipolartransistor ist eine Dreischichtstruktur mit der Dotierungsfolge pnp oder npn. Wie später gezeigt wird, ist die npn-Folge für Hochfrequenztransistoren vorteilhafter; wir betrachten im Folgenden also nur diese Struktur. In Figur 1.2 sind die drei Schichten mit Emitter (n-dotiert), Basis (p-dotiert) und Kollektor (n-dotiert) bezeichnet. In dieser Figur sind die Minoritäts- und Majoritätsträgerdichten dargestellt für den Fall, dass die Emitter-Basis-Diode in Flussrichtung und die Kollektor-Basis-Diode in Sperrrichtung vorgespannt sind.

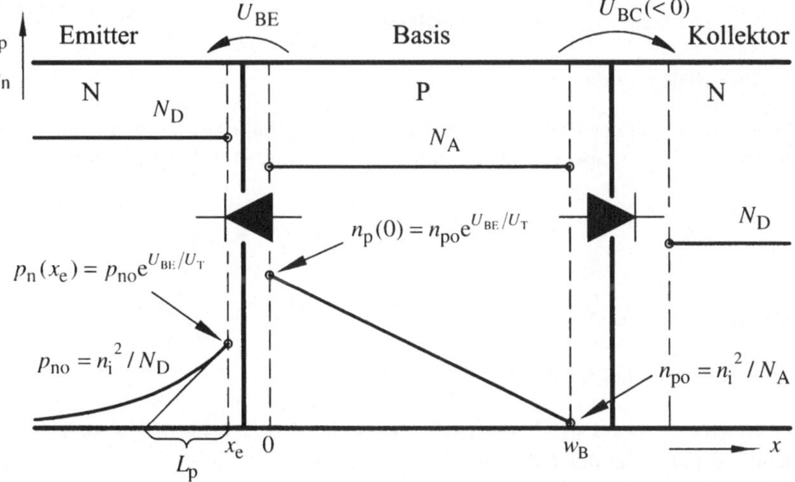

Figur 1.2 Trägerverteilung eines Bipolartransistors mit Dotierungsfolge npn.

Wie im Fall der pn-Diode werden die Minoritätsträgerdichten an den Sperrschichträndern von den Spannungen über den pn-Übergängen bestimmt.
Löcherdichte am Emittersperrschichtrand:

$$p_n(x_e) = p_{no} e^{U_{BE}/U_T} \tag{1.11}$$

Elektronendichte in der Basis am Sperrschichtrand gegen den Emitter:

$$n_p(0) = n_{po} e^{U_{BE}/U_T} \tag{1.12}$$

Elektronendichte in der Basis am Sperrschichtrand gegen den Kollektor:

$$n_p(w_B) = n_{po} e^{U_{BC}/U_T} \tag{1.13}$$

Die Basisdicke w_B ist bei Hochfrequenztransistoren ausserordentlich klein; sie liegt im Bereich von $0.1\,\mu m$. Über dieser kurzen Strecke können die vom Emitter injizierten Elektronen praktisch nicht rekombinieren, d.h. die Diffusionslänge der Elektronen L_n ist wesentlich grösser als die Basisdicke. Es bildet sich damit ein konstanter Gradient der Elektronendichte von der Emitterseite zur Kollektorseite der Basis. Die Emitter-Elektronenstromdichte J_{En} ist unabhängig vom Ort x in der Basis und ist ein reiner Diffusionsstrom:

$$J_{En} = \frac{q D_n \left(n_p(0) - n_p(w_B)\right)}{w_B} = \frac{q D_n n_{po}}{w_B}\left(e^{U_{BE}/U_T} - e^{U_{BC}/U_T}\right) \tag{1.14}$$

Für $U_{BE} \gg U_T = kT/q$ und $U_{BC} < 0$ ist

$$J_{En} \approx \frac{q D_n n_{po}}{w_B} e^{U_{BE}/U_T} = J_{Ens} e^{U_{BE}/U_T} \tag{1.15}$$

mit der Emitter-Elektronensättigungsstromdichte $J_{Ens} = \frac{q D_n n_{po}}{w_B} = \frac{q D_n n_i^2}{N_A w_B}$ (1.16)

und der Basisdotierungsdichte N_A

Der Löcherstrom von der Basis in den Emitter wird, wie bei einer pn-Diode, durch den Gradienten der Minoritätsträgerdichte beim Sperrschichtrand auf der Emitterseite bestimmt

$$J_{Ep} = \frac{q D_p p_{no}}{L_p}\left(e^{U_{BE}/U_T} - 1\right) \approx \frac{q D_p p_{no}}{L_p} e^{U_{BE}/U_T} = J_{Eps} e^{U_{BE}/U_T} \tag{1.17}$$

mit dem Emitter-Löchersättigungsstromdichte $J_{Eps} = \frac{q D_p p_{no}}{L_p} = \frac{q D_p n_i^2}{L_p N_D}$ (1.18)

und der Emitterdotierungsdichte N_D.

Der Elektronenstrom mit der Dichte J_{En} wird unter den gemachten Voraussetzungen vollständig vom Emitter durch die Basis zum Kollektor transferiert.

Der Löcherstrom mit der Dichte J_{Ep} fliesst dagegen nur von der Basis zum Emitter. Für den Betrieb des Bipolartransistors ist es wichtig, dass ein möglichst grosser Anteil des gesamten Emitterstroms $J_{\mathrm{En}} + J_{\mathrm{Ep}}$ zum Kollektor gelangt.

Man definiert hier einen Emitterwirkungsgrad η_{E} als Verhältnis des Emitterelektronenstroms zum gesamten Emitterstrom:

$$\eta_{\mathrm{E}} = \frac{J_{\mathrm{En}}}{J_{\mathrm{E}}} = \frac{J_{\mathrm{En}}}{J_{\mathrm{En}} + J_{\mathrm{Ep}}} \tag{1.19}$$

Unter Vernachlässigung einer Rekombination der Elektronen im Basisraum und des Löchersperrstroms vom Kollektor zur Basis ist die niederfrequente Stromverstärkung in der Basisschaltung α_{o}

$$\alpha_{\mathrm{o}} = \frac{J_{\mathrm{C}}}{J_{\mathrm{E}}} \approx \eta_{\mathrm{E}} = \frac{1}{1 + \dfrac{N_{\mathrm{A}} D_{\mathrm{p}} w_{\mathrm{B}}}{N_{\mathrm{D}} D_{\mathrm{n}} L_{\mathrm{p}}}} \tag{1.20}$$

Es zeigt sich also, dass zur Erreichung eines hohen Stromverstärkungsfaktors α_{o} die Basis viel niedriger dotiert sein muss als der Emitter, d.h. es muss $N_{\mathrm{D}} \gg N_{\mathrm{A}}$. Typischerweise wird ein Emitterwirkungsgrad η_{E} von 0.99 ... 0.999 angestrebt.

An dieser Stelle kann bereits ein Faktor analysiert werden, der zum dynamischen Verhalten des Bipolartransistors beiträgt; die Trägertransitzeit durch die Basis τ_{F}. Mit der erwähnten dreiecksförmigen Elektronenverteilung im Basisraum ist die Ladung der Elektronen pro Einheit der Basisfläche, d.h. Flächenladungsdichte Q'_{nB} für $n_{\mathrm{p}}(0) \gg n_{\mathrm{po}}$:

$$Q'_{\mathrm{nB}} = \mathrm{q}\, n_{\mathrm{p}}(0) \frac{w_{\mathrm{B}}}{2} = \frac{w_{\mathrm{B}}^2}{2D_{\mathrm{n}}} J_{\mathrm{En}} = \tau_{\mathrm{F}} J_{\mathrm{En}} \tag{1.21}$$

mit mittlerer Vorwärts-Transitzeit $\tau_{\mathrm{F}} = \dfrac{w_{\mathrm{B}}^2}{2D_{\mathrm{n}}}$

Der Faktor τ_{F} hat die Einheit Sekunden und entspricht der Zeit, die gebraucht wird, um die Ladungsdichte Q'_{nB} mit der Stromdichte J_{En} aufzubauen. Der Faktor τ_{F} entspricht also der Diffusionszeit oder Transitzeit der Elektronen durch den Basisraum in der Richtung Emitter zum Kollektor. τ_{F} ist auch die Reaktionszeit der Ladungsverteilung in der Basis auf eine Änderung der Stromdichte J_{E}. Diese Transitzeit ist nach (1.21) quadratisch von der Basisbreite w_{B} abhängig: Es ist also offensichtlich, dass Hochfrequenzbipolartransistoren eine sehr dünne Basis verlangen. Mit einer typischen Dicke von $w_{\mathrm{B}} = 0.1\,\mu\mathrm{m}$ wäre τ_{F} für einen Silizium-Bipolartransistor ca. $5\,\mathrm{ps}$. Diese nicht vernachlässigbare Transitzeit kann mit einem Gradienten der Dotierungsdichte in der Basis (fallende Dotierungsdichte vom Emitter zum Kollektor) reduziert werden.

Ein Dotierungsgradient bewirkt ein für die Elektronen beschleunigendes Feld. Damit können die Elektronen im Basisraum nahezu die maximale Driftgeschwindigkeit erreichen. Gegenüber einer konstant dotierten Basis wird die Transitzeit τ_F um ca. einen Faktor 2 reduziert [2]. Die Transitzeit τ_F ist bei reiner Diffusion umgekehrt proportional zur Diffusionskonstanten D_n. Die Diffusionskonstante ihrerseits ist nach der Einsteinschen Beziehung proportional zur Trägermobilität. Bekanntlich ist bei allen technisch interessanten Halbleitern die Mobilität der Elektronen grösser als die der Löcher.

Bei Bipolartransistoren ist daher der npn-Typ mit Elektronen als Träger in der Basis für Hochfrequenzanwendungen vorteilhafter als der pnp-Typ.

Nach dem mit den Gleichungen (1.15), (1.17) und (1.20) beschriebenen Modell könnte der Bipolartransistor mit einem Ersatzschaltbild gemäss Figur 1.3 dargestellt werden:

$$I_C = \alpha_o I_E \tag{1.22}$$

$$I_E = I_{Es} e^{U_{BE}/U_T} \tag{1.23}$$

mit I_{Es}: Emittersättigungsstrom

Dabei sind nun statt den Stromdichten J_C und J_E die Ströme I_C und I_E für eine bestimmte Transistorfläche A angegeben.

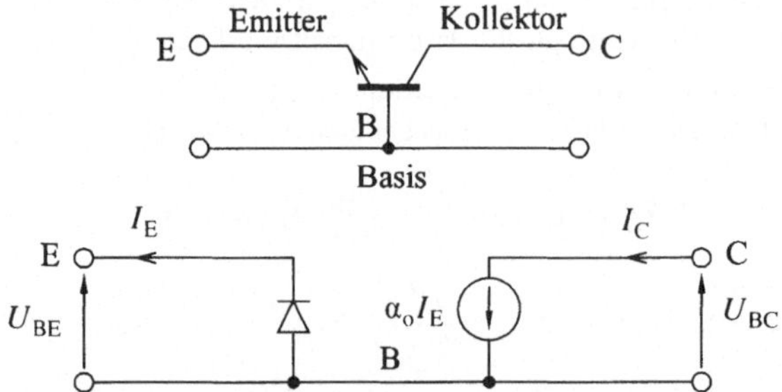

Figur 1.3 Einfaches Modell des npn-Transistors gemäss (1.15), (1.17) und (1.20).

(1.22) und (1.23) geben eine einfache Beschreibung des Gleichstromverhaltens des Bipolartransistors für $U_{BE} > 0$ und $U_{BC} < 0$. Gleichung (1.23) stellt die Diodencharakteristik für $U_{BE} \gg U_T$ dar.

Das heute weit verbreitete Ebers-Moll-Modell basiert auf dem oben gezeigten einfachen Modell. Es ist aber für alle möglichen Betriebsarten, d.h. $U_{BE} > 0$, $U_{BE} < 0$, $U_{BC} > 0$ $U_{BC} < 0$ erweitert und wird mit folgenden Gleichungen beschrieben:

Ebers-Moll-Gleichungen

$$I_E = \underbrace{I_{Es}\left(e^{U_{BE}/U_T} - 1\right)}_{I_{DE}} - \alpha_R I_{Cs}\left(e^{U_{BC}/U_T} - 1\right) \tag{1.24}$$

$$I_C = \alpha_F I_{Es}\left(e^{U_{BE}/U_T} - 1\right) - \underbrace{I_{Cs}\left(e^{U_{BC}/U_T} - 1\right)}_{I_{DC}} \tag{1.25}$$

mit I_{Cs} : Kollektorsättigungsstrom

α_F : Stromverstärkungsfaktor vorwärts (typisch $\alpha_F = 0.99...0.999$)

α_R : Stromverstärkungsfaktor rückwärts (typisch $\alpha_R = 0.5$)

I_{DE} : Emitterstrom für $U_{BC} = 0$

I_{DC} : Emitterstrom für $U_{BE} = 0$

Da das Dotierungsprofil des Bipolartransistors bezüglich der Basis nicht symmetrisch ist, unterscheiden sich die Stromverstärkungsfaktoren α_F und α_R markant.

Das Ebers-Moll-Modell kann gemäss Figur 1.4 als Ersatzschaltbild dargestellt werden.

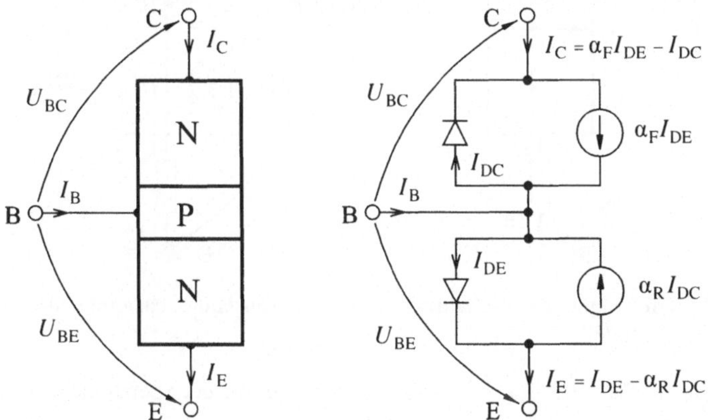

Figur 1.4 Die Ersatzschaltung des Bipolartransistors nach dem Ebers-Moll-Modell.

Das Ebers-Moll-Modell ist ein Modell des Gleichstromverhaltens des intrinsischen Transistors. Es kann mit den Kapazitäten der pn-Übergänge und den Zuleitungswiderständen zu den Emitter-, Basis- und Kollektorkontakten nach Figur 1.5 erweitert werden. Dieses so vervollständigte Modell stellt das Grosssignalverhalten mit guter Genauigkeit dar und wird in dieser Form in Netzwerkanalyseprogrammen wie SPICE, ADS, Microwave Office usw. angewandt.

Nach Figur 1.5 sind die intrinsischen Anschlüsse mit E', B' und C' bezeichnet. Sie entsprechen den Punkten E, B und C in Figur 1.4.

Die Stromquellen $I'_E(U_{B'E'}, U_{B'C'})$ und $I'_C(U_{B'E'}, U_{B'C'})$ entsprechen den Ebers-Moll-Gleichungen (1.24) und (1.25):

$$I'_E = I_{Es}\left(e^{U_{B'E'}/U_T} - 1\right) - \alpha_R I_{Cs}\left(e^{U_{B'C'}/U_T} - 1\right) \quad (1.26)$$

$$I'_C = \alpha_F I_{Es}\left(e^{U_{B'E'}/U_T} - 1\right) - I_{Cs}\left(e^{U_{B'C'}/U_T} - 1\right) \quad (1.27)$$

Es kann gezeigt werden, dass für ortsunabhängige Basisdotierung gilt

$$\alpha_F I_{Es} = \alpha_R I_{Cs} \quad (1.28)$$

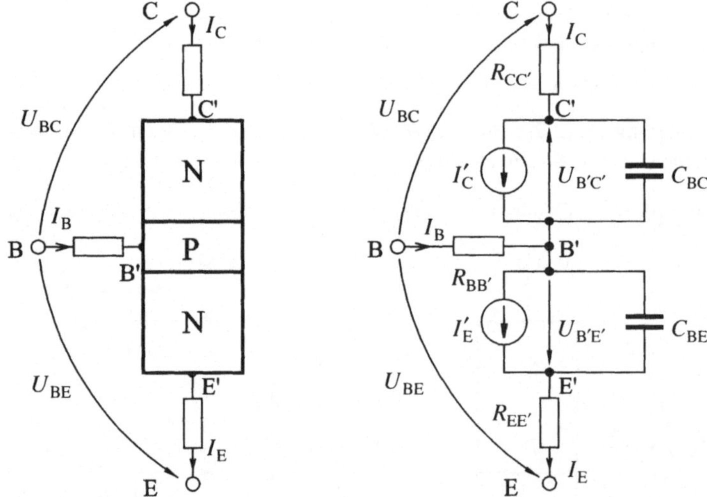

Figur 1.5 Grosssignalersatzschaltung des Bipolartransistors, basierend auf dem Ebers-Moll-Modell.

Die Kapazitäten C_{BE} und C_{BC} beinhalten je einen Beitrag der Sperrschichtkapazität und der Diffusionskapazität des jeweiligen pn-Übergangs:

$$C_{BE} = \frac{dQ_{BE}}{dU_{BE}} = \frac{\tau_F \alpha_F I_{Es}}{U_T} e^{U_{B'E'}/U_T} + \frac{C_{E0}}{\left[1 - U_{B'E'}/\Phi_{B'E'}\right]^{m_E}} \quad (1.29)$$

$$C_{BC} = \frac{dQ_{BC}}{dU_{BC}} = \underbrace{\frac{\tau_R \alpha_F I_{Es}}{U_T} e^{U_{B'C'}/U_T}}_{\text{Diffusionskapazität}} + \underbrace{\frac{C_{E0}}{\left[1 - U_{B'C'}/\Phi_{B'C'}\right]^{m_C}}}_{\text{Sperrschichtkapazität}} \quad (1.30)$$

$R_{BB'}$, $R_{CC'}$ und $R_{EE'}$ sind parasitäre Zuleitungswiderstände, die sich aus der Geometrie und den technologischen Details ergeben und τ_F, τ_R sind die Vorwärts- und Rückwärtstransitzeiten durch die Basis. In der technischen Ausführung sind Emitter, Basis und Kollektor nicht ortsunabhängig dotiert, wie dies in Figur 1.1 dargestellt ist. Figur 1.6 zeigt das typische Dotierungsprofil eines Bipolartransistors, das mit Ionenimplantation erzeugt wurde. Es weist im Basisraum ausserhalb der Sperrschichtbereiche einen Abfall der Akzeptordichte N_A von der Emitter- zur Kollektorseite um mehr als eine Grössenordnung auf.

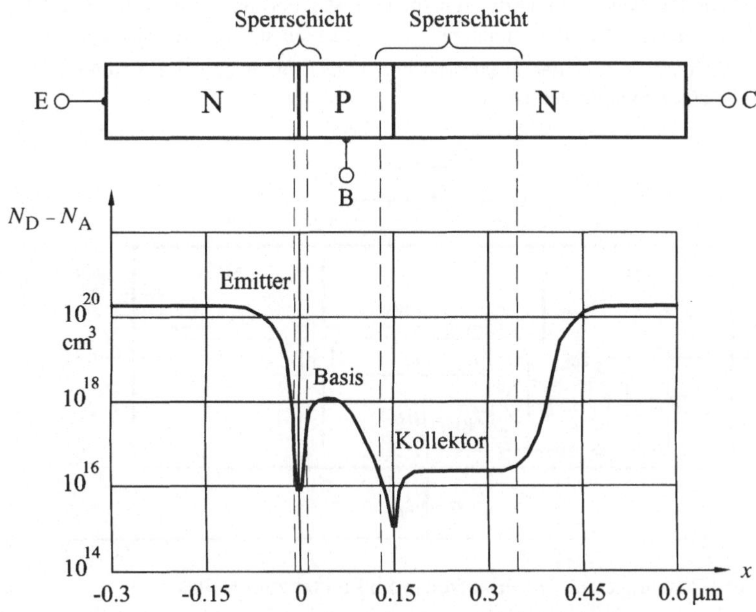

Figur 1.6 Querschnitt und Dotierungsprofil eines Bipolartransistors in Standardtechnologie.

Die Basisdotierung liegt um ca. zwei Grössenordnungen unter der Emitterdotierung, was, wie oben erwähnt, für einen hohen Emitterwirkungsgrad erforderlich ist. Weiter stellen wir fest, dass der Kollektor stufenförmig dotiert ist. Mit der relativ niedrigen Donatordichte im der Basis zugewandten Kollektorbereich wird beim Anlegen einer Kollektorspannung U_{BC} eine dicke Sperrschicht mit einer relativ niedrigen maximalen Feldstärke ausgebildet. Mit dieser sich weit in den Kollektorbereich ausdehnenden Sperrschicht kann eine hohe Kollektordurchbruchspannung erreicht werden. Tief im Kollektorbereich, im Subkollektor wird die Donatordichte stark erhöht, was zu einem erwünschten niedrigen Zuleitungswiderstand zum Kollektorkontakt führt.

Der in Figur 1.9 dargestellte Querschnitt zeigt, dass der intrinsische Transistor vertikal liegt und völlig von Halbleitermaterial umgeben ist. Die elektrischen Zuführungen von den an der Oberfläche angeordneten Anschlüssen verlangen auch eine komplexe Technologie mit mehreren Prozessschritten. Der intrinsische Transistor ist damit völlig "vergraben" und hat keine freien Oberflächen. Randeffekte spielen eine nur untergeordnete Rolle und die Erfahrung zeigt, dass sich das Bauelement sehr genau nach dem rein eindimen-sionalen Ebers-Moll-Modell verhält.

1.1.2 Kleinsignal-Hochfrequenzverhalten von Bipolartransistoren

Das in Figur 1.5 dargestellte Grosssignalmodell ist grundsätzlich auch für eine Kleinsignalanalyse geeignet. Mit der Annahme eines rein reellen Stromverstärkungsfaktors α_F wird vernachlässigt, dass der Trägertransport vom Emitter bis zum Kollektor mit einer gewissen Laufzeit verbunden ist.

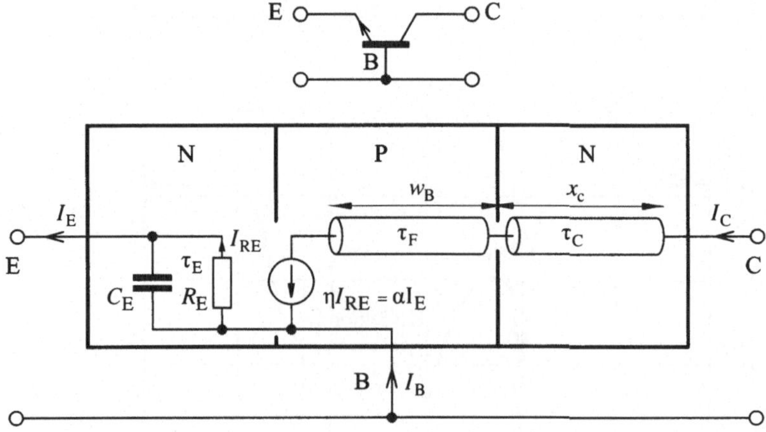

Figur 1.7 Beiträge zur Trägerlaufzeit vom Emitter zum Kollektor.

Für eine Kleinsignalanalyse mit korrekter Wiedergabe der Phase zwischen Ein- und Ausgang muss der Stromverstärkungsfaktor genauer modelliert werden. In Figur 1.7 sind die einzelnen Beiträge der Trägerlaufzeit qualitativ dargestellt.

Ein erster Beitrag zur Verzögerung stellt der in Flussrichtung gepolte Emitter-Basis pn-Übergang dar: Der kapazitive Anteil des Emitterstromes ist für den Transport durch die Basis zum Kollektor verloren. Nur der Stromanteil im Widerstand R_E wird zum Kollektor transportiert. Die Stromverstärkung erfährt also einen ersten Übertragungsfaktor entsprechend einem Tiefpass erster Ordnung mit der Zeitkonstanten τ_E. Der bereits erwähnte Diffusionstransport nach (1.21) durch den raumladungsfreien Teil der Basis kann als reine Verzögerung τ_F ohne Trägerverlust modelliert werden.

Einen letzten Beitrag stellt die Durchgangszeit der Träger mit der Sättigungsgeschwindigkeit v_s durch die Basis-Kollektor-Sperrschicht der Dicke x_C mit der Verzögerung τ_C dar. Typische Werte für Siliziumtransistoren sind: $x_c = 0.2...2\mu m$ und $v_s \approx 8 \cdot 10^6 cm/s$

Die drei Laufzeitbeiträge sind also:

$$\tau_E = R_E C_E \tag{1.31}$$

$$\tau_F = w_B^2 / \eta D_n \tag{1.32}$$

$$\tau_C = x_c / 2v_s \tag{1.33}$$

Der dimensionslose Faktor η beinhaltet den durch das Basisdotierungsprofil bewirkten Trägerbeschleunigungseffekt. Die Trägertransitzeit durch die Kollektorsperrschicht ist $\tau_T = x_c / v_s$. Nach (1.33) ist die Verzögerung τ_C um einen Faktor 2 kleiner als τ_T. Dies ist darauf zurück zu führen, dass schon während der Laufzeit eines Trägers durch die Sperrschicht am Sperrschichtrand des Kollektors eine Spiegelladung aufgebaut wird. Die gesamte Verzögerung ist:

$$\tau_{tot} = \tau_E + \tau_F + \tau_C \tag{1.34}$$

Diese Beziehung für τ_{tot} ist nur eine Näherung, da die Zeitkonstante τ_E keine reine Verzögerung darstellt. Die Kombination von Tiefpassübertragungsfunktion und reiner Verzögerung ist aus dem Frequenzgang des Stromverstärkungsfaktors in der Basisschaltung $\underline{\alpha}$ klar ersichtlich:

$$\underline{\alpha} = \frac{\underline{I}_C}{\underline{I}_E} = \frac{\alpha_o e^{-jf/f_{\alpha 1}}}{1 + jf/f_{\alpha 2}} \approx \frac{\alpha_o}{1 + jf/f_\alpha} \tag{1.35}$$

Dabei ist die Grenzfrequenz in der Basisschaltung f_α:

$$f_\alpha \approx \frac{1}{\frac{1}{f_{\alpha 1}} + \frac{1}{f_{\alpha 2}}} \approx \frac{1}{2\pi\tau_{tot}} \tag{1.36}$$

Figur 1.8 zeigt den typischen Verlauf von $\underline{\alpha}(f)$. Bei $f = f_\alpha$ ist der Betrag von $\underline{\alpha}$ gegenüber α_o um 3dB abgefallen.

Die Grenzfrequenz f_α ist der wichtigste HF-Parameter des Transistors und stellt ein Gütekriterium dar. Bipolartransistoren sind in Verstärkern und Oszillatoren bis zu einer maximalen Frequenz von $f = f_\alpha$ einsetzbar.

In der Praxis ist der Einsatz aber meist auf $f < 0.2 f_\alpha$ beschränkt. f_α wird durch die Transistortechnologie, d.h. durch die Basisdicke, Emitterstreifenbreite und die Herstellungsprozesse für das Dotierungsprofil bestimmt. Von den in Figur 1.5 dargestellten parasitären Widerständen hat der Basiszuleitungswiderstand $R_{BB'}$ den grössten Einfluss auf die Hochfrequenzeigenschaften.

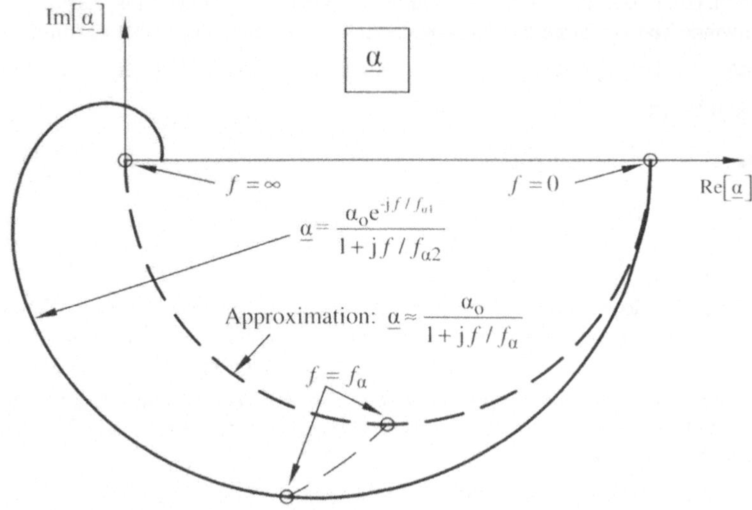

Figur 1.8 Frequenzgang des Stromverstärkungsfaktors $\underline{\alpha}$.

Der Basiszuleitungswiderstand $R_{BB'}$ wird durch die Basisdicke w_B und die Emitterbreite w_E bestimmt, wie aus Figur 1.9 ersichtlich ist. Je kleiner die Basisdicke w_B gewählt wird, desto kleiner muss auch die Emitterbreite w_E gewählt werden. Damit wird der Gewinn, der die kleinere Basisdicke in der Grenzfrequenz f_α bewirkt, nicht mit einem höheren Basiszuleitungswiderstand zunichte gemacht. Offensichtlich müssen also zur Erreichung hoher Grenzfrequenzen die lateralen und die vertikalen Transistordimensionen gleichzeitig skaliert werden.

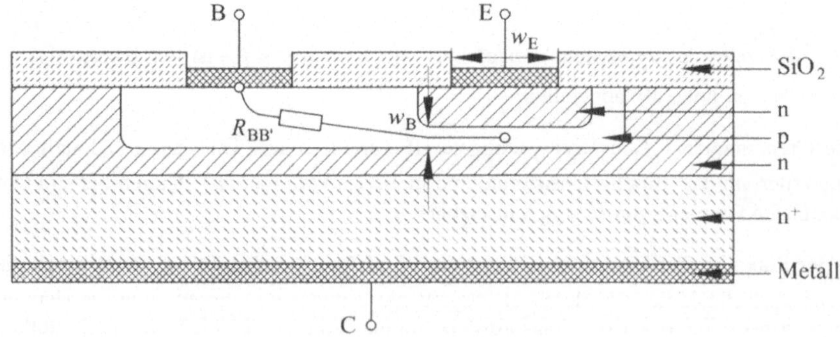

Figur 1.9 Querschnitt durch einen Bipolartransistor.

Der Stromverstärkungsfaktor für tiefe Frequenzen α_o zeigt die in Figur 1.10 dargestellte Arbeitspunktabhängigkeit.

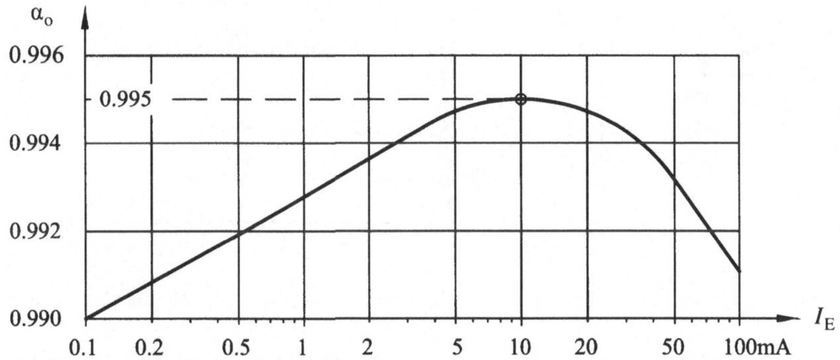

Figur 1.10 Typische Arbeitspunktabhängigkeit der Stromverstärkung α_o.

Bei niedrigen Stromdichten bewirkt die Rekombination im Basisraum eine Reduktion des Emitterwirkungsgrades und damit eine Reduktion der Stromverstärkung.

Dieser Rekombinationsstrom ändert sich nur wenig mit zunehmender Stromdichte, sodass sein Einfluss auf die Stromverstärkung abnimmt. Bei sehr hoher Strominjektion machen sich Hochstromeffekte bemerkbar. Ein hoher Elektronenstrom, der die Basis-Kollektor-Raumladung durchquert, erhöht die negative Ladung in der Basis-Kollektor-Sperrschicht.

Bei gegebener Spannung U_{BC} wird damit die Ausdehnung dieser Sperrschicht in den Basisraum reduziert und die Basisbreite w_B wird erhöht, was gemäss (1.20) zu einer Reduktion der Stromverstärkung α_o führt (Kirk-Effekt). In den bisherigen Betrachtungen wurde die Basis als gemeinsame geerdete Elektrode betrachtet. In Schaltungen treffen wir aber häufiger die auf Emitterschaltung, wobei der Emitter die geerdete Elektrode (common emitter) und die Basis die Eingangselektrode ist. Werden also die Emitter- und Basisanschlüsse vertauscht, dann wird der Basisstrom I_B zum Transistoreingangsstrom. Figur 1.11 zeigt das typische Kennlinienfeld eines npn-Transistors in dieser Schaltung.

Der differentielle niederfrequente Stromverstärkungsfaktor β_o in der Emitterschaltung ist:

$$\beta_o = \frac{\Delta I_C}{\Delta I_B} = \frac{\alpha_o}{1-\alpha_o} \tag{1.37}$$

Mit den obigen Betrachtungen lassen sich die Kleinsignalmodelle für die Basisschaltung und die Emitterschaltung als Ersatzschaltungen darstellen.

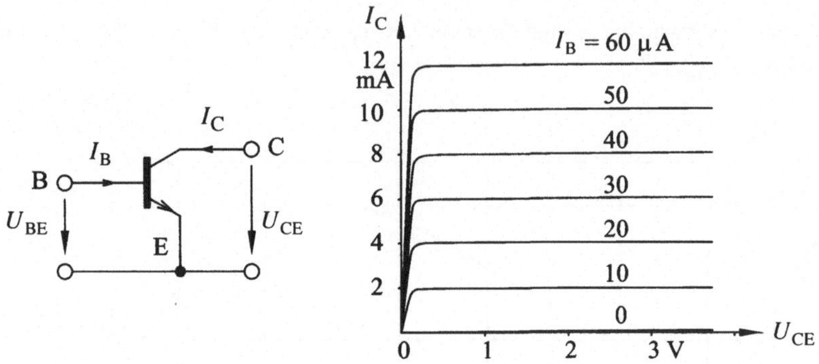

Figur 1.11 Typisches Transistorkennlinienfeld $I_C(U_{CE})$ mit I_B als Parameter.

Figur 1.12 zeigt die Basisschaltung, wie sie direkt aus dem Ebers-Moll-Modell (Figur 1.5) hervorgeht.

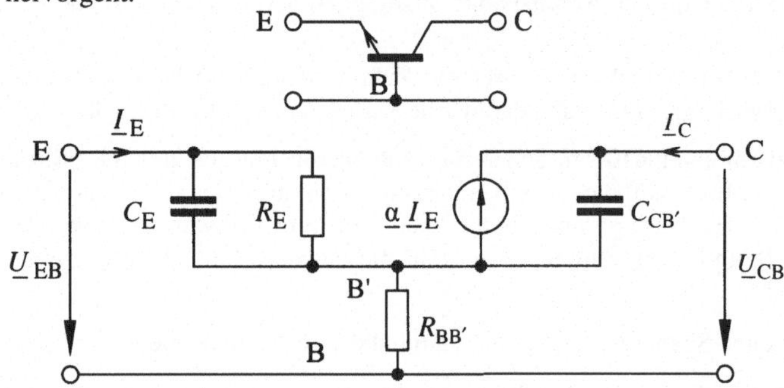

Figur 1.12 Kleinsignalersatzschaltbild des Bipolartransistors in Basisschaltung.

Das Kleinsignalmodell beschränkt sich auf den Bereich im aktiven Gebiet mit $U_{BE} > 0$ und $U_{BC} < 0$. Dabei sind

$$R_E = \frac{dU_{BE}}{dI_E} = \frac{U_T}{I_E} \tag{1.38}$$

$$\underline{\alpha} = \frac{\underline{I}_C}{\underline{I}_E} = \frac{\alpha_o}{1 + j f / f_\alpha} \tag{1.39}$$

C_E : Diffusionskapazität des Basis-Emitter-Übergangs

$C_{CB'}$: Sperrschichtkapazität des Basis-Kollektor-Übergangs

Der Stromverstärkungsfaktor $\underline{\beta}(f)$ in der Emitterschaltung ist, analog zu (1.37)

$$\underline{\beta}(f) = \frac{\underline{I}_C}{\underline{I}_B} = \frac{\underline{\alpha}(f)}{1 - \underline{\alpha}(f)} \tag{1.40}$$

Mit (1.37) und (1.39) ist

$$\underline{\beta} = \frac{\beta_o}{1 + \mathrm{j} f / f_\alpha (1 - \alpha_o)} = \frac{\beta_o}{1 + \mathrm{j} f / f_\beta} \tag{1.41}$$

f_β ist die Grenzfrequenz in der Emitterschaltung, d.h. die Frequenz, bei der $\left|\underline{\beta}\right|$ gegenüber β_o um 3dB abgefallen ist

$$f_\beta = f_\alpha (1 - \alpha_o) = f_\alpha \alpha_o / \beta_o \approx f_\alpha / \beta_o \tag{1.42}$$

Die Stromverstätkung $\underline{\beta}$ fällt mit der Frequenz $f > f_\beta$ um rund 20 dB/Dekade ab. Bei der Frequenz $f_T \approx f_\alpha$ ist $\underline{\beta} \approx 1$. f_T wird als Transitfrequenz bezeichnet.

Figur 1.13 zeigt den typischen Frequenzgang der Stromverstärkungsfaktoren $|\underline{\alpha}(f)|$ und $|\underline{\beta}(f)|$.

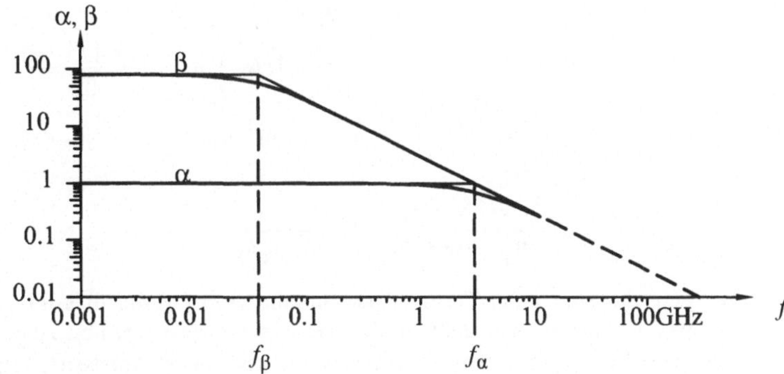

Figur 1.13 Typischer Frequenzgang der Stromverstärkungsfaktoren $\alpha(f)$ und $\beta(f)$ der Basis- und Emitterschaltungen.

Das Ersatzschaltbild für die Emitterschaltung wird die Form nach Figur 1.14 annehmen.

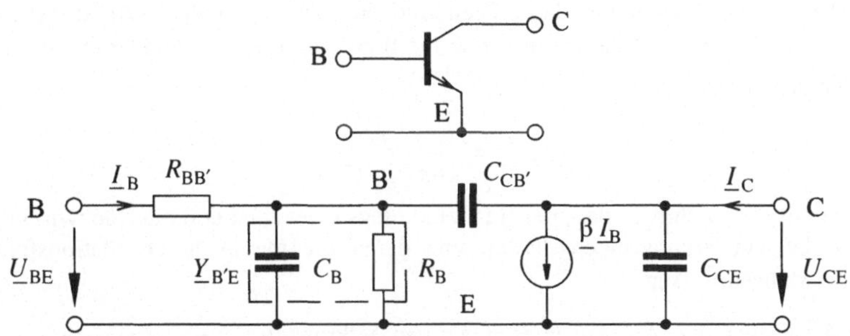

Figur 1.14 Kleinsignalersatzschaltbild des Bipolartransistors in Emitterschaltung (Ersatzschaltung nach Giacoletto).

Dabei wird als zusätzliches Element die Kapazität C_{CE} eingeführt, die eine extrinsische Kapazität darstellt und im Wesentlichen durch die Kapazität zwischen den Kollektor- und Emitterkontakten bestimmt ist. In dieser Ersatzschaltung ist die intrinsische Basis-Emitter-Admittanz $\underline{Y}_{B'E}$ als Parallelschaltung einer Kapazität und eines Leitwertes angegeben. Diese Admittanz wird wie folgt bestimmt.

In der Basisschaltung tritt zwischen E und B' die Admittanz $\underline{Y}_{EB'}$ als Parallelschaltung von C_E und R_E auf:

$$\underline{Y}_{EB'} = \frac{\underline{I}_E}{\underline{U}_{EB'}} = \frac{1}{R_E} + j\omega C_E \tag{1.43}$$

Die Admittanz $\underline{Y}_{B'E}$ ist mit $\underline{\alpha} - 1 \approx 1/\underline{\beta}$ und $f_\alpha \approx f_T$

$$\begin{aligned} \underline{Y}_{B'E} &= \frac{\underline{I}_B}{\underline{U}_{B'E}} = \frac{1}{R_E} + j\omega C_E = \frac{\underline{I}_E - \underline{I}_C}{\underline{U}_{B'E}} = \frac{\underline{I}_C - \underline{I}_E}{\underline{U}_{EB'}} = \underline{Y}_{EB'}(\underline{\alpha}-1) \\ &\approx \frac{\underline{Y}_{EB'}}{\underline{\beta}} = (1/R_E + j\omega C_E)\frac{1 + jf/f_T}{\beta_o} \end{aligned} \tag{1.44}$$

Durch Koeffizientenvergleich finden wir für R_B und C_B

$$R_B \approx R_E \beta_o \tag{1.45}$$

$$C_B = \frac{C_E}{\beta_o} + \frac{1}{2\pi f_T R_B / \beta_o} \approx \frac{1}{2\pi f_T R_E} \tag{1.46}$$

Es zeigt sich, dass der erste Term in der Summe (1.46) vernachlässigt werden kann. Obwohl oben die Aussage gemacht wurde, dass Bipolartransistoren bis zu einer Frequenz von maximal $f = f_T$ einsetzbar sind, ist es bei geeigneter Anpassung eingangs- und ausgangsseitig möglich, auch für höhere Frequenzen als f_T eine meist kleine Leistungsverstärkung $G > 1$ (d.h. > 0 dB) zu bekommen. Wie im Kapitel 2 Mikrowellen-Halbleiterverstärker ausgeführt wird, bietet sich noch eine weitere Definition einer Grenzfrequenz an, nämlich die Frequenz, bei der die maximal mögliche Leistungsverstärkung = 1 ist. Man nennt diese Grenzfrequenz die maximale Oszillationsfrequenz f_{max}. Nach [1] besteht näherungsweise für Bipolartransistoren folgender Zusammenhang zwischen f_T und f_{max}:

$$f_{max} = \sqrt{\frac{f_T}{8\pi R_{BB'} C_{CB'}}} \tag{1.47}$$

Es ist somit offensichtlich, dass der Basiszuleitungswiderstand und die Rückwirkungskapazität die Verstärkungseigenschaften und damit die maximale Oszillationsfrequenz f_{max} stark beeinflussen.

Figur 1.15 zeigt den Aufbau eines modernen Mikrowellen-Bipolartransistors und die dafür übliche SMD-Gehäuse (Surface Mounted Device).

Kleinsignalparameter des Bipolartransistors Siemens SIEGET BFP 520 in der Emitterschaltung für den Arbeitspunkt $I_C = 10\,\text{mA}$ und $U_{CE} = 2\,\text{V}$:

$R_B \approx 450\,\Omega$; $R_{BB'} = 11\,\Omega$; $C_B = 1.5\,\text{pF}$; $C_{CB'} = 0.05\,\text{pF}$;
$C_{CE} = 0.28\,\text{pF}$; $\beta_o = 90$; $f_T = 40\,\text{GHz}$

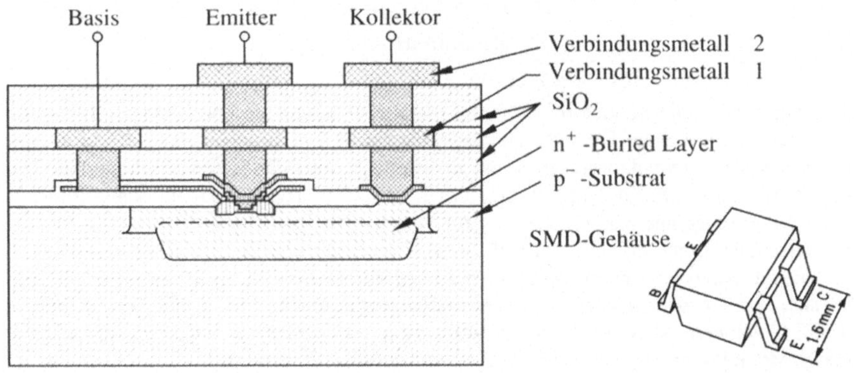

Figur 1.15 Bipolartransistor Siemens SIEGET BFP 520: Aufbau, SMD-Gehäuse.

Figur 1.16 zeigt die Ortskurven der Streuparameter im Bereich 0.1...12 GHz des Bipolartransistors BFP 520 im in Figur 1.15 dargestellten SMD-Gehäuse. Offensichtlich kommen die Streuparameter $\underline{S}_{11}$ und $\underline{S}_{22}$ bei hohen Frequenzen in den induktiven Bereich. Dafür sind die Zuleitungsinduktivitäten (Bonddrähte und Anschlussbeine) des Gehäuses verantwortlich.

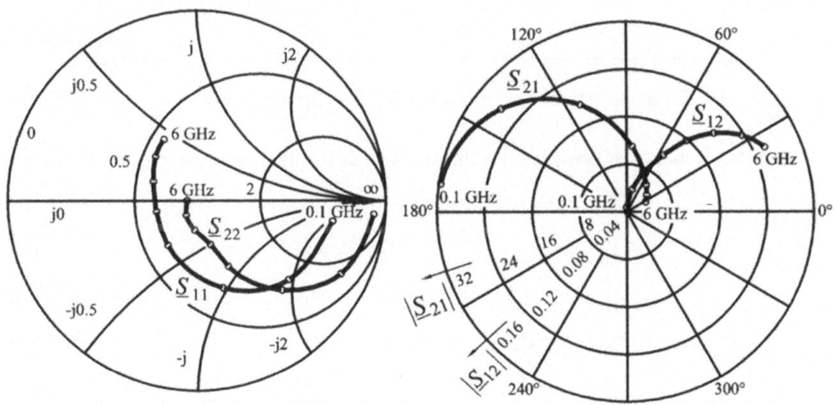

Figur 1.16 Ortskurven der Streuparameter $\underline{S}_{11}$, $\underline{S}_{22}$, $\underline{S}_{12}$ und $\underline{S}_{21}$ des Bipolartransistors Infineon SIEGET BFP 520 für die Frequenzen: 0.1, 0.5, 1, 2, 3, 4, 5 und 6 GHz.

1.1.3 Rauschverhalten von Bipolartransistoren

Es ist bekannt, dass der pn-Übergang eine signifikante Rauschquelle, nämlich eine Schrotrauschquelle mit dem Rauschstrom $<i_{\mathrm{nd}}^2>$ aufweist [1...4]:

$$<i_{\mathrm{nd}}^2> = 2\mathrm{q}\, I_{\mathrm{D}} \Delta f \tag{1.48}$$

mit
- q : Elementarladung, $\mathrm{q} = 1.602 \cdot 10^{-19}\,\mathrm{C}$
- I_{D} : Diodengleichstrom
- Δf : Frequenzintervall

Das Schrotrauschen tritt auch im Bipolartransistor bei beiden pn-Übergängen auf. Da das Rauschen in den beiden Übergängen zum grössten Teil eine gemeinsame Ursache hat, nämlich den Emitterelektronenstrom, ist anzunehmen, dass die Schrotrauschquellen eine Korrelation aufweisen. In der Literatur werden auch zwei unterschiedliche Rauschmodelle vertreten; eines mit Korrelation, das auf van der Ziel zurückgeht [5] und ein für die Emitterschaltung vereinfachtes Modell ohne Korrelation [6]. Das zweite Rauschmodell ist, da es in Analyseprogrammen einfach zu implementieren ist, mehr verbreitet: Es findet sich auch in den meisten Netzwerkanalyseprogrammen, wie in den verschiedenen SPICE-Versionen, ADS von Hewlett-Packard u.a. und genügt den meisten Ansprüchen. Dieses Modell ist in Figur 1.17 für die Emitterschaltung dargestellt.

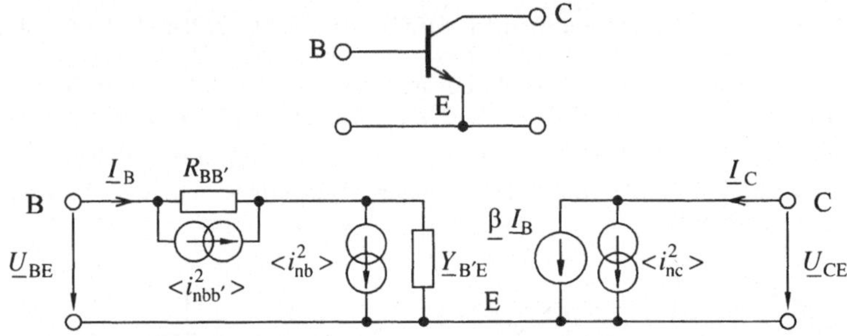

Figur 1.17 Einfaches Rauschersatzschaltbild des Bipolartransistors.

Es beinhaltet neben den erwähnten Schrotrauschquellen $<i_{\mathrm{nb}}^2>$ und $<i_{\mathrm{nc}}^2>$ die thermische Rauschquelle des Basiszuleitungswiderstandes $<i_{\mathrm{nbb'}}^2>$:

$$<i_{\mathrm{nb}}^2> = 2\mathrm{q}\, I_{\mathrm{B}} \Delta f \tag{1.49}$$

$$<i_{\mathrm{nc}}^2> = 2\mathrm{q}\, I_{\mathrm{C}} \Delta f \tag{1.50}$$

$$<i_{\mathrm{nb}} i_{\mathrm{nc}}^*> = 0 \tag{1.51}$$

$$<i_{\mathrm{nbb'}}^2> = \frac{4\mathrm{k}T\,\Delta f}{R_{\mathrm{BB'}}} \tag{1.52}$$

Im Niederfrequenzbereich können noch Funkelrauschquellen (oder 1/*f*-Rauschquellen) auftreten, die ein Rauschstromquadrat von der folgenden Form aufweisen:

$$<i_{\mathrm{nf}}^2>=<i_{\mathrm{nfo}}^2> f_c / f \tag{1.53}$$

$<i_{\mathrm{nf}}^2>$ ist also umgekehrt proportional zur Frequenz *f*.

Bei Silizium-Bipolartransistoren ist das Funkelrauschen gegenüber den anderen Rauschbeiträgen für Frequenzen $f > 10...100\,\mathrm{Hz}$ vernachlässigbar. Dies könnte implizieren, dass das Funkelrauschen bei Mikrowellenanwendungen nie in Erscheinung treten würde. Es ist aber möglich, dass über nichtlineare Effekte das 1/*f*-Rauschen auch zu hohen Frequenzen hochgemischt wird. Dies ist namentlich der Fall, wenn Transistoren als aktive Elemente in Oszillatoren eingesetzt werden. Das äusserst gute 1/*f*-Rauschverhalten macht den Bipolartransistor besonders für Mikrowellenoszillatoren attraktiv.

Figur 1.18 zeigt die Rauschzahl und den optimalen Quellenreflexionsfaktor bezüglich Rauschen für den Transistor BFP 520.

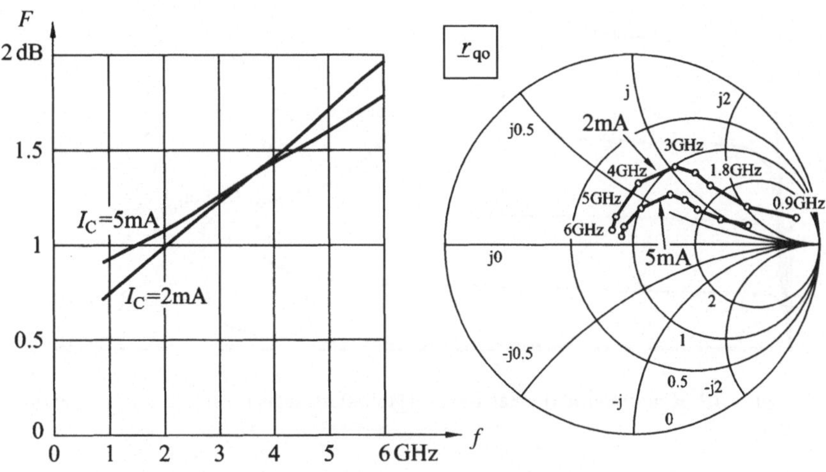

Figur 1.18 Rauschzahl *F* und optimaler Quellenreflexionsfaktor $\underline{r}_{qo}$ bezüglich Rauschen für den Transistor BFP 520.

1.1.4 Leistungs-Bipolartransistoren

Der Bipolartransistor eignet sich im unteren Gigahertzbereich auch als Leistungsverstärker. Er hat namentlich im kommerziell interessanten Mobilfunkfrequenzbereich 0.9...2 GHz als Sendeverstärker Einzug gefunden. Wie im Abschnitt 1.1.2 festgestellt, verlangt die kleine Basisdicke auch eine kleine Emitterfläche, damit die mit der vertikalen Skalierung gewonnene Verbesserung der Hochfrequenzeigenschaften nicht durch einen hohen Basiszuleitungswiderstand verloren geht. Ein hoher Emitterstrom und damit eine hohe Leistung kann daher nicht einfach mit einer einzigen grossen Emitterfläche erreicht werden. Leistungstransistoren sind als Arrays von kleinflächigen Transistoren aufgebaut. Zur Erreichung einer hohen Kollektordurchbruchspannung muss das Kollektordotierungsprofil besonders sorgfältig ausgelegt sein. Im Betrieb mit maximaler Leistung wird der Transistor nahe am Durchbruch und bei relativ hoher Sperrschichttemperatur betrieben. Der Bipolartransistor zeigt zwei Durchbruchphänomene: den ersten und den zweiten Durchbruch, wie dies in Figur 1.19 dargestellt ist.

Während im aktiven gesättigten Betrieb der Transistor in Emitterschaltung ausgangsseitig hochohmig ist, nimmt beim Erreichen der Durchbruchspannung der Kollektorstrom stark zu. Der Grund dafür ist, dass im Bereich der Kollektorsperrschicht eine Trägergeneration durch Lawineneffekt stattfindet. Bei einer markanten Zunahme dieses Lawinenstroms kann eine starke lokale Erwärmung des Kristallgitters stattfinden, was zu einer weiteren thermisch bedingten Trägerzunahme und zum zweiten Durchbruch führt. Bei fehlender Strombegrenzung kann der zweite Durchbruch das Bauelement zerstören.

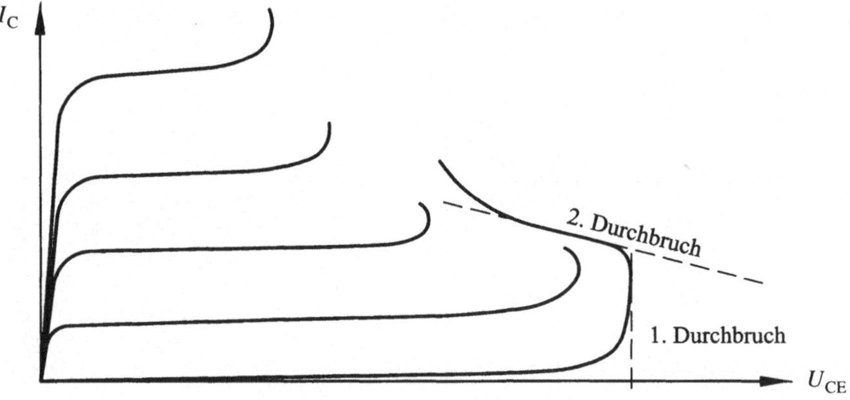

Figur 1.19 Kennlinienfeld eines Leistungsbipolartransistors mit 1. und 2. Durchbruch.

Nicht nur der Kollektorspannung, sondern auch dem Kollektorstrom sind Grenzen gesetzt. Bei hoher Stromdichte in den Metallisierungen und im Übergang Metall-Halbleiter tritt eine Materialmigration auf, die das Gefüge der Metallschicht verändert und die Lebensdauer des Bauelementes reduziert. Die Lebensdauer des Bauelementes wird somit durch hohe Betriebstemperatur und hohe Stromdichte beeinflusst. Figur 1.20 zeigt die mittlere Lebensdauer MTBF (mean time between failure) eines modernen Leistungstransistors (MRF20060R, [7]). Dabei ist das Produkt MTBF x Kollektorstrom^2 in Funktion der Sperrschichttemperatur dargestellt. Als Beispiel könnte also bei einem Kollektorstrom von $I_C = 6$ A und einer Temperatur von 200 °C eine Lebensdauer von 10^5 Stunden ($\approx$10 Jahre) erwartet werden. Leistungstransistoren sind sowohl eingangs- wie ausgangsseitig niederohmige Bauelemente und schwierig anzupassen.

Sie werden meist in einem Gehäuse geliefert, das für einen beschränkten Frequenzbereich eine gewisse Anpassung liefert.

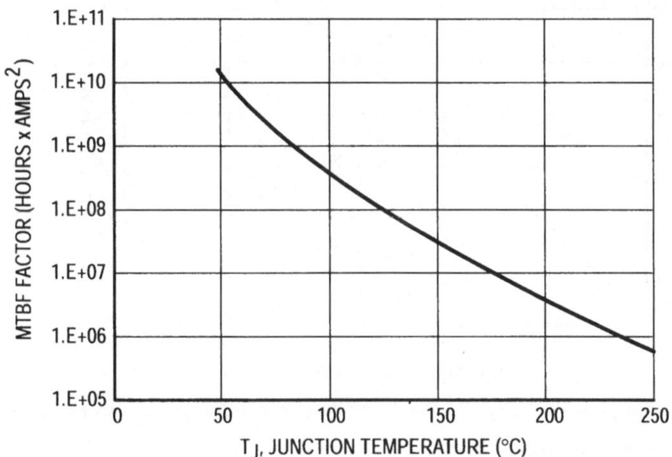

Figur 1.20 Lebensdauer MTBF × Kollektorstrom^2 in Funktion der Sperrschichttemperatur des Leistungstransistors Motorola MRF20060R [7].

Figur 1.21 zeigt die Eingangs- und Ausgangsstreuparameter $\underline{S}_{11}$, $\underline{S}_{21}$, $\underline{S}_{12}$ und $\underline{S}_{22}$ des Transistors MRF20060R im Frequenzberich 1.5...2.5GHz .

f	$\underline{S}_{11}$		$\underline{S}_{21}$		$\underline{S}_{12}$		$\underline{S}_{22}$	
[GHz]	$\lvert\underline{S}_{11}\rvert$	$\angle\underline{S}_{11}$	$\lvert\underline{S}_{21}\rvert$	$\angle\underline{S}_{21}$	$\lvert\underline{S}_{12}\rvert$	$\angle\underline{S}_{12}$	$\lvert\underline{S}_{22}\rvert$	$\angle\underline{S}_{22}$
1.5	0.986	168	0.32	81	0.031	60	0.923	169
1.75	0.951	163	0.62	46	0.028	47	0.880	169
2	0.880	172	0.75	–68	0.006	–151	0.953	172
2.25	0.961	161	0.25	–128	0.049	160	0.947	167
2.5	0.781	161	0.14	157	0.156	108	0.907	165

Figur 1.21 $\underline{S}$ -Parameter des Leistungstransistors Motorola MRF20060R [7].

In Figur 1.22 ist die Ausgangsleistung und die Leistungsverstärkung in Funktion der Eingangsleistung dargestellt. Der Transistor ist dabei im Klasse AB-Betrieb, d.h. der Ruhestrom ist klein und der Transistor wird auch bei niedrigen HF-Leistungen nichtlinear ausgesteuert.

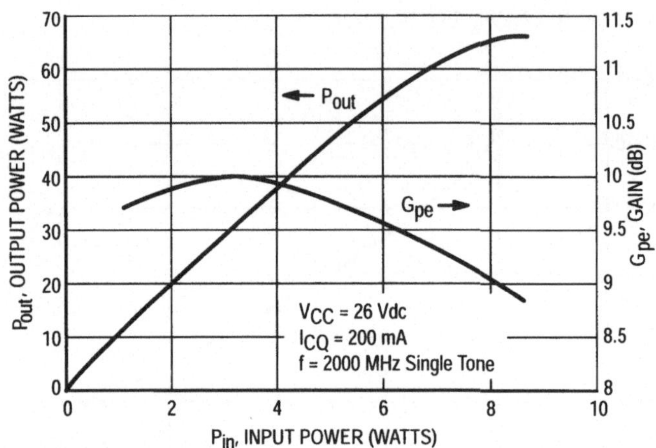

Figur 1.22 Ausgangsleistung P_{out} und Leistungsverstärkung G_{pe} des Leistungstransistors Motorola MRF20060R [7].

1.2 Heterobipolartransistoren

In der Analyse des Hochfrequenzverhaltens des Bipolartransistors, Kapitel 1.1.2 , wurde gezeigt, dass der Basiszuleitungswiderstand $R_{BB'}$ die Hochfrequenzeigenschaften, d.h. das Kleinsignal- und Rauschverhalten beeinflussen. Die Transitfrequenz f_T , so wie sie auf Grund des Stromverstärkungsfaktors $\beta(f)$ ermittelt werden kann, zeigt zwar eine wenig ausgeprägte Abhängigkeit von $R_{BB'}$, dagegen ist die maximale Oszillationsfrequenz f_{max} , d.i. die Frequenz, bei der die maximal verfügbare Leistungsverstärkung (Maximum Avaiable Gain) MAG = 1 (entspricht 0 dB) ist, stark von $R_{BB'}$ abhängig. Die verschiedenen Definitionen der Leistungsverstärkungen werden im Kapitel 2 Mikrowellen-Halbleiterverstärker genauer behandelt. Für den Bipolartransistor gilt näherungsweise [1]:

$$f_{max} \approx \sqrt{\frac{f_T}{8\pi R_{BB'} C_{CB'}}} \qquad (1.54)$$

Es wurde in Kapitel 1.1.1 , Gl. (1.20) darauf hingewiesen, dass eine hohe Stromverstärkung α_o eine hohe Dotierung des Emitters bei gleichzeitig niedriger Dotierung der Basis verlangt. Die niedrige Basisdotierung hat aber eine niedrige Leitfähigkeit im Basismaterial und damit einen hohen Basiszuleitungswiderstand zur Folge. Dabei muss noch berücksichtigt werden, dass im p-dotierten Basismaterial der Strom durch Löcher getragen wird, die eine gegenüber Elektronen wesentlich niedrigere Beweglichkeit aufweisen.

Die Bipolartransistoren zeigen mit dem Basiszuleitungswiderstand ein unerwünschtes parasitäres Element, das in direktem Zusammenhang mit dem Emitterwirkungsgrad η_E steht und nicht vermieden werden kann. Die Hochfrequenzeigenschaften des Bipolartransistors könnten verbessert werden, wenn es einerseits gelänge, bei hochdotierter Basis einen hohen Emitterwirkungsgrad zu erzielen und andererseits, wenn mit einem anderen Halbleitermaterial die Mobilität und die maximale Driftgeschwindigkeit verbessert werden könnte. Genau dies gelingt mit dem Hetero-Bipolartransistor (HBT), der eine Weiterentwicklung des in Kapitel 1.1 beschriebenen Homojunction-Bipolartransistors darstellt. Beim Hetero-Bipolartransistor wird ein Heterokontakt als Emitter-Basis-Übergang eingesetzt. Figur 1.23 zeigt zwei n- und p-dotierte Halbleiterblöcke mit unterschiedlichen Bandlücken W_{G1} und W_{G2}, die nicht in Kontakt stehen.

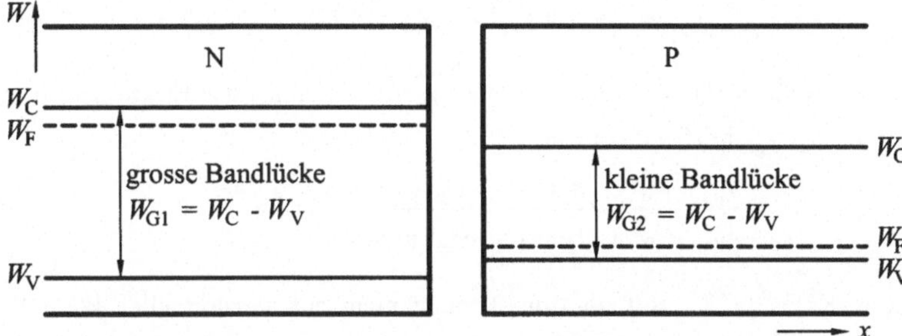

Figur 1.23 Banddiagramme von n- und p-dotierten Halbleiterblöcken.

Wenn die Vakuumpotentiale beider Blöcke auf gleichem Niveau sind, dann zeigen die Leitungsbandkanten W_C und die Valenzbandkanten W_V die Diskontinuitäten ΔW_C und ΔW_V. Werden die beiden Halbleiterblöcke nach Figur 1.24 zu einem idealen Kontakt gebracht, dann bleiben diese Diskontinuitäten erhalten.

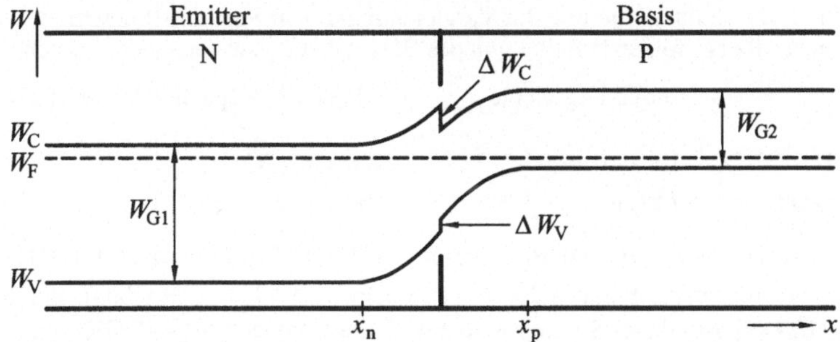

Figur 1.24 Banddiagramm des Emitter-Basiskontaktes ohne extern angelegte Spannung.

Im Übrigen verhält sich der Kontakt wie ein konventioneller p-n-Kontakt, d.h. ohne extern angelegte Potentialdifferenz wird das Fermipotential überall die gleiche Höhe annehmen und die Leitungs- und Valenzbänder zeigen eine Verbiegung im Bereich des Kontaktes, was mit dem Auftreten einer Raumladung verbunden ist. Wird an diesem Heterokontakt eine Spannung in Flussrichtung, positiv in Richtung von p- zu n-Seite angelegt, dann verhält sich der Heterokontakt wie ein Homokontakt mit dem einzigen Unterschied, dass die Intrinsicdichten n_i unterschiedlich sind für die beiden Zonen:

$$n_i^2 = N_V N_C \, e^{-W_G/kT} \tag{1.55}$$

Die Löcherdichte am Sperrschichtrand auf der n-Seite wird entsprechend Gl. (1.3) zu:

$$p_n(x_n) = p_{no} e^{U_{BE}/U_T} = \frac{n_{i1}^2}{N_D} e^{U_{BE}/U_T} = \frac{N_V N_C}{N_D} e^{-W_{G1}/kT} \, e^{U_{BE}/U_T} \tag{1.56}$$

und die Elektronendichte am Sperrschichtrand auf der p-Seite:

$$n_p(x_p) = n_{po} e^{U_{BE}/U_T} = \frac{n_{i2}^2}{N_A} e^{U_{BE}/U_T} = \frac{N_V N_C}{N_A} e^{-W_{G2}/kT} \, e^{U_{BE}/U_T} \tag{1.57}$$

Wenn die Basis die Dicke w_B aufweist, dann ist das Verhältnis von Elektronenstrom zu Löcherstrom J_n / J_p im Heterokontakt

$$\frac{J_n}{J_p} = \frac{D_n L_p}{D_p w_B} \cdot \frac{n_p(x_p)}{p_n(x_n)} = \frac{D_n L_p N_D}{D_p w_B N_A} \cdot e^{(W_{G1} - W_{G2})/kT} \tag{1.58}$$

Der Faktor $e^{(W_{G1} - W_{G2})/kT}$ tritt im Homokontakt nicht auf, da dort gilt $W_{G1} = W_{G2}$; offensichtlich kann also der Emitterwirkungsgrad um diesen Faktor gegenüber dem Homokontakt-Bipolartransistor erhöht werden.

Bei einen Bandlückenunterschied $\Delta W_G = W_{G1} - W_{G2} = 200\,\text{meV}$ erhöht sich J_n / J_p um den Faktor 2200. Mit diesem Bandlückenunterschied könnte also die Basis höher dotiert sein als der Emitter und dennoch würde eine genügend hohe Stromverstärkung erreicht. Meist wird eine Stromverstärkung in der Emitterschaltung von $\beta = 50 \ldots 100$ angestrebt; die Basisdotierung kann daher um mindestens zwei Grössenordnungen höher gewählt werden als die Emitterdotierung. Im Vergleich mit einem Silizium-Bipolartransistor wird bei gleicher Bauart folgende Reduktion des Basiszuleitungswiderstandes erreicht:

	Basisdotierungsdichte N_A	Löcherbeweglichkeit in der Basis μ_p
Si-BJT	$10^{17}\,\text{cm}^{-3}$	$200\ \text{cm}^2/\text{Vs}$
GaAs-HBT	$10^{19}\,\text{cm}^{-3}$	$100\ \text{cm}^2/\text{Vs}$

Der Basiszuleitungswiderstand $R_{BB'}$ ist beim GaAs-HBT gegenüber dem Si-BJT um den Faktor 50 reduziert. Figur 1.25 zeigt schematisch den Querschnitt durch einen GaAs-HBT [9]. Mit dieser Struktur wird eine Transitfrequenz $f_T \approx 40\,\text{GHz}$ erreicht.

Der GaAs/GaAlAs-HBT war der erste HBT, der kommerzielle Reife erreichte. Mit dem Materialsystem GaInAs/AlInAs auf InP-Substrat können noch grössere Bandlückenunterschiede und auch grössere Trägerbeweglichkeiten in der Basis erzielt werden.

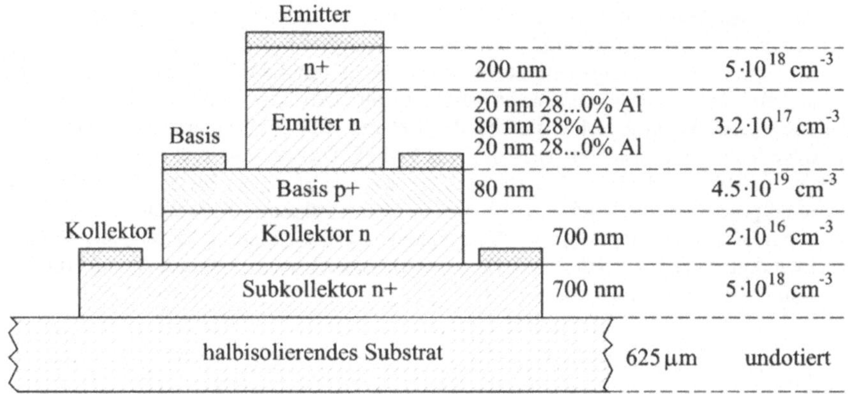

Figur 1.25 Querschnitt eines GaAs/GaAlAs-HBTs.

Diese InP-basierten HBTs erreichen Transitfrequenzen bis zu 200 GHz. Eine weitere sehr erfolgversprechende Bauform ist der Silizium-Germanium HBT. In diesem Materialsystem besteht der Emitter aus reinem Silizium, die Basis aus einer Legierung von Silizium und Germanium, die eine kleinere Bandlücke aufweist als das reine Silizium. Kommerziell erhältliche SiGe-HBTs weisen Transitfrequenzen ähnlich den GaAlAs/GaAs-HBTs auf [10]. Das Gross- und Kleinsignalverhalten der HBTs aller dieser Bauformen lässt sich mit dem Ebers-Moll-Modell darstellen. Die Parameter des Modells werden dabei auf Grund gemessener S-Parameter bestimmt. Ebenso treten im HBT die vom Bipolartransistor bekannten Rauschquellen nach Abschnitt 1.1.3 in Erscheinung. Gegenüber den im nächsten Kapitel beschriebenen Mikrowellen-Feldeffekt-Transistoren zeichnen sich die HBTs aus durch ein niedriges $1/f$-Rauschen, eine hohe Spannungsverstärkung bei tiefen Frequenzen sowie durch sehr geringe Streuungen der Schwellenspannung, d.h. der Basisspannung bei der ein signifikanter Kollektorstrom einsetzt. Diese Eigenschaften machen den HBT attraktiv als schnellen Schalter (Gigabit-Logik), Mikrowellenoszillator, Operationsverstärker, sehr schnellen Analog-Digitalwandler (ADC) und Digital-Analogwandler (DAC).

1.3 Gallium-Arsenid-Feldeffekt-Transistoren

1.3.1 Einleitung

Das heute meist verbreitete verstärkende Halbleiterbauelement ist der MOSFET (Metal-Oxide-Field-Effect-Transistor). Das Bauelement ist der zugrunde liegenden Siliziumtechnologie ideal angepasst. Der auf den ersten Blick anspruchsvollste Schritt in der Herstellung, nämlich das äusserst dünne Oxid zwischen Kanal und Gatekontakt, lässt sich, dank den Eigenschaften des Siliziumdioxids, reproduzierbar und defektarm mit hoher Ausbeute herstellen. Die stetig fortschreitende Miniaturisierung der vertikalen und lateralen Struktur hat den MOSFET zu einem schnellen Schalter gemacht. Die Kombination eines p-Kanal und eines n-Kanal MOSFETs als CMOS-Schalter zeigt kleine Verlustleistungen, solange der Schalter keine Schaltfunktion vornimmt. Die CMOS-Schaltung erlaubt grosse Toleranzen der Bauelementparameter und der Speisespannung. Es ist abzusehen, dass n-Kanal-MOSFETs bis zu Frequenzen von 6 GHz in analogen monolithisch integrierten Schaltungen einsetzbar sind. Die Silizium-NMOS-Technologie hat sich bereits heute in der Form von Einzeltransistoren für Leistungsverstärker bis zu Leistungen von ca. 100 W für die Mobilfunkbänder 900 und 1800 MHz einen festen Platz in der Mikrowellentechnik gesichert. Der Silizium NMOS-Technologie sind aber für Anwendungen im Mikrowellenbereich durchaus Grenzen gesetzt. In der MOSFET-Bauform ist die Schaltgeschwindigkeit der Transistoren durch die Trägerbeweglichkeit im Kanal und die maximal erreichbare Trägergeschwindigkeit begrenzt. Figur 1.26 zeigt die Trägergeschwindigkeit-Feld-Charakteristik für die Halbleiter Silizium, Gallium-Arsenid (GaAs) und Indium-Phosphid (InP).

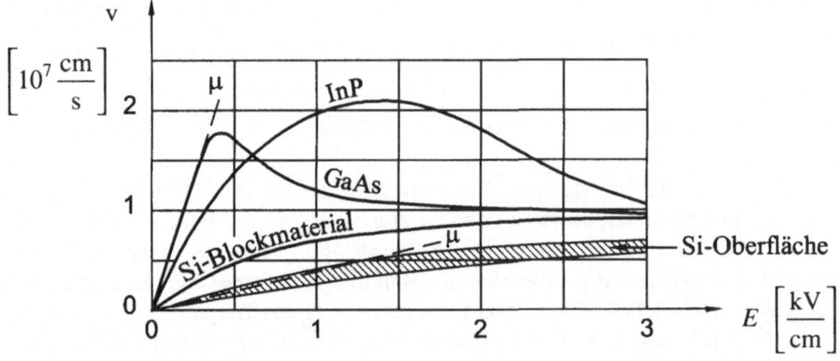

Figur 1.26 Driftgeschwindigkeit v von Elektronen in den Halbleitern Silizium, Gallium-Arsenid (GaAs) und Indium-Phosphid (InP) in Funktion der Feldstärke E.

Die III-V-Halbleiter zeigen deutlich höhere Beweglichkeiten und höhere maximale Driftgeschwindigkeiten als Silizium. In Feldeffekt-Transistoren, bei denen die Beweglichkeit und die maximale Driftgeschwindigkeit für das Hochfrequenzverhalten ausschlaggebend sind, ermöglichen III-V-Halbleiter eine Steigerung der Transitfrequenz f_T und der maximalen Oszillationsfrequenz f_{max}. Allerdings zeigt keiner der III-V-Halbleiter ein Oxid von der Qualität von SiO_2, die Bauform der III-V-Feldeffekt-Transistoren weicht daher erheblich von der MOS-Struktur ab.

1.3.2 Aufbau und Funktionsweise von Gallium-Arsenid-Feldeffekttransistoren

Aufbau und Funktionsweise von Gallium-Arsenid-Feldeffekt-Transistoren GaAs-FET basieren wesentlich auf der Schottky-Diode. Die Schottky-Diode ist ein Metall-Halbleiterkontakt, der sich auf n-dotiertem GaAs sehr gut realisieren lässt. Die Funktionsweise der Schottky-Diode ist in [3] beschrieben. An dieser Stelle werden die wichtigsten Eigenschaften kurz dargestellt. Der ideale Schottky-Kontakt zeigt, wenn er in Sperrrichtung gespeist ist, ähnliche Eigenschaften wie ein p-n-Kontakt mit sehr hoch dotierter p-Zone.

Schon bei Abwesenheit einer extern angelegten Spannung bildet sich im n-Gebiet eine positive Raumladungszone aus, wie in Figur 1.27 dargestellt.

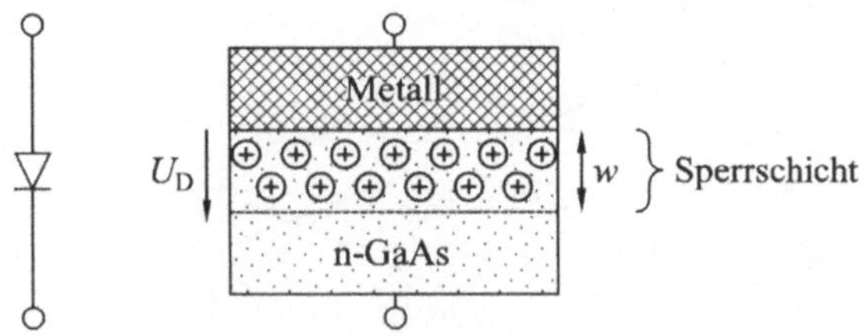

Figur 1.27 Schematischer Aufbau einer Schottky-Diode. Bei einer Diodenspannung von $U_D = 0$ bildet sich eine positive Raumladungszone, deren Dicke w mit einer Spannung $U_D < 0$ vergrössert wird.

Bei einer ortsunabhängigen Dotierung ist die Dicke w der Sperrschicht:

$$w = w_o \sqrt{1 - \frac{U_D}{\Phi_B}} \tag{1.59}$$

mit

w_o : Sperrschichtdicke bei $U_D = 0$; $\quad w_o = \sqrt{\frac{2\varepsilon \Phi_B}{q N_D}}$ (1.60)

Φ_B : Barrierenhöhe des Metall-Halbleiterkontaktes, $\Phi_B(\text{GaAs}) = 0.6 \;....\; 0.8$ V

ε : Dielektrizitätskonstante des Halbleiters, $\varepsilon = \varepsilon_o \varepsilon_r$, $\varepsilon_r(\text{GaAs}) = 13.1$

q : Elementarladung; N_D : Dotierungsdichte

Die Sperrschichtdicke w und die Fläche A bestimmen die Kapazität C_S der Diode:

$$C_S = \frac{\varepsilon A}{w} \tag{1.61}$$

Die in Flussrichtung gespeiste Schottky-Diode zeigt ein der p-n-Diode ähnliches Gleichstromverhalten:

$$I_D = I_s \left(e^{U_D / n U_T} - 1 \right) \tag{1.62}$$

mit

I_s : Sättigungsstrom; U_T : Thermospannung, $U_T = \frac{kT}{q} \approx 26$ mV für $T = 300°$K

n : Idealitätsfaktor, $(1 \leq n \leq 1.2)$ für GaAs

Die Eigenschaft, dass mit einer negativen Vorspannung die Raumladungsdicke w verändert werden kann, wird im GaAs-Feldeffekt-Transistor ausgenützt. Der Aufbau dieses FETs ist in Figur 1.28 dargestellt.

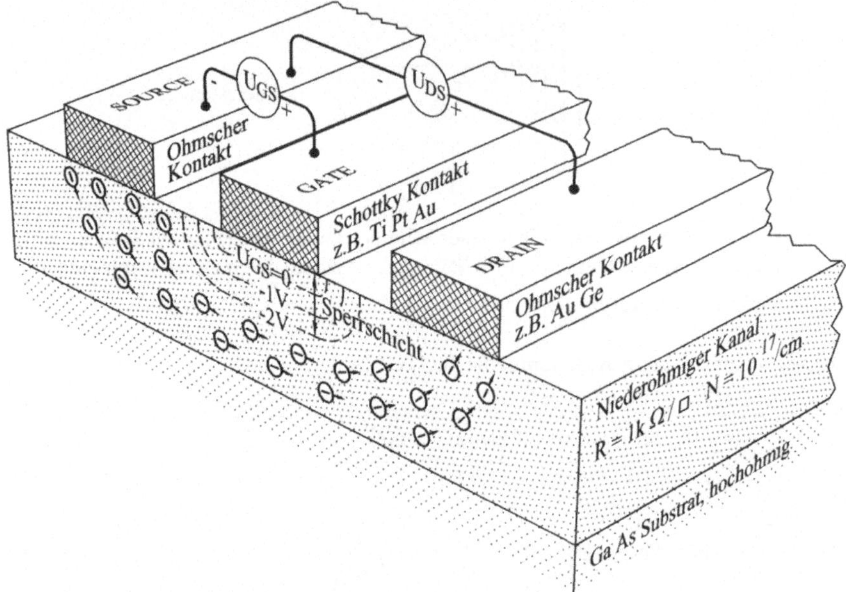

Figur 1.28 Schematischer Aufbau des Gallium-Arsenid-Feldeffekt-Transistors. Mit der steuerbaren Dicke der Raumladungszone unter der Gate-Elektrode wird die Leitfähigkeit des Kanals und damit der Strom im Kanal gesteuert.

Der GaAs-FET oder MESFET (Metal-Semiconductor-Field-Effect-Transistor) besteht aus den drei Elektroden Source, Gate und Drain, die auf einer Kanalschicht aus n-dotiertem GaAs aufgebracht sind. Die Kanalschicht mit einer Schichtdicke von 0.1 ... 0.3 µm und einer Dotierungsdichte in der Grössenordnung von 10^{17}cm^{-3} zeigt einen Schichtwiderstand $R_\square$ in der Grössenordnung von $R_\square \approx 1\text{k}\Omega/\square$. Diese Schicht liegt auf einem sehr hochohmigen, praktisch isolierenden Substrat. Die Elektroden Source und Drain bilden Ohmsche Kontakte auf der Kanalschicht. Bei Abwesenheit der Gate-Elektrode würde bei einer zwischen Source und Drain angelegten Spannung U_{DS} ein Kanalstrom fliessen. Der Übergang der Gate-Elektrode auf den Kanal ist ein Schottky-Kontakt. Die Dicke der in den Kanal hineinreichenden Sperrschicht wird durch die Potentialdifferenz zwischen Kanal und Gateelektrode bestimmt. Damit ist es möglich, mit der Gate-Sourcespannung den für den Elektronenstrom verbleibenden Kanalquerschnitt zu steuern. Der mit der Gate-Sourcespannung gesteuerte Drainstrom zeigt im Wesentlichen gleiches Verhalten wie bei einem MOSFET.

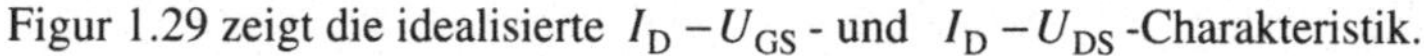
Figur 1.29 zeigt die idealisierte $I_D - U_{GS}$ - und $I_D - U_{DS}$ -Charakteristik.

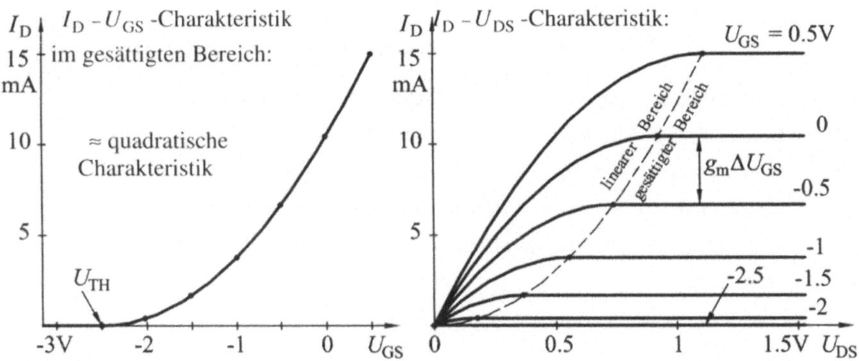

Figur 1.29 Idealisierte $I_D - U_{GS}$ - und $I_D - U_{DS}$ -Charakteristik des MESFET.

Namentlich finden wir auch bei diesem Transistortyp im Sättigungsbereich für grössere Gatelängen eine nahezu quadratische $I_D - U_{DS}$ -Charakteristik von der Form

$$I_{Dsat} \approx k(U_{GS} - U_{TH})^2 \tag{1.63}$$

mit einer Transkonduktanz (Steilheit) g_m

$$g_m = \frac{\Delta I_{Dsat}}{\Delta U_{GS}} = 2k(U_{GS} - U_{TH}) \tag{1.64}$$

1.3.3 Shockley-Modell des Feldeffekt-Transistors

Die im vorhergehenden Kapitel qualitativ beschriebene Charakteristik des MESFET soll nun anhand eines einfachen, übersichtlichen Modells näher betrachtet werden. Dazu benützen wir die in Figur 1.30 dargestellten Definitionen der Spannungen im Kanal.

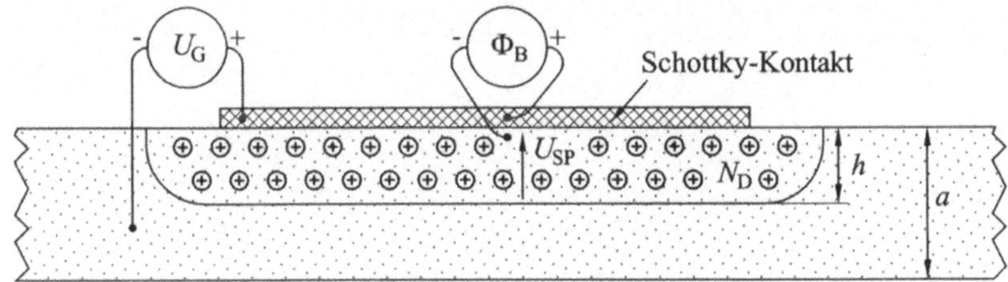

Figur 1.30 Definitionen der Potentiale im MESFET-Kanal.

U_{SP} : Sperrschichtspannung = Potentialdifferenz über der Sperrschicht. Mit der gewählten Pfeilrichtung im n-Kanal ist $U_{SP} > 0$.

$$U_{SP} = \frac{qN_D h^2}{2\varepsilon} \quad \text{mit} \quad h: \text{ Sperrschichtdicke} \tag{1.65}$$

U_G : Gatespannung, Spannung zwischen Gate-Elektrode und Kanal

Φ_B : Barrierenhöhe. Mit den gewählten Vorzeichen der äquivalenten Spannungsquelle ist $\Phi_B > 0$

U_P : Abschnürspannung (Pinch-Off-Voltage), entspricht der Sperrschichtspannung U_{SP} , die erforderlich ist, damit die Raumladung die volle Kanaldicke a einnimmt:

$$U_P = \frac{q N_D a^2}{2\varepsilon} \tag{1.66}$$

U_{TH} : Schwellenspannung (Threshold Voltage), entspricht der Gatespannung, wenn die Sperrschicht die ganze Kanaldicke einnimmt:

$$U_{TH} = \Phi_B - U_P \tag{1.67}$$

In Figur 1.31 ist das für die anschliessenden Betrachtungen verwendete MESFET-Modell dargestellt.

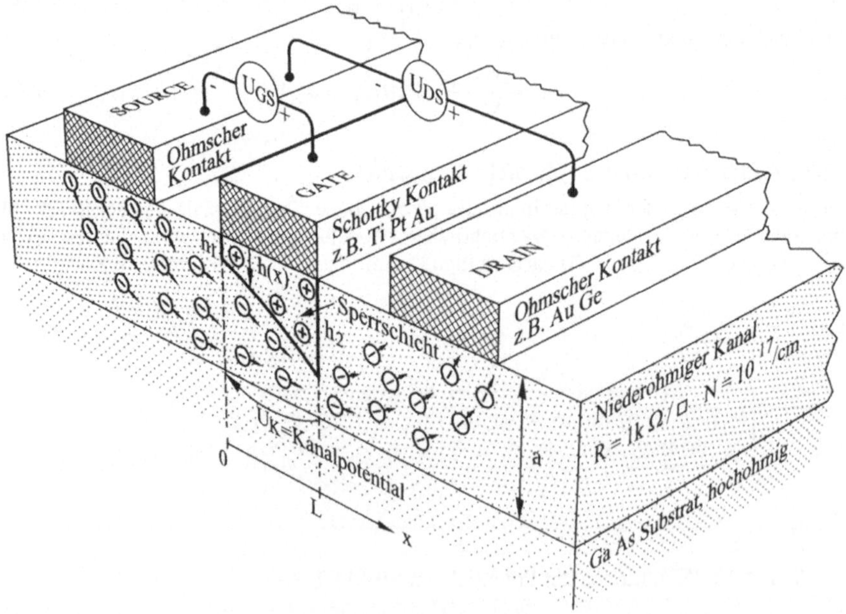

Figur 1.31 Das Shockley-Modell des MESFETs.

Es werden die folgenden vereinfachenden Annahmen getroffen:

1. Der Kanal ist ortsunabhängig dotiert mit der Donatorendichte N_D.
2. Das Substrat ist ideal isolierend und es können aus dem Kanal keine Träger ins Substratgebiet eindringen.
3. Die Gatelänge L ist viel grösser als die Kanalhöhe a: $L \gg a$ (Gradual Channel Approach)
4. Die Elektronenbeweglichkeit μ_n ist unabhängig vom elektrischen Feld E.
5. An den Enden des Kanals wird die Sperrschichtdicke abrupt auf 0 reduziert.
6. Der Übergang von der Raumladungszone zum neutralen Kanal ist abrupt (Debye-Länge = 0).

Im Unterschied zu Figur 1.30 wird in Figur 1.31 im Kanalbereich ein Strom angenommen. Damit stellt sich ein Kanalpotential U_K ein. Mit den getroffenen Annahmen sind die Sperrschichtdicke h und die Sperrschichtspannung U_{SP} Funktionen des Ortes x:

$$h(x) = \sqrt{\frac{2\varepsilon U_{SP}(x)}{qN_D}} \tag{1.68}$$

Dabei ist

$$U_{SP} = \Phi_B + U_K - U_{GS} \tag{1.69}$$

Zur Bestimmung des Drainstromes als Funktion der Gate- und Drainspannungen betrachten wir den Drain- oder Kanalstrom I_D an einem beliebigen Ort x:

$$I_D = -\sigma(a-h)zE(x) \tag{1.70}$$

mit σ : Leitfähigkeit im Kanal, $(a-h)z$: Kanalquerschnitt, z : Kanalbreite und

$E(x)$: elektrische Feldstärke, $E(x) = -\frac{dU_K}{dx}$

Im neutralen Kanal ist die Leitfähigkeit $\sigma = q N_D \mu_n$ (1.71)

Aus (1.69) mit (1.65) folgt:

$$\frac{dU_K}{dh} = \frac{dU_{SP}}{dh} = \frac{qN_D}{\varepsilon}h \tag{1.72}$$

(1.70) zusammen mit (1.71) und (1.72) liefert

$$I_D = q N_D \mu_n (a-h) z \frac{dU_K}{dh} \cdot \frac{dh}{dx} = \frac{q^2 N_D^2 \mu_n h}{\varepsilon}(a-h)z\frac{dh}{dx} \tag{1.73}$$

(1.73) wird auf der linken Seite über x und auf der rechten Seite über h integriert:

$$\int_0^L I_D \, dx = \frac{zq^2 N_D^2 \mu_n}{\varepsilon} \int_{h_1}^{h_2} \left(ah - h^2\right) dh \tag{1.74}$$

Die Integration von (1.74) liefert

$$I_D L = \frac{zq^2 N_D^2 \mu_n a^3}{6\varepsilon}\left[\frac{3}{a^2}\left(h_2^2 - h_1^2\right) - \frac{2}{a^3}\left(h_2^3 - h_1^3\right)\right] \tag{1.75}$$

Damit finden wir für den Drainstrom I_D in Funktion der Raumladungsdicken h_1 und h_2 an den Kanalenden:

$$I_D = \frac{zq^2 N_D^2 \mu_n a^3}{6\varepsilon L}\left[\frac{3}{a^2}\left(h_2^2 - h_1^2\right) - \frac{2}{a^3}\left(h_2^3 - h_1^3\right)\right] \tag{1.76}$$

Der Faktor $\frac{zq^2 N_D^2 \mu_n a^3}{6\varepsilon L}$ wird als Shockleyscher Sättigungsstrom I_{DSS}

bezeichnet: $$I_{DSS} = \frac{zq^2 N_D^2 \mu_n a^3}{6\varepsilon L} \tag{1.77}$$

Die Variablen h_1 und h_2 werden nun auf a normiert und mit (1.68) als Funktionen der Potentiale an den Kanalenden ausgedrückt. Am Source-Ende des Kanals ist $U_K(x=0) = \Phi_B - U_{GS}$

$$u_1 = \frac{h_1}{a} = \sqrt{\frac{\Phi_B - U_{GS}}{U_P}} \tag{1.78}$$

Am Drain-Ende des Kanals ist $U_K(x=L) = \Phi_B - U_{GS} + U_{DS}$

$$u_2 = \frac{h_2}{a} = \sqrt{\frac{\Phi_B - U_{GS} + U_{DS}}{U_P}} \tag{1.79}$$

Mit (1.78) und (1.79) in (1.76) eingesetzt finden wir

$$I_D = I_{DSS}\left[3\left(u_2^2 - u_1^2\right) - 2\left(u_2^3 - u_1^3\right)\right] \tag{1.80}$$

oder

$$I_D = I_{DSS}\left[\frac{3U_{DS}}{U_P} - \frac{2}{U_P^{3/2}}\left(\left(\Phi_B - U_{GS} + U_{DS}\right)^{3/2} - \left(\Phi_B - U_{GS}\right)^{3/2}\right)\right] \tag{1.81}$$

Diese Funktion entspricht ganz offensichtlich nicht der mit der Beziehung (1.63) als idealisiert bezeichneten Charakteristik. Mit dem in Figur 1.32 dargestellten Beispiel mit $U_P = 2\Phi_B$ (z.B. $\Phi_B = 0.75\,\text{V}$, $U_P = 1.5\,\text{V}$) machen wir eine Interpretation von (1.81). Gleichung (1.81) beschreibt nur den "linearen Bereich" des Kennlinienfeldes.

Für sehr kleine Drainspannungen verhält sich der MESFET wie ein durch die Gatespannung gesteuerter Widerstand. Mit zunehmender Drain-Sourcespannung U_{DS} nimmt der Drainstrom zu, gleichzeitig wird aber der Kanal auf der Drainseite zugeschnürt. Die Träger müssen dabei im Kanal gegen das Drainende zunehmend an Geschwindigkeit gewinnen. Im Moment, wo am Drainende der Kanal völlig zugeschnürt ist, erreichen nach unserem Modell die Träger eine unendlich hohe Geschwindigkeit. Dieser Zustand tritt bei der gestrichelt eingezeichneten Grenze U_{Dsat} zwischen "linearem Bereich" und "gesättigtem Bereich" ein.

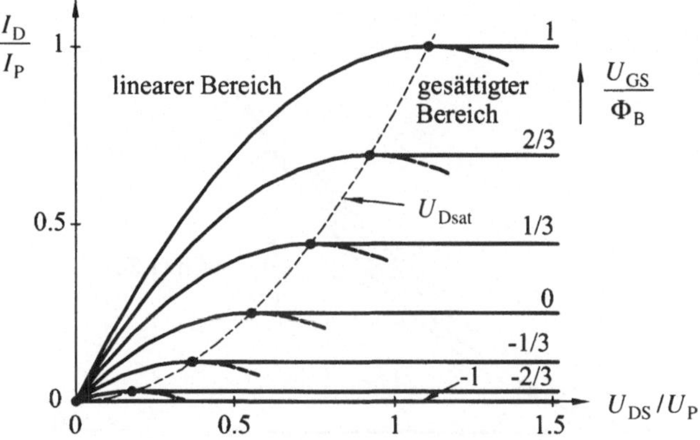

Figur 1.32 I_D - U_{DS} -Charakteristik gemäss (1.81), mit $U_P = 2\Phi_B$.

Nach Gleichung (1.81) würde für $U_{DS} > U_{Dsat}$ der Drainstrom abnehmen, was aber physikalisch nicht sinnvoll wäre. Im realen Bauelement wird beim $U_{DS} = U_{Dsat}$ der Kanal nicht völlig zugeschnürt sein und die Träger werden in diesem Bereich die maximale Driftgeschwindigkeit erreichen. Eine weitere Zunahme der Drainspannung führt dazu, dass sich die stark eingeschnürte Zone am Drainende in den Kanal hinein vergrössert, und dass in diesem Bereich ein grosser Teil der Drainspannung abfällt. Der Drainstrom nimmt dann im gesättigten Bereich nicht ab, sondern bleibt, im idealisierten Modell, unabhängig von der Drain-Sourcespannung U_{DS}. Im gesättigten Bereich gilt also Gleichung (1.80) mit $u_2 = 1$ und (1.81) wird zu:

$$I_D = I_{DSS}\left(1 - 3u_1^2 + 2u_1^3\right) = I_{DSS}\left(1 - 3\frac{\Phi_B - U_{GS}}{U_P} + 2\left(\frac{\Phi_B - U_{GS}}{U_P}\right)^{3/2}\right) \tag{1.82}$$

Für $U_{GS} = \Phi_B$ ist $I_D = I_{DSS}$. Der Shockley'sche Sättigungsstrom I_{DSS} ist also der maximal mögliche Drainstrom. Für die Drainspannung U_{Dsat}, bei der am Kanalende der Kanal abgeschnürt wird, gilt (1.79) mit $u_2 = 1$:

$$U_{Dsat} = U_P + U_{GS} - \Phi_B \tag{1.83}$$

Mit (1.67) wird (1.82) zu

$$I_D = I_{DSS}\left(-2 + 3\frac{U_{GS} - U_{TH}}{U_P} + 2\left(1 - \frac{U_{GS} - U_{TH}}{U_P}\right)^{3/2}\right) \tag{1.84}$$

I_D in Funktion von $(U_{GS} - U_{TH})/U_P$ ist in Figur 1.33 dargestellt.

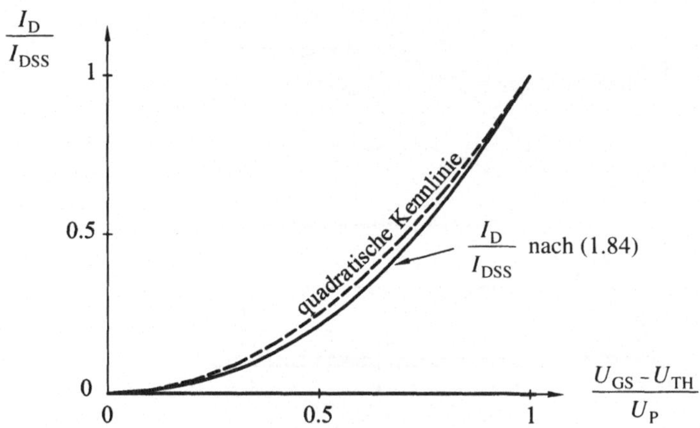

Figur 1.33 Normierte Charakteristik I_D in Funktion von $(U_{GS} - U_{TH})/U_P$ für den gesättigten Bereich.

Offensichtlich ist $I_D(U_{GS})$ näherungsweise eine quadratische Funktion. Sie kann recht genau mit der Approximation

$$I_D \approx I_{DSS}\left(\frac{U_{GS} - U_{TH}}{U_P}\right)^{2.25} \tag{1.85}$$

dargestellt werden. Das hier vorgestellte Shockley-Modell hat in der Folge verschiedene Verbesserungen erfahren. Eine naheliegende Änderung ist, dass die Bedingung für eine feldunabhängige Beweglichkeit der Elektronen durch eine Geschwindigkeits-Feld-Charakteristik mit idealer Geschwindigkeitssättigung nach Figur 1.34 ersetzt wird.

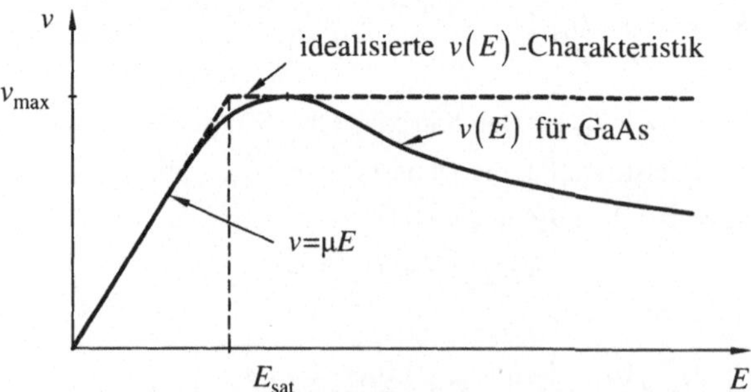

Figur 1.34 Approximation der Geschwindigkeits-Feld-Charakteristik für Elektronen in GaAs mit einer für $E < E_{sat}$ konstanten Trägerbeweglichkeit μ_n und mit einer für $E > E_{sat}$ konstanten Driftgeschwindigkeit v_{max}.

Mit diesem verbesserten Modell wird der Drainstrom gegenüber dem idealen Shockley-Modell gemäss Figur 1.32 etwas reduziert. Zudem wird die $I_D - U_{GS}$ - Charakteristik für den gesättigten Bereich etwas "quadratischer", d.h. der Exponent von 2.25 nach Figur 1.33 wird reduziert und die bekannte quadratische Charakteristik des idealen FETs wird noch besser approximiert. Eine normierte $I_D - U_{GS}$ -Charakteristik mit dem verbesserten Shockley-Modell ist in Figur 1.35 dargestellt.

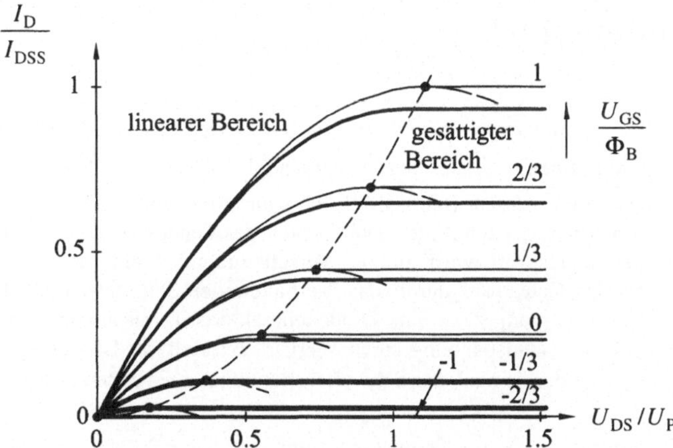

Figur 1.35 $I_D - U_{GS}$ -Charakteristik gemäss dem idealen Shockley-Modell (dünne Linien) und mit abrupter Sättigung der Trägergeschwindigkeit (fette Linien).

Für den MESFET kann für einfache Abschätzungen die idealisierte Charakteristik für den gesättigten Bereich mit

$$I_D \approx I_{DSS} k_{vs} \left(\frac{U_{GS} - U_{TH}}{U_P} \right)^2 \tag{1.86}$$

verwendet werden, wobei I_{DSS} der Shockley'sche Sättigungsstrom:

$$I_{DSS} = \frac{z q^2 N_D^2 \mu_e a^3}{6 \varepsilon L} \tag{1.87}$$

und k_{vs} der durch die maximale Driftgeschwindigkeit verursachte Stromreduktionsfaktor ist. Die Steilheit oder Transkonduktanz g_m ist:

$$g_m = \frac{d I_D}{d U_{GS}} \approx 2 I_{DSS} k_{vs} \frac{U_{GS} - U_{TH}}{U_P^2} \tag{1.88}$$

Die maximale Steilheit g_{max} tritt für $U_{GS} = \Phi_B$ auf:

$$g_{max} \approx \frac{2I_{DSS} k_{vs}}{U_P} \tag{1.89}$$

Mit (1.77) und (1.66) wird die maximale Steilheit g_{max} :

$$g_{max} = \frac{2z\mathrm{q} N_D \mu_e a}{3L} k_{vs} \tag{1.90}$$

Der Leitwert des völlig offenen Kanals ist:

$$g_{Kanal} = \frac{z\mathrm{q} N_D \mu_e a}{L} \tag{1.91}$$

Die maximale Steilheit g_{max} unterscheidet sich also nur durch den Faktor $2k_{vs}/3$ vom Kanalleitwert g_{Kanal}. Auf einen wesentlichen Unterschied zwischen MOSFET und MESFET soll hier hingewiesen werden. Beim MOSFET kann die Gate-Sourcespannung jeden beliebigen Wert innerhalb der durch den Durchbruch des Gateoxides bestimmten Grenzen annehmen; der Gatestrom wird immer verschwindend klein sein. Beim MESFET dagegen wird der Gatestrom durch das Verhalten der Schottky-Diode bestimmt, d.h. der Gate-Kanalübergang zeigt eine Diodencharakteristik mit einem signifikanten Strom, wenn die Gate-Kanalspannung einen Wert im Bereich der Barrierenhöhe Φ_B annimmt. Man unterscheidet, je nach der Schwellenspannung, zwei Arten des MESFET:

1. "normally on" (depletition type) mit Schwellenspannung $U_{TH} < 0$, d.h. bei einer Gatespannung von 0 ist der Kanal leitend.
2. "normally off" (enhancement type) mit Schwellenspannung $U_{TH} \geq 0$, d.h. bei einer Gatespannung von 0 ist der Kanal sperrend.

1.3.4 Grenzen des idealen MESFET-Modells, Kurzkanaleffekte, CAD-Modelle

Das im vorhergehenden Kapitel vorgestellte MESFET-Modell ist, wie jedes Modell, eine vereinfachte Darstellung der wirklichen Phänomene. Im Falle des Bipolartransistors haben wir festgestellt, dass das Ebers-Moll-Modell so genau ist, dass es mit nur wenigen Modifikationen als geeignetes CAD-Modell übernommen werden kann. Beim MESFET wurden mit dem Shockley-Modell einige "realitätsfremde" Vereinfachungen vorgenommen. Eigentlich müssten alle sechs auf Seite 31 getroffenen Annahmen in Frage gestellt werden. Das reine Shockley-Modell wird auch kaum in moderenen Netzwerkanalyseprogrammen verwendet. Im Folgenden sollen die Nichtidealitäten, die sich beim realen MESFET zeigen, betrachtet und andere, für CAD-Anwendungen geeignetere Modelle eingeführt werden. Figur 1.36 zeigt die typischen Merkmale einer $I_D(U_{DS})$ - Charakteristik für einen MESFET mit kurzem Kanal:

① Bei hoher Gatespannung ($U_{GS} \approx \Phi_B$) nimmt die Steilheit ab.

② Im gesättigten Bereich ist der Ausgangsleitwert endlich: $g_D > 0$.

③ Der Pinch-Off ist nicht abrupt, d.h. der Drainstrom kann nur mit sehr hoher negativer Gatespannung unterdrückt werden.

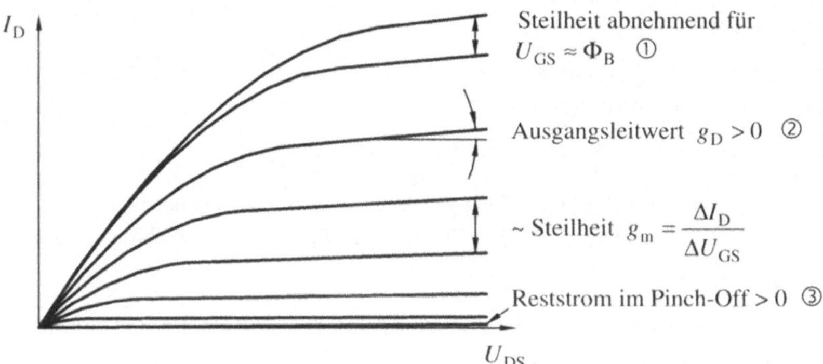

Figur 1.36 Typische $I_D(U_{DS})$ - Charakteristik für einen MESFET mit kurzem Kanal.

In Figur 1.37 sind die Ursachen dieser Nichtidealitäten dargestellt.

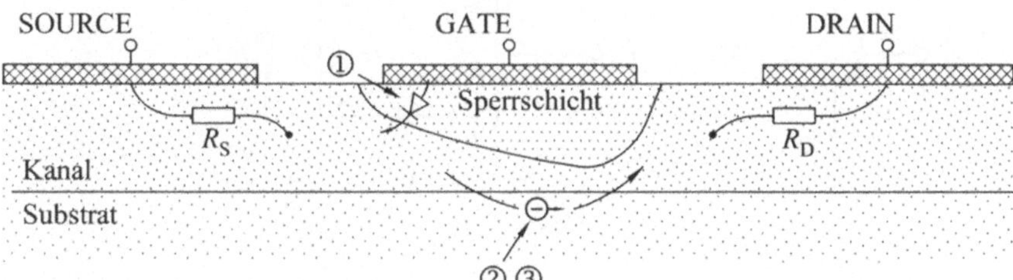

Figur 1.37 Querschnitt durch den MESFET-Kanal mit schematischer Erklärung der nichtidealen Effekte.

Die Reduktion der Steilheit ① ist darauf zurückzuführen, dass der Gate-Kontakt bei positiver Gate-Kanalspannung im Bereich der Barrierenhöhe leitend wird und einen Strom in den Kanal injiziert. Da zwischen dem Source-Ende des Kanals und dem Source-Kontakt immer ein parasitärer Widerstand R_S auftritt, stellt sich über R_S ein Spannungsabfall ein, sodass die effektive Gatespannung zwischen Gatekontakt und Kanal reduziert wird und damit eine reduzierte Steuerwirkung auf den Drainstrom auftritt. Der endliche Drainleitwert g_D ② ist darauf zurückzuführen, dass das Substrat gegenüber dem Kanal keine ideale Barriere für Elektronen bildet. Bei einem genügend hohen elektrischen Feld zwischen Kanal und Substrat kann ein Elektronenstrom über das Substrat parallel zum Strom im Kanal fliessen. Der Stromanteil im Substrat ist stark feldabhängig und bewirkt damit den endlichen Leitwert g_D. Bei abgeschnürtem Kanal ist der Strompfad über das Substrat verantwortlich für den endlichen Drainstrom im Pinch-Off ③.

Diese Nichtidealitäten werden in den MESFET-Modellen in Netzwerkanalyseprogrammen wie Agilent ADS, Microwave Office u.a. mit guter Genauigkeit dargestellt.

Die meisten MESFET-Modelle zeigen die in Figur 1.38 dargestellte Topologie, d.h. sie bestehen aus den folgenden intrinsischen Elementen:

- Spannungsgesteuerte Stromquelle $I_{D'}(U_{GS'}, U_{D'S'})$. Diese Stromquelle modelliert die statische FET-Charakteristik.
- Gate-Source-Diode und Gate-Drain-Diode. Der über den ganzen Kanal verteilte Gatekontakt wird vereinfacht mit einer Schottky-Diode auf der intrinsischen Source-Seite und auf der Drain-Seite mit je einer statischen Diodencharakteristik mit den Strömen $I_{GS'}$ und $I_{GD'}$ dargestellt. Die zugehörigen Sperrschichtkapazitäten sind $C_{GS'}$ und . $C_{GD'}$

Die extrinsischen Elemente sind die Zuleitungswiderstände R_D auf der Drain-Seite und R_S auf der Source-Seite.

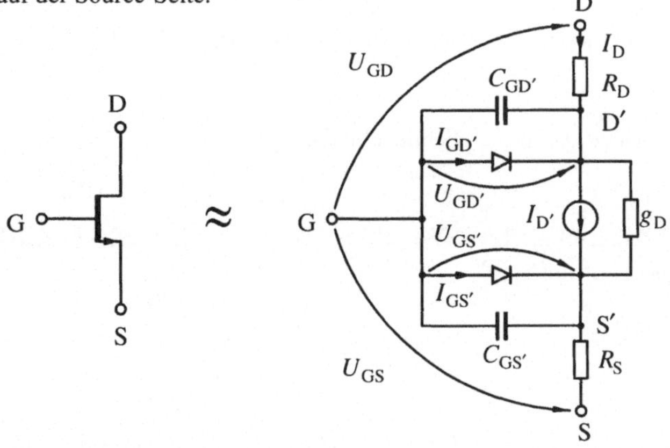

Figur 1.38 Grosssignalersatzschaltbild des MESFET mit den intrinsischen Elementen spannungsgesteuerte Stromquelle $I_{D'}$, Gate-Source-Diode mit $I_{GS'}$ und $C_{GS'}$, Gate-Drain-Diode mit $I_{GD'}$ und $C_{GD'}$ und den extrinsischen Widerständen R_D und R_S.

Im einfachsten Fall wird der Gatekontakt mit der Fläche F zur Hälfte der drainseitigen Diode und zur Hälfte der sourceseitigen Diode zugeteilt. Dabei sind die Ströme und die zugehörigen Sperrschichtkapazitäten:

$$I_{GS'} = \frac{F\, I_{S'}}{2}\left(e^{U_{GS'}/nU_T} - 1\right) \tag{1.92}$$

$$I_{GD'} = \frac{F\, I_{S'}}{2}\left(e^{U_{GD'}/nU_T} - 1\right) \tag{1.93}$$

$$C_{GS'} = \frac{F\, C_0'}{2}\left(1 - \frac{U_{GS'}}{\Phi_B}\right)^{-1/2} \tag{1.94}$$

$$C_{GD'} = \frac{F\,C_0'}{2}\left(1 - \frac{U_{GD'}}{\Phi_B}\right)^{-1/2} \tag{1.95}$$

Für die Darstellung der $I_D(U_{GS}, U_{DS})$ - Charakteristik wurden im Laufe der Entwicklung der FET-Modelle verschiedene Approximationen vorgeschlagen. Ein heute verbreitetes Modell ist das Statz-Modell [11] mit der folgenden $I_D(U_{GS}, U_{DS})$ - Charakteristik:

$$I_D = \underbrace{\frac{\beta(U_{GS} - U_{TH})^2}{1+\theta(U_{GS} - U_{TH})}}_{1.} \underbrace{\left(1-\left(1-\frac{\alpha U_{DS}}{3}\right)^3\right)}_{2.} \underbrace{(1+\lambda U_{DS})}_{3.} \quad \text{für } 0 < U_{DS} < \frac{3}{\alpha} \tag{1.96}$$

und

$$I_D = \frac{\beta(U_{GS} - U_{TH})^2}{1+\theta(U_{GS} - U_{TH})}(1+\lambda U_{DS}) \quad \text{für } U_{DS} > \frac{3}{\alpha} \tag{1.97}$$

Figur 1.39 zeigt schematisch das mit (1.96) und (1.97) beschriebene Kennlinienfeld.

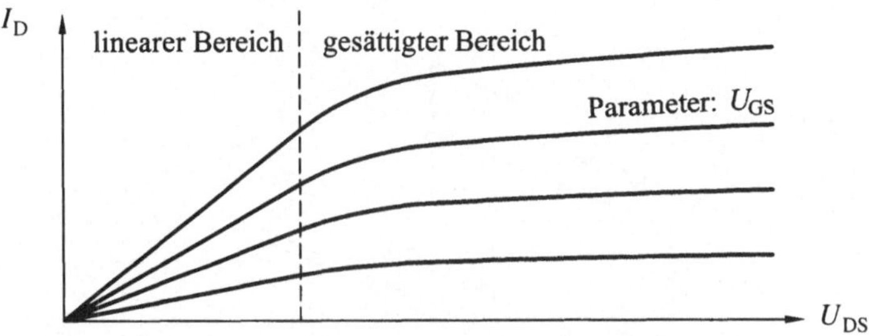

Figur 1.39 Kennlinienfeld $I_D(U_{GS}, U_{DS})$ des MESFET nach (1.96) und (1.97).

In (1.96) bestimmt der Term 1. die Charakteristik im gesättigten Bereich, der Term 2. beschreibt den Übergang vom linearen zum gesättigten Bereich und der Term 3. bestimmt den Leitwert im gesättigten Bereich. Die Parameter haben folgende Bedeutung:

β: entspricht ungefähr dem Faktor $k_{vs} I_{DSS}$ in (1.86) und bestimmt wesentlich die Steilheit g_m.

θ: Anpassfaktor, der die Abweichung von einer idealen quadratischen $I_D(U_{GS})$ -Charakteristik bestimmt.

U_{TH}: Schwellenspannung

α: bestimmt den Wert der Drainspannung, bei der der lineare Bereich in den gesättigten übergeht.

λ: bestimmt den Ausgangsleitwert $\frac{dI_D}{dU_{DS}}$ im gesättigten Bereich.

1.3.5 Kleinsignaleigenschaften des MESFET

Das Kleinsignalersatzschaltbild des MESFET lässt sich aus dem oben eingeführten Grosssignalmodell ermitteln. Figur 1.40 zeigt das Kleinsignalersatzschaltbild der MESFET-Struktur in der üblichen Darstellung.

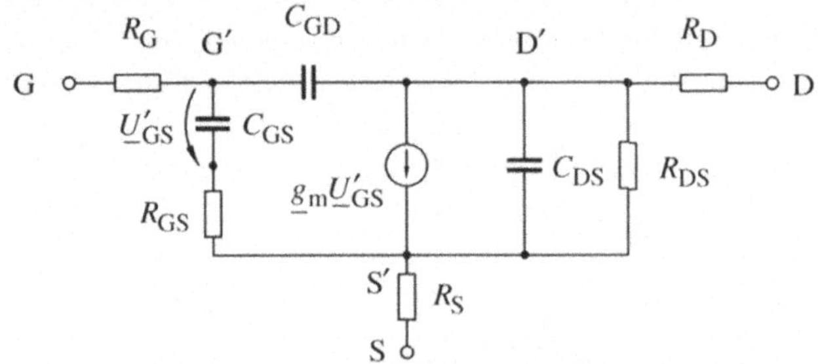

Figur 1.40 Kleinsignalersatzschaltbild der MESFET-Struktur.

Figur 1.41 zeigt die Zuordnung der Elemente im Querschnitt des MESFET.

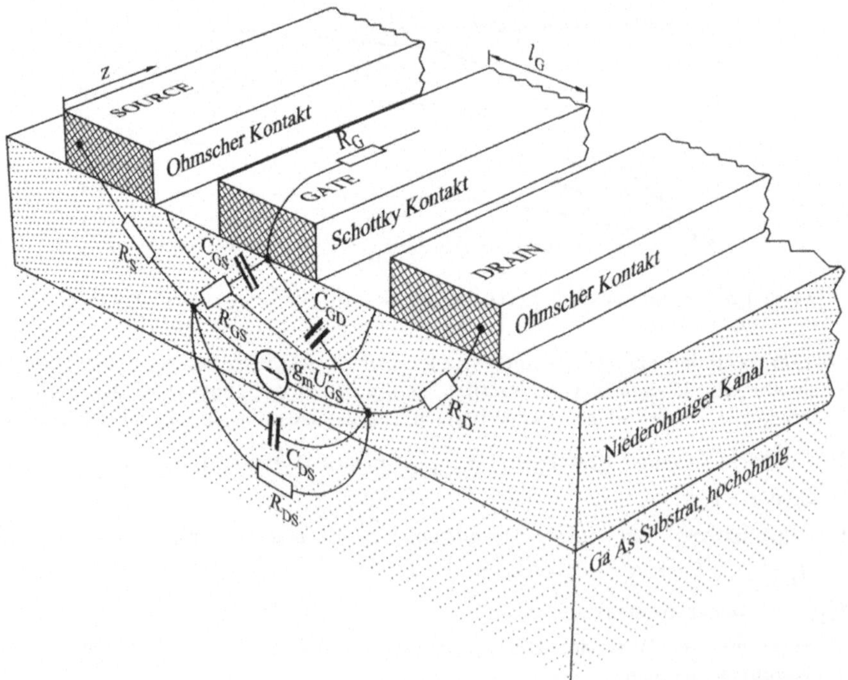

Figur 1.41 Kleinsignalersatzschaltbild nach Figur 1.40 in der MESFET-Struktur.

In Ergänzung zum Modell nach Figur 1.38 wird hier der Widerstand der Gatemetallisierung R_G berücksichtigt. Ebenso wird die endliche Laufzeit der Träger im Kanal als Verzögerungszeit τ_o in der Steilheit $\underline{g}_m$ eingeführt:

$$\underline{g}_m = g_{mo}\, e^{-j\omega\tau_o} \tag{1.98}$$

Der Betrag der Steilheit g_{mo} kann meist mit guter Näherung als frequenzunabhängig angenommen werden.

Zur Abschätzung der wesentlichen Hochfrequenzeigenschaften des MESFET reduzieren wir das Ersatzschaltbild nach Figur 1.40 auf die zwei wichtigsten Elemente, nämlich die Gate-Sourcekapazität C_{GS} und die gesteuerte Stromquelle $\underline{g}_m \underline{U}'_{GS}$.

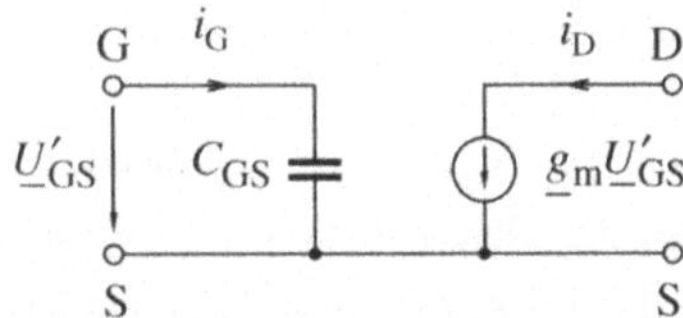

Figur 1.42 Vereinfachtes MESFET-Ersatzschaltbild zur Bestimmung der Transitfrequenz f_T.

Wie im Fall des Bipolartransistors bestimmen wir die Transitfrequenz f_T, d.h. die Frequenz, bei der die Stromverstärkung $\frac{i_D}{i_G} = 1$ ist.

In der Sourceschaltung nach Figur 1.42 gilt bei kurzgeschlossenem Ausgang für $i_G = i_D$:

$$i_G = \omega_T C_{GS} \underline{U}_{GS} = i_D = \underline{g}_m \underline{U}_{GS} \tag{1.99}$$

Damit ist die Transitfrequenz f_T:

$$f_T = \frac{\omega_T}{2\pi} = \frac{\underline{g}_m}{2\pi C_{GS}} \approx \frac{g_{mo}}{2\pi C_{GS}} \tag{1.100}$$

Die Transitfrequenz kann mit einem einfachen Modell auf elementare Parameter des MESFET zurückgeführt werden. Dieses Modell ist in Figur 1.43 dargestellt.

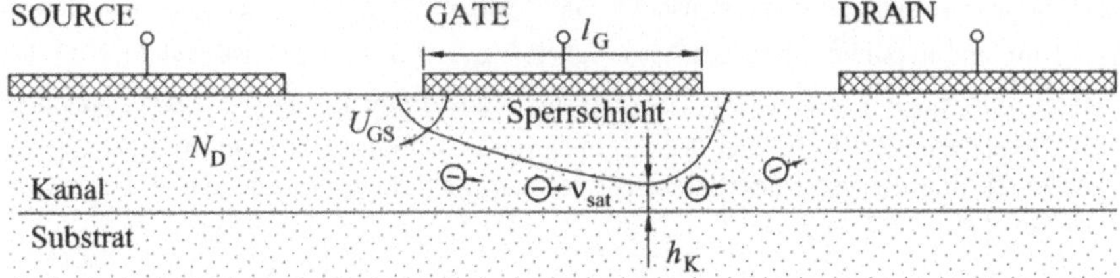

Figur 1.43 Vereinfachtes MESFET-Modell zur Bestimmung des Zusammenhangs zwischen Transitfrequenz und Trägerlaufzeit im Kanal.

Es wird dabei angenommen, dass im gesättigten Betrieb alle Träger im Kanal die Sättigungsgeschwindigkeit v_{sat} aufweisen, und dass im Bereich des Gates der Länge l_G die mittlere Kanalhöhe h_K ist.

Die Elektronenlaufzeit τ_K durch den Kanal beträgt damit

$$\tau_K \approx \frac{l_G}{v_{sat}} \tag{1.101}$$

Der Drainstrom i_D ist

$$I_D \approx q\,h_K\,N_D\,z\,v_{sat} \approx \frac{q\,h_K\,N_D\,z\,l_G}{\tau_K} \tag{1.102}$$

mit z: Kanalbreite.

In (1.102) entspricht das Produkt $q\,h_K\,N_D\,z\,l_G$ der Ladung der Elektronen im Kanal Q_K. Die Kanalladung Q_K wird mit der Gatespannung U_{GS} gesteuert. Eine Änderung der Gatespannung um ΔU_{GS} bewirkt eine Änderung der Kanalladung um ΔQ_K :

$$\Delta Q_K = C_{GS}\Delta U_{GS} \tag{1.103}$$

Eine Änderung der Gatespannung um ΔU_{GS} bewirkt ebenso eine Änderung des Drainstromes um ΔI_D :

$$\Delta I_D = g_m \Delta U_{GS} = \frac{\Delta Q_K}{\tau_K} \tag{1.104}$$

Wir finden damit für die Transitfrequenz f_T :

$$f_T = \frac{g_m}{2\pi C_{GS}} = \frac{1}{2\pi\tau_K} = \frac{v_{sat}}{2\pi l_G} \tag{1.105}$$

Nach diesem einfachen Modell ist die Transitfrequenz f_T also umgekehrt proportional zur Trägerlaufzeit durch den Kanal τ_K .

Das folgende Beispiel zeigt, dass dieses Modell eine recht genaue Abschätzung des Hochfrequenzverhaltens eines typischen GaAs-MESFET erlaubt. Bei einer Gatelänge $l_G = 1\,\mu\text{m}$ und maximaler Driftgeschwindigkeit $v_{max} \approx 1.5\cdot 10^7\,\text{cm/s}$ ist nach (1.105) die Laufzeit durch den Kanal $\tau_K = 6.7\,\text{ps}$ und die Transitfrequenz $f_T \approx 24\,\text{GHz}$, was den besten experimentell ermittelten Werten entspricht. In Figur 1.44 sind als Beispiel die gemessenen und die mit einem Kleinsignalersatzschaltbild approximierten S-Parameter eines MESFET dargestellt.

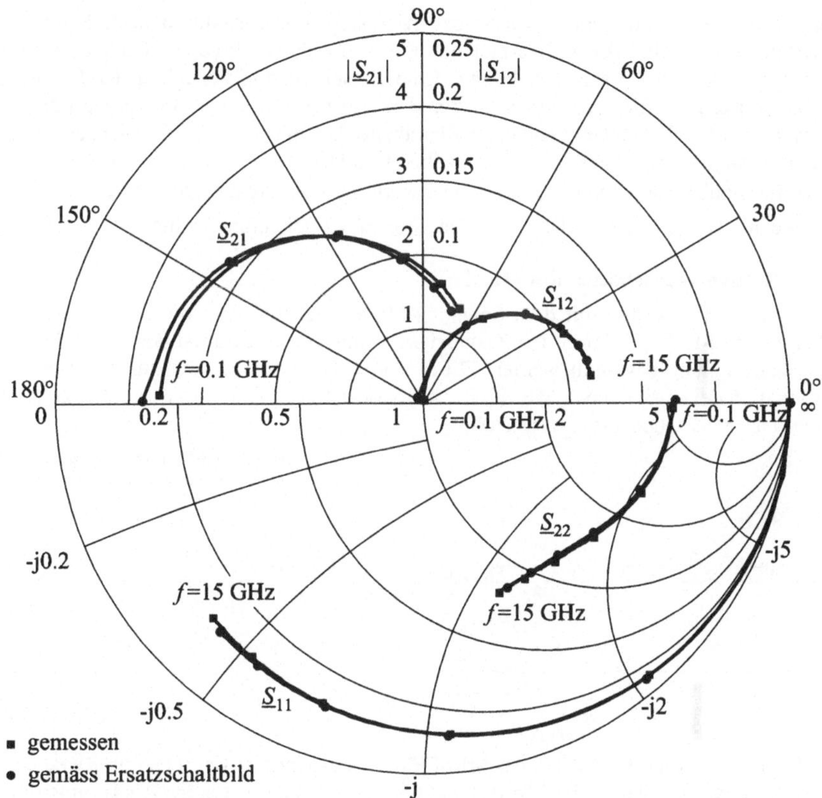

Figur 1.44 Gemessene und mit einem Kleinsignalersatzschaltbild modellierte S-Parameter eines GaAs-MESFET im Frequenzbereich 0.2 ... 15 GHz. MESFET: TriQuint G-FET, Gatebreite: 300 μm, Gatelänge: 0.6 μm, $U_{TH} = -2.5\,V$.

Die Parameter des Ersatzschaltbildes des GaAs-MESFET TriQuint G-FET sind

$U_{TH} = -2.5\,V$, Gate-Dimensionen: $(0.6 \cdot 300)\,\mu m$, $R_D = 0.2\,\Omega$,

$R_{DS} = 250\,\Omega$, $R_G = 2.2\,\Omega$, $R_{GS} = 1.2\,\Omega$, $R_S = 2\,\Omega$, $C_{DS} = 82\,fF$

$C_{GD} = 39\,fF$, $C_{GS} = 410\,fF$, $g_m = 47\,mS$, $\tau_o = 2.8\,ps$, $C_{GS}/g_m = 8.7\,ps$

Zuleitungsinduktivitäten: $L_D = 32\,pH$, $L_G = 22\,pH$, $L_S = 1\,pH$

Wie erwähnt, kann das vereinfachte Modell nach Figur 1.42 nur für grobe Abschätzungen verwendet werden. Für den Schaltungsentwurf dagegen wird häufig direkt mit gemessenen S-Parametern gearbeitet. Allerdings kann von gemessenen S-Parametern eines Transistors mit einer bestimmten Gatebreite nicht direkt auf die Parameter für eine andere Gatebreite geschlossen werden.

Für diese Umskalierung muss zuerst das Kleinsignalersatzschaltbild nach Figur 1.40 ermittelt werden. Mit diesem Ersatzschaltbild lassen sich, wie Figur 1.44 zeigt, gemessene S-Parameter sehr präzis nachbilden. Eine Einschränkung bezüglich der Frequenzunabhängigkeit der Elemente des Kleinsignalersatzschaltbildes muss hier allerdings noch gemacht werden: Werden die Kleinsignalparameter bis zu sehr tiefen Frequenzen gemessen, dann stellt man bei gewissen GaAs-MESFETs fest, dass im Bereich von 1 kHz bis 1 MHz die Steilheit g_m und der Ausgangsleitwert g_D eine Frequenzabhängigkeit aufweisen, die auf Trap-Effekte im Kanal und im Substrat zurückzuführen sind.

1.3.6 Rauscheigenschaften des MESFET

In Kapitel 1.3.3 wurde mit dem Shockley-Modell gezeigt, dass die Steuerungseigenschaften des MESFET durch den Kanalleitwert und die Modulation der Kanalhöhe mit der Gatespannung bestimmt werden. Diese beiden Effekte sind auch für die Rauscheigenschaften des intrinsischen MESFET verantwortlich. In Figur 1.45 ist die Wirkung des Kanalrauschens schematisch dargestellt.

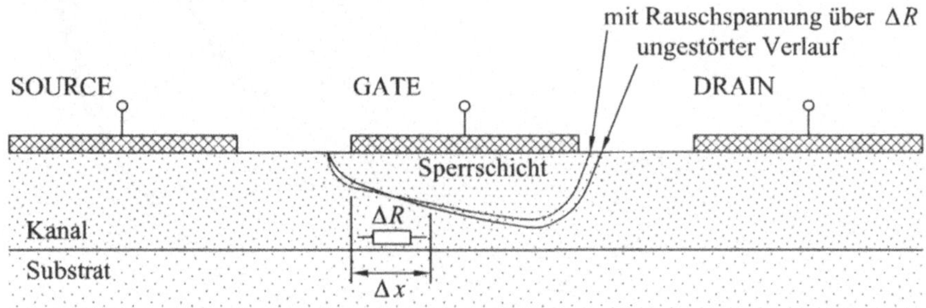

Figur 1.45 Rauschverhalten des MESFET. Das thermische Rauschen im Kanal bewirkt eine Modulation der Sperrschicht und damit eine Fluktuation des Drainstroms.

Im Kanal bewegen sich die Träger unter dem Einfluss eines elektrischen Feldes. Die Beweglichkeit der Träger wird dabei durch verschiedene Streuprozesse bestimmt. Die Streuprozesse unterliegen statistischen Schwankungen und jedes Element Δx des Kanals zeigt im Wesentlichen das bei Widerständen bekannte thermische Rauschen mit dem Rauschspannungsquadrat $< u^2 >$

$$< u^2 > = 4kT\Delta R \Delta f \qquad (1.106)$$

Diese an jedem Ort des Kanals erzeugte Rauschspannung bewirkt eine Veränderung des Sperrschichtverlaufes gegenüber dem ungestörten Fall, d.h. bei Abwesenheit jeglichen Rauschens. Die fluktuierende Sperrschichtgrenze bewirkt eine Schwankung des Drainstromes. Diese vom Kanalrauschen verursachte Drainstromänderung kann mit einer Rauschstromquelle $< i_{nD}^2 >$ auf der Drainseite dargestellt werden:

$$< i_{nD}^2 > = 4kT\,\Delta f\, g_m P \qquad (1.107)$$

Der Drainrauschstrom entspricht also dem Rauschstrom eines Leitwertes g_m, korrigiert mit dem dimensionslosen Faktor P, der typischerweise im Bereich $P = 0.5...1$ liegt.

Mit der Fluktuation der Sperrschichtgrenze ist eine Änderung der Gesamtladung im Kanalbereich verbunden. Die Ladungsänderung unter dem Gatekontakt muss gleichzeitig durch eine Ladungsänderung mit umgekehrtem Vorzeichen auf der Gatemetallisierung kompensiert werden. Diese fluktuierende Gateladung kann mit einer Rauschstromquelle mit dem Rauschstromquadrat $< i_{nG}^2 >$ auf der Gateseite dargestellt werden:

$$< i_{nG}^2 > = 4\mathrm{k}T\,\Delta f \frac{\omega^2 C_{GS}^2}{g_m} R \tag{1.108}$$

Der dimensionslose Faktor R liegt im Bereich $R = 0.1...0.3$. Die beiden Rauschströme $< i_{nD}^2 >$ und $< i_{nG}^2 >$ haben die gleiche Ursache, nämlich das thermische Rauschen im Kanal. Es ist daher naheliegend, dass sie eine Korrelation aufweisen. Da die Kopplung auf das Gate kapazitiv erfolgt, ist der Korrelationsfaktor $\underline{\rho}$ rein imaginär:

$$\underline{\rho} = \frac{< i_{nG}^* \, i_{nD} >}{\sqrt{< i_{nG}^2 >< i_{nD}^2 >}} = \mathrm{j}C \tag{1.109}$$

Sein Betrag C liegt typischerweise im Bereich von 0.4 bis 0.8. Figur 1.46 zeigt das Rauschersatzschaltbild des intrinsischen MESFET, wie es in verschiedenen Netzwerkanalyseprogrammen verwendet wird.

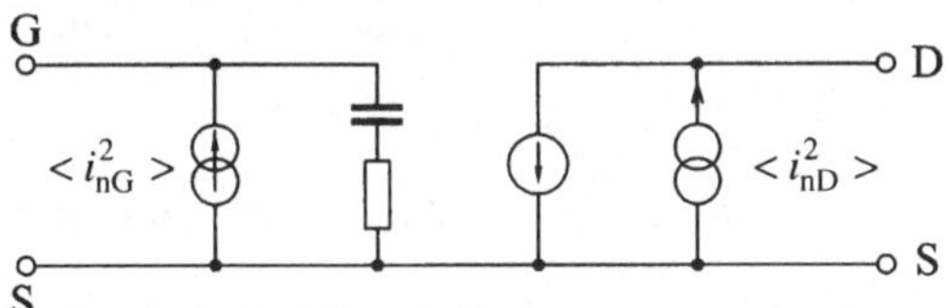

Figur 1.46 Rauschersatzschaltbild des intrinsischen MESFET.

Wie im Fall des Bipolartransistors müssen für eine vollständige Darstellung des Rauschens auch die thermischen Rauschquellen der parasitären Zuleitungswiderstände und $1/f$-Rauschquellen berücksichtigt werden. Das $1/f$-Rauschen erscheint hauptsächlich im Kanalbereich mit den höchsten Feldstärken, d.h. auf der Drainseite des Kanals. Es kann daher mit einer $1/f$-Rauschquelle parallel zur $< i_{nD}^2 >$-Rauschquelle modelliert werden.

Der GaAs-MESFET ist ein ausgesprochen rauscharmes Mikrowellenbauelement. Dank dieser Eigenschaft wird es namentlich in Eingangsstufen von Funkstrecken eingesetzt. Da mit Ausnahme der $1/f$-Rauschquelle alle Rauschursachen thermischer Natur sind, kann das MESFET-Rauschen mit Kühlung noch verbessert werden. Kühlung bis zu Temperaturen von 15 K wird bei Empfängern mit höchsten Rauschansprüchen, z.B. in der Radioastronomie verwendet. Figur 1.47 zeigt eine Zusammenstellung von Rauschzahlen F und zugehöriger Leistungsverstärkung G_{ass} für verschiedene Mikrowellenhalbleiterbauelemente.

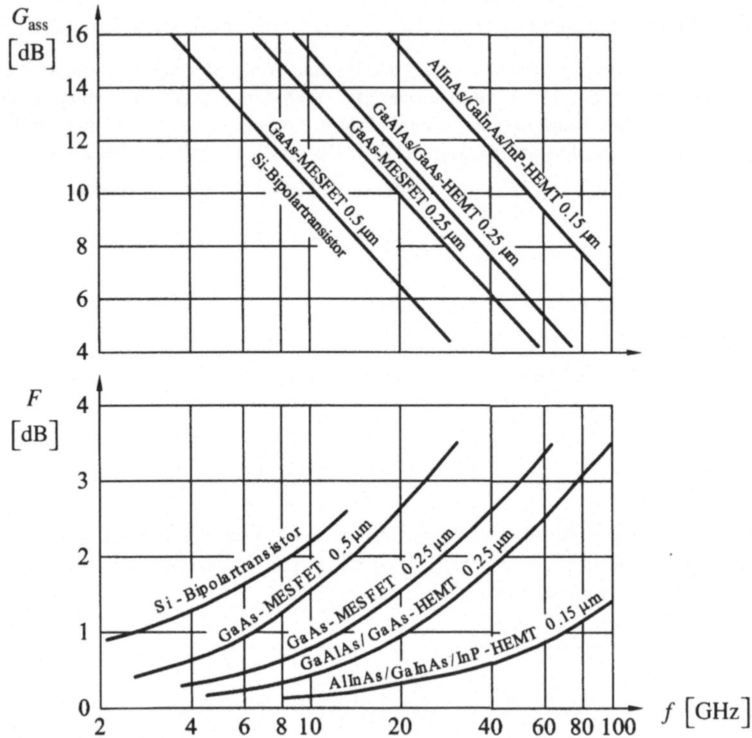

Figur 1.47 Rauschzahl F und zugehörige Leistungsverstärkung G_{ass} der Mikrowellenhalbleiterbauelemente Silizium-Bipolartransistor, GaAs-MESFET, GaAs-HEMT und AlInAs/GaInAs/InP-HEMT.

1.3.7 GaAs-MESFET-Leistungstransistoren

GaAs-MESFET für kleine Leistungen weisen Gatebreiten bis zu ca. 300 µm auf. Leistungstransistoren verlangen grosse Gatebreiten und gleichzeitig möglichst hohe Betriebsspannungen. Leistungstransistoren mit Gatebreiten von > 10 mm lassen Drainströme im Bereich bis zu 10 A zu, die zulässige Drainspannung liegt im Bereich 15...20 V. Aus diesen Grössen ist ersichtlich, dass Leistungstransistoren niederohmig sind, was beim Schaltungsentwurf im Gigahertzbereich mit typischen Impedanzpegeln im $50\,\Omega$-Bereich entsprechende Anpassungen nach sich zieht. Da auch auf der Gateseite eine möglichst hohe Aussteuerung gefordert ist, weisen Leistungstransistoren eine Schwellenspannung $U_{TH} \leq -2\,V$ auf.

Bei Leistungstransistoren werden gegenüber den Transistoren mit niedrigen Signal- und Verlustleistungen folgende zusätzliche Forderungen gestellt:

① Der maximal zulässige Drainstrom I_{Dmax} und die Draindurchbruchspannung U_{Dmax} sollen genügend hoch sein.
② Der thermische Widerstand zwischen den Transistorchip und dem Gehäuse bzw. dem Kühlkörper soll möglichst gering sein.
③ Die Sättigungsspannung U_{Dsat}, d.h. die minimale Drainspannung für gesättigten Betrieb soll möglichst gering sein.
④ Das Kennlinienfeld im gesättigten Bereich soll möglichst linear sein.

Figur 1.48 veranschaulicht im Kennlinienfeld die bei Mikrowellenleistungstransistoren auftretenden Begrenzungen.

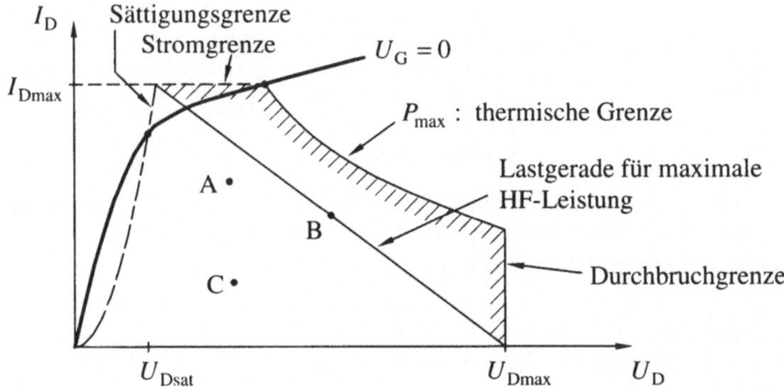

Figur 1.48 Kennlinienfeld eines Leistungs-MESFET mit Begrenzungen durch Maximalstrom I_{Dmax}, Durchbruchspannung U_{Dmax} und maximale Verlustleistung P_{max}. Die Punkte A, B und C entsprechen den Arbeitspunkten für maximale Verstärkung, maximale HF-Ausgangsleistung im Klasse A-Betrieb und minimales Rauschen.

Nach Forderung ① wird der maximal zulässige Drainstrom I_{Dmax} durch die Kontaktmetallisierung der Ohmschen Source- und Drainkontakte bestimmt. Durch geeignet grossflächige Kontakte kann die Stromdichte in Grenzen gehalten werden.

Der Durchbruchspannung U_{Dmax} sind dagegen Grenzen gesetzt, die von den Materialeigenschaften gegeben sind. Unter besten Bedingungen werden bei GaAs-MESFETs Durchbruchspannungen von ca. 20 V erreicht. Die Forderung ② nach hoher Verlustleistung verlangt einen sehr guten Wärmekontakt zwischen dem Transistorchip, dem Gehäuse und dem Kühlkörper. Für die Transistorlebensdauer als Funktion der Betriebstemperatur gilt ein ähnlicher Zusammenhang wie bei den in 1.1.4 beschriebenen Leistungs bipolartransistoren.

Die Forderung ④ verlangt eine etwas genauere Betrachtung. Während beim Bipolartransistor im gesättigten Betrieb die Charakteristik $I_C(I_B)$ in weiten Grenzen beinahe linear ist, zeigt der MESFET nach (1.86) eher eine quadratische $I_D(U_{GS})$ -Charakteristik. Allerdings wurde auch gezeigt, dass beim Auftreten der Geschwindigkeitssättigung der Träger im Kanal bei kurzer Gatelänge ein etwas linearisiertes Verhalten auftritt. Diese Linearisierung des Kennlinienfeldes kann durch ein geeignetes Dotierungsprofil im Kanal verstärkt werden. Es wurde schon früh erkannt, dass ein Dotierungsmaximum bei einer gewissen Tiefe im Kanal eine Linearisierung der $I_D(U_{GS})$ -Charakteristik bewirkt [12]. Figur 1.49 zeigt ein solches Dotierungsprofil.

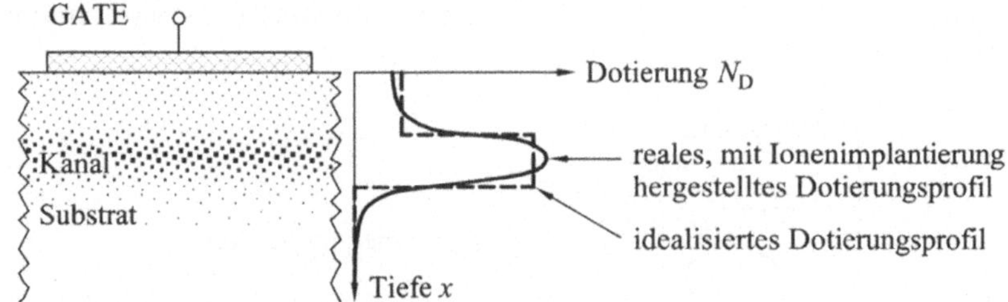

Figur 1.49 Dotierungsprofil eines Leistungs-MESFET. Mit einem Dotierungsmaximum in der Tiefe des Kanals wird eine Linearisierung der $I_D(U_{GS})$ -Charakteristik erreicht.

Bei Leistungs-MESFETs wird ein Dotierungsmaximum in einer gewissen Tiefe des Kanals mit zwei oder mehreren Ionenimplantierungen mit unterschiedlichen Ionenenergien hergestellt. Figur 1.50 zeigt eine $g_m(U_{GS})$ -Charakteristik im gesättigten Bereich eines Leistungs-MESFET mit einer Dotierung nach Figur 1.49.

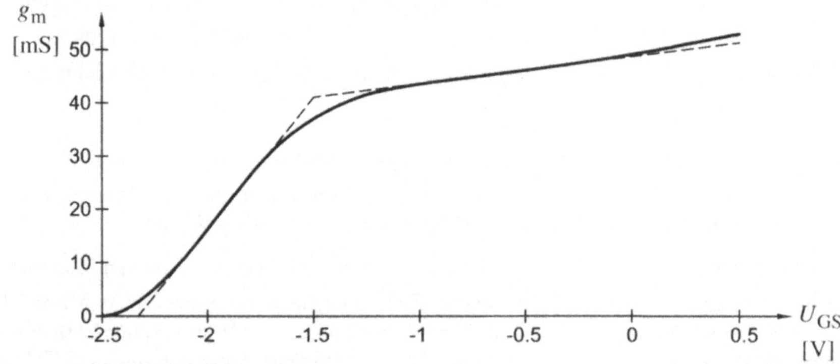

Figur 1.50 Steilheit g_m in Funktion der Gatespannung U_{GS} eines Leistungs-MESFET (GFET des TriQuint Prozesses TQTRx).

Die Steilheit g_m nimmt bei diesem Bauelement im Bereich der Gatespannung $-2.5\,\mathrm{V} < U_{GS} < -1.5\,\mathrm{V}$ stark zu und variiert für $U_{GS} > -1.5\,\mathrm{V}$ nur wenig.

Bei einem linearisierten Kennlinienfeld und einer Aussteuerung mit resistiver Lastgerade um den Arbeitspunkt B (Klasse-A-Verstärker) nach Figur 1.48 in den Bereichen $U_{Dsat}...U_{Dmax}$ und $0...I_{Dmax}$ ist die maximale HF-Ausgangsleistung P_{2max}:

$$P_{2\max} = \frac{1}{8} I_{D\max} \left(U_{D\max} - U_{Dsat} \right) \qquad (1.110)$$

Der Gesamtwirkungsgrad (power added efficiency) η_{PAE} ist die Differenz von HF-Ausgangsleistung P_2 und HF-Eingangsleistung P_1 geteilt durch die mittlere Verlustleistung im Arbeitspunkt B.

$$\eta_{PAE} = \frac{P_2 - P_1}{\frac{U_{D\max} + U_{Dsat}}{2} \cdot \frac{I_{D\max}}{2}} \qquad (1.111)$$

Bei Vollaussteuerung mit der Ausgangsleistung $P_2 = P_{2max}$ ist

$$\eta_{PAE} = \frac{\left(U_{D\max} - U_{Dsat} \right)\left(1 - 1/G \right)}{2\left(U_{D\max} + U_{Dsat} \right)} \qquad (1.112)$$

mit G : Leistungsverstärkung, $G = P_2 / P_1$

Bei einem typischen 10 GHz GaAs-Leistungs-MESFET im Klasse-A-Betrieb sind:

$G = 6\,\mathrm{dB}$, $\frac{I_{D\max}}{\text{Gatebreite}} = 500\,\mathrm{mA/mm}$, $U_{D\max} = 15\,\mathrm{V}$, $U_{Dsat} = 1.5\,\mathrm{V}$

Die Ausgangsleistung ist dann $\frac{P_2}{\text{Gatebreite}} \approx 0.85\,\mathrm{W/mm}$ und der maximale Gesamtwirkungsgrad $\eta_{PAEmax} \approx 30\%$.

1.4 High Electron Mobility Transistor HEMT

In Kapitel 1.3 wurde gezeigt, dass der GaAs-MESFET dank der Elektronentransporteigenschaften im Gallium-Arsenid sehr gute Mikrowelleneigenschaften aufweist. Die Transitfrequenz f_T ist nach (1.105) direkt mit der Trägertransitzeit τ_K durch den Kanal verknüpft. Für eine weitere Steigerung der Transitfrequenz muss also bei gegebenem Materialsystem die Kanallänge reduziert werden. Eine reine Reduktion der Kanallänge bei unveränderter Vertikalstruktur führt dazu, dass mit abnehmendem Verhältnis Kanallänge zu Kanalhöhe die Kurzkanaleffekte zunehmen. Dem könnte durch eine Skalierung der Längs- und Querdimensionen mit gleichzeitiger Erhöhung der Kanaldotierung entgegengetreten werden. Gerade dieser Gesamtskalierung des MESFET sind aber Grenzen gesetzt.

Mit erhöhter Dotierung ergeben sich folgende zwei Probleme:

1. die Elektronenbeweglichkeit und die maximale Driftgeschwindigkeit nehmen ab,
2. die Qualität des Schottky-Kontaktes nimmt ab, d.h. das Gate zeigt einen hohen Sperrstrom und eine reduzierte Barrierenhöhe.

Figur 1.51 zeigt die Elektronenbeweglichkeit in Funktion der Dotierungsdichte für GaAs.

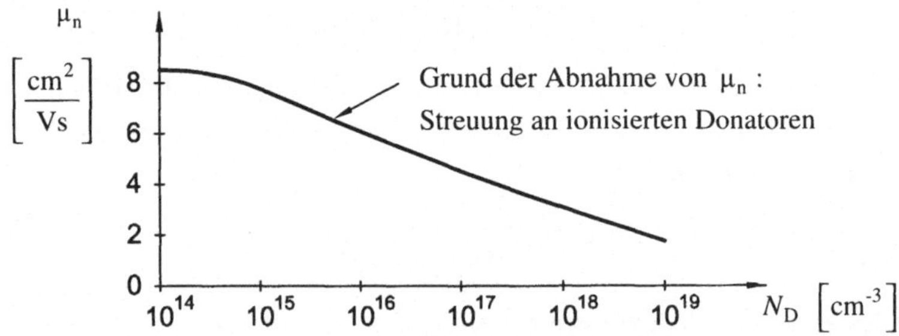

Figur 1.51 Elektronenbeweglichkeit in GaAs μ_n in Funktion der Dotierungsdichte N_D .

Mit zunehmender Dotierungsdichte nimmt die Beweglichkeit wegen der Streuung an ionisierten Donatoren ab. Bei einer Kanallänge von 0.5 µm ist die Dotierung typischerweise im Bereich $10^{17}...10^{18}$ cm^{-3} . Dabei liegt die Mobilität bereits um einen Faktor 2 .. 3 unter dem Wert des undotierten Materials. Eine weitere Erhöhung der Dotierungsdichte ist kaum möglich. Für eine FET-ähnlichen Struktur mit möglichst guten Hochfrequenzeigenschaften wären also folgende Kanaleigenschaften erwünscht:

- der Ladungstransport sollte in einer dünnen Zone mit hoher Elektronenkonzentration erfolgen, damit möglichst keine Kurzkanaleffekte auftreten können.
- diese Zone sollte frei von Donatoratomen sein, damit die Elektronenbeweglichkeit hoch wird.

Diese beiden Forderungen scheinen widersprüchlich zu sein: sie verlangen nämlich eine örtliche Trennung der Donatoren von den Elektronen. Diese Trennung ist jedoch mit einem Heterokontakt, d.h. mit einem Kontakt von zwei Halbleitern mit unterschiedlichen Bandlücken möglich.

1.4.1 HEMT-Heterokontakt

In Kapitel 1.2 wurden bereits gewisse Eigenschaften des in Flussrichtung gespeisten Heterokontaktes eingeführt. Für das Verhalten des Kontaktes im HEMT spielt die Verteilung der Träger eine entscheidende Rolle; sie soll hier genauer betrachtet werden.

Wir gehen von zwei Halbleiterblöcken nach Figur 1.52 aus, von denen der eine, z.B. Gallium-Aluminium-Arsenid eine relativ hohe Donatordotierung und eine Bandlücke W_{G1} aufweist, der zweite, Gallium-Arsenid, undotiert ist und eine Bandlücke $W_{G2} < W_{G1}$ aufweist.

Die Fermipotentiale W_{F1} und W_{F2} sind als gestrichelte Linien eingetragen.

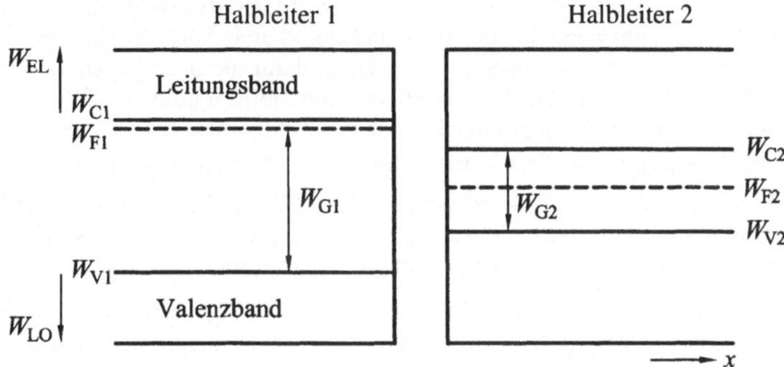

Figur 1.52 Banddiagramm von zwei getrennten Halbleiterblöcken, Halbleiter 1 mit hoher Bandlücke W_{G1} und Dotierung N_D und Halbleiter 2 aus intrinsischem (undotiertem) Material mit niedriger Bandlücke $W_{G2} < W_{G1}$.

Werden die beiden Blöcke in kristallographisch perfekten Kontakt gebracht, stellt sich ein wie in Figur 1.53 dargestelltes Banddiagramm ein.

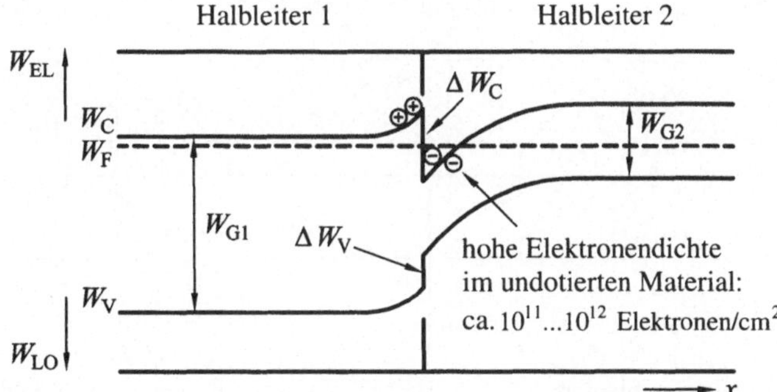

Figur 1.53 Banddiagramm des Heterokontaktes mit perfektem Kontakt.

Das Ferminiveau ist in beiden Zonen identisch, in der Kontaktebene macht das Valenzband einen abrupten Übergang um ΔW_V und das Leitungsband um ΔW_C. Dank der Banddiskontinuität bildet sich im intrinsischen Material eine dünne Zone mit Elektronenanreicherung. Wie bei einem Homokontakt erscheint im Übergangsbereich eine Bandverbiegung und damit verbunden eine Raumladungszone. Die Bandverbiegung ist aber mit der Banddiskontinuität ΔW_V bzw. ΔW_C überlagert, sodass auf der Seite des intrinsischen Materials das Leitungsband unterhalb das Ferminiveau "abtaucht". Dies hat an dieser Stelle zur Folge, dass eine hohe Elektronendichte erscheint.

Diese Anreicherung an Elektronen findet in einer sehr dünnen nur wenige nm dicken Schicht statt; man nennt diese Elektronen tragende Schicht auch ein zweidimensionales Elektronengas (2DEG). Auf der Seite des n-dotierten Materials erscheint, wie bei einem Homokontakt, eine unbewegliche positiv geladene Raumladung, herrührend von den ionisierten Donatoratomen. Wir haben mit dieser Struktur die oben genannte Forderung nach der örtlichen Trennung der Elektronen von den Donatoratomen erfüllt. Damit die Leitfähigkeit der 2DEG-Schicht genügend hoch wird, muss hier eine Konzentration von $10^{11}...10^{12}$ Elektronen/cm^2 erreicht werden. Diese 2DEG-Schicht kann nun als Kanal in einem FET verwendet werden. Die entsprechenden FETs sind unter den Namen HEMT (high electron mobility transistor), TEGFET (two dimensional electron gas FET), MOD-FET (modulation doped FET) und HFET (hetero FET) bekannt.

Die HEMT-Struktur wurde erstmals 1978 von Dingle (AT&T Bell Laboratories) [13] untersucht. HEMTs sind heute als Einzelbauelemente und in integrierten Schaltungen auf der Basis des Materialsystems GaAlAs auf GaAs erhältlich und einige Firmen bieten HEMT-Foundry-Prozesse für die kundenspezifische Realisierung von MMICs an.

1.4.2 Aufbau und Funktionsweise des HEMTs

Zur wirksamen Steuerung der Ladungskonzentration im Kanal wird ein Schottkykontakt verwendet, der nach Figur 1.54 auf der n-dotierten GaAlAs-Schicht aufgebracht ist.

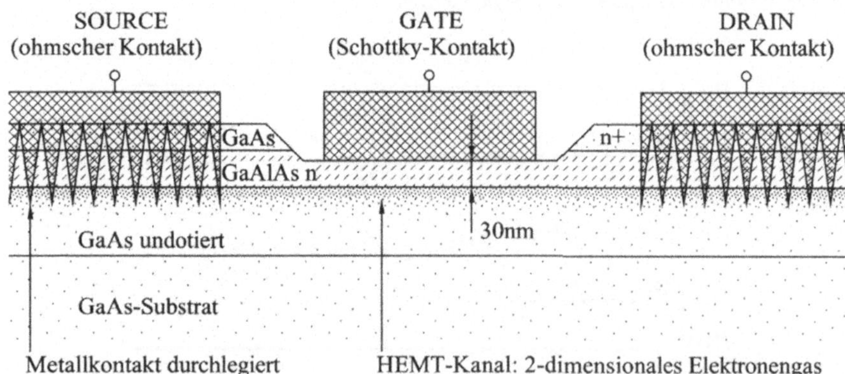

Figur 1.54 Schematischer Querschnitt durch einen GaAlAs/GaAs HEMT-Transistor.

Die Ohmschen Source- und Drainkontakte sind Metallisierungen, die durch die GaAs-Schicht durchlegiert werden, damit sie einen guten Kontakt mit dem HEMT-Kanal bilden. Die Ladungssteuerung der 2DEG-Schicht ist in Figur 1.55 illustriert. Für drei verschiedene Gate–Kanalspannungen b) $U_G < 0$, c) $U_G = 0$ und d) $U_G > 0$ ist der Bandverlauf und die Ladungsverteilung qualitativ dargestellt.

Unter der Annahme, dass im betrachteten Bereich der Gatespannung nur die 2DEG-Ladung geändert wird, gilt für die Flächendichte $n_{2\mathrm{DEG}}$ des 2DEG die lineare Beziehung:

$$n_{2\mathrm{DEG}} = \frac{\varepsilon}{q\,d_\mathrm{G}}\left(U_\mathrm{G} - U_\mathrm{TH}\right) \tag{1.113}$$

Dabei ist

ε : Dielektrizitätskonstante des Materials zwischen der Gatemetallisierung und dem 2DEG-Kanal

d_G : Distanz zwischen dem Gate und dem 2DEG-Kanal

U_G : Gate-Kanalspannung

U_TH : Schwellenspannung, d.i. die Gatespannung U_G, bei der die 2DEG-Ladung verschwindet.

Wird nun wie im Fall des MESFET die folgende vereinfachte Geschwindigkeits-Feld-Beziehung $v_\mathrm{n}(E)$ für die Elektronen angenommen

$$E < E_\mathrm{sat}: \qquad v_\mathrm{n} = \mu_\mathrm{n} E \tag{1.114}$$

$$E > E_\mathrm{sat}: \qquad v_\mathrm{n} = v_\mathrm{sat} = \mu_\mathrm{n} E_\mathrm{sat} \tag{1.115}$$

dann kann gezeigt werden, dass die $I_\mathrm{D}(U_\mathrm{GS})$-Charakteristik für den gesättigten Betrieb linear wird:

$$I_\mathrm{D} \approx g_\mathrm{mo}\left(U_\mathrm{GS} - U_\mathrm{TH}\right) \tag{1.116}$$

Wie beim MESFET zeigen sich bei den gemessenen $I_\mathrm{D}(U_\mathrm{GS})$-Charakteristiken erhebliche Abweichungen gegenüber diesem einfachen Modell, die auf die gleichen Effekte wie bei MESFET (Kapitel 1.3.4) zurückzuführen sind. Zusätzlich kann aber beim HEMT ein neuer unerwünschter Effekt eintreten: bei hoher Gatespannung, Fall e) in Figur 1.55, kann sich das Potential des Leitungsbandes im Bereich des hochdotierten GaAlAs dem Ferminiveau nähern. Es wird sich dann in diesem Bereich eine Elektronenkonzentration ausbilden. Diese Elektronen bilden einen parallelen Kanal zum 2DEG-Kanal, was zu einer Erhöhung des Drainstromes führt. Die Elektronen bewegen sich aber im hochdotierten GaAlAs, wo sie eine sehr kleine Beweglichkeit aufweisen. Sie tragen damit nur wenig zur Transkonduktanz g_m des HEMT bei, erhöhen aber die Gatekapazität erheblich. HEMTs, die in diesem Bereich betrieben werden, zeigen eine markante Abnahme der maximalen Oszillationsfrequenz.

Wie gezeigt wurde, ist die Formierung einer 2DEG-Schicht nur dank der Diskontinuität des Leitungsbandes beim Heteroübergang möglich. Wie im Fall des HBTs muss dieser Übergang kristallographisch perfekt sein.

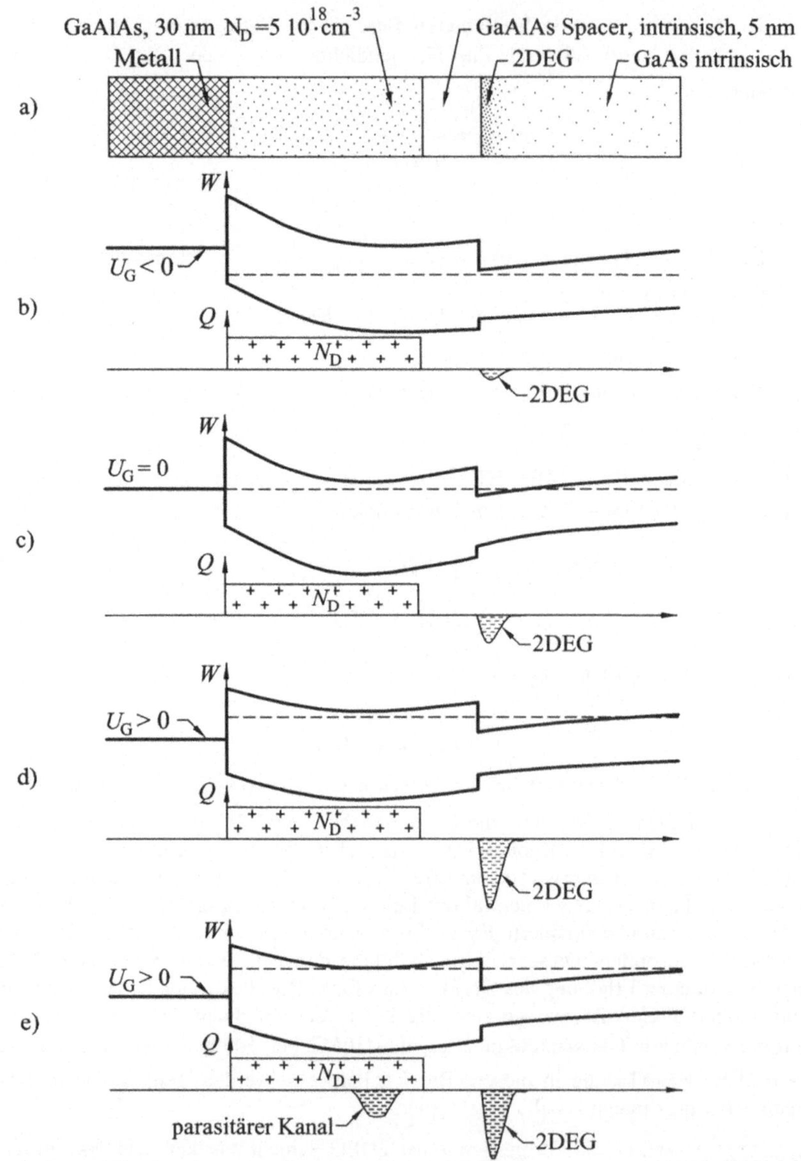

Figur 1.55 a) Aufbau eines GaAlAs/GaAs-HEMT-Kanals mit typischen Dimensionen und Dotierung. Zwischen der dotierten GaAlAs-Schicht und der GaAs-Schicht mit dem 2DEG-Kanal wird als Trennschicht ein Spacer zur Reduktion der Coulomb-Kräfte der ionisierten Donatoren auf die 2DEG-Elektronen eingebaut. b), c), d) und e): Banddiagramm und Ladungsverteilung für verschiedene Gatespannungen U_G .

Figur 1.56 zeigt die Bandlücke in Funktion der Konzentration x. Im Bereich von $x = 0 \dots 0.5$ nimmt die Bandlücke um ca. 0.5eV zu; für $x > 0.5$ wird der Bandübergang indirekt und die Zunahme der Bandlücke ist nur gering.

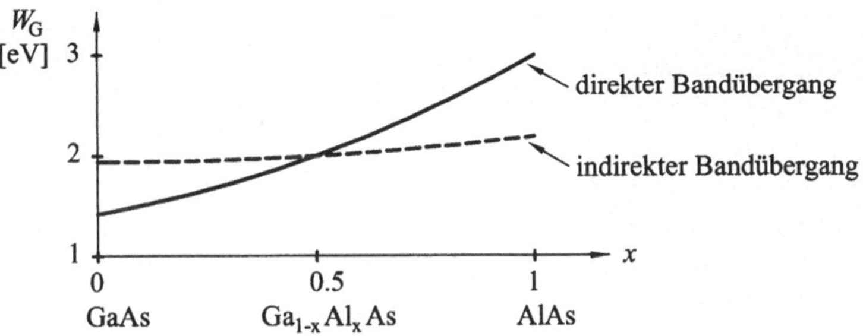

Figur 1.56 Bandlücke W_G des ternären Halbleiters $Ga_{1-x}Al_xAs$ in Funktion der Konzentration x. Für $x > 0.5$ ist der Übergang indirekt.

Das Materialsystem $Ga_{1-x}Al_xAs$ auf GaAs-Substrat ist eine beinahe ideale Materialkombination. Die Aluminiumkonzentration x kann in weiten Grenzen variiert werden ohne die kristallographische Qualität des Heterokontaktes zu beeinträchtigen. Ein zweites für HEMTs attraktives Materialsystem ist das ternäre System $Al_{0.48}\,In_{0.52}\,As$ mit $Ga_{0.47}In_{0.53}As$ auf InP-Substrat. Alle drei Materialien haben die gleiche Gitterkonstante von 0.587 nm, sie sind also gitterangepasst, haben aber stark unterschiedliche Bandlücken:

InP:	1.3eV
$Al_{0.48}In_{0.52}As$:	1.5eV
$Ga_{0.47}In_{0.53}As$:	0.7eV

Zwischen $Ga_{0.47}In_{0.53}As$ und $Al_{0.48}In_{0.52}As$ besteht eine sehr grosse Bandlücke von 0.8eV. $Ga_{0.47}In_{0.53}As$ zeigt zudem, was für niedrige Bandlücken typisch ist, eine sehr hohe Beweglichkeit der Elektronen von bis zu $\mu_e = 14000\,\text{cm}^2/\text{Vs}$ bei Raumtemperatur und eine maximale Driftgeschwindigkeit von $v_{max} = 2.8 \cdot 10^7\,\text{cm/s}$. Dieses Materialsystem mit $Ga_{0.47}In_{0.53}As$ als Material für das zweidimensionale Elektronengas ist sehr geeignet für HEMTs mit höchsten Ansprüchen an die Mikrowelleneigenschaften. Bei sehr kurzen Gatelängen wird eine Gatemetallisierung mit pilzförmigem Querschnitt zur Reduktion des Gatemetallisierungswiderstandes verwendet.

Figur 1.57 zeigt den Querschnitt eines solchen InP basierten HEMTs.

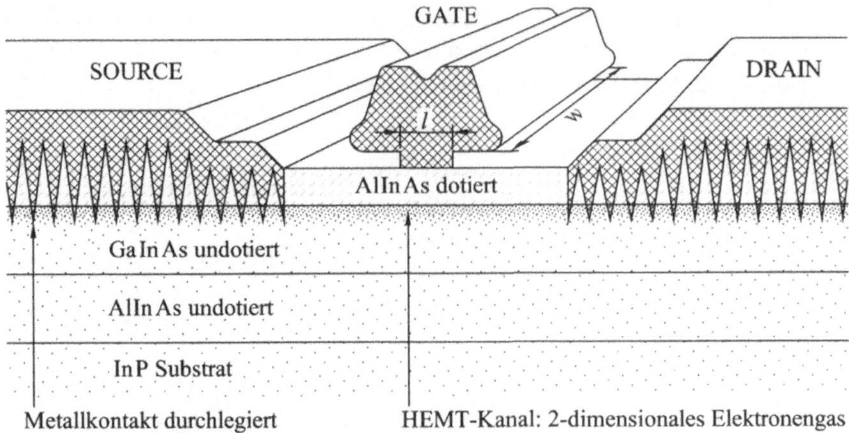

Figur 1.57 Querschnitt durch einen AlInAs/GaInAs/InP-HEMT.

Figur 1.58 zeigt eine Elektronenstrahlmikroskopaufnahme (SEM-Aufnahme) eines HEMTs nach Figur 1.57 mit einer Gatelänge $l=0.2\,\mu m$.

Figur 1.58 SEM-Aufnahme eines HEMTs mit einer Gatelänge $l=0.2\,\mu m$.

1.4.3 Kleinsignaleigenschaften

Das Kleinsignalmodell des HEMTs ist identisch mit dem des MESFET. Figur 1.59 zeigt das Modell des HEMT mit der Bauart nach Figur 1.57. Wie beim MESFET kann mit diesem Modell das Kleinsignalverhalten in einem grossen Frequenzbereich sehr genau nachgebildet werden.

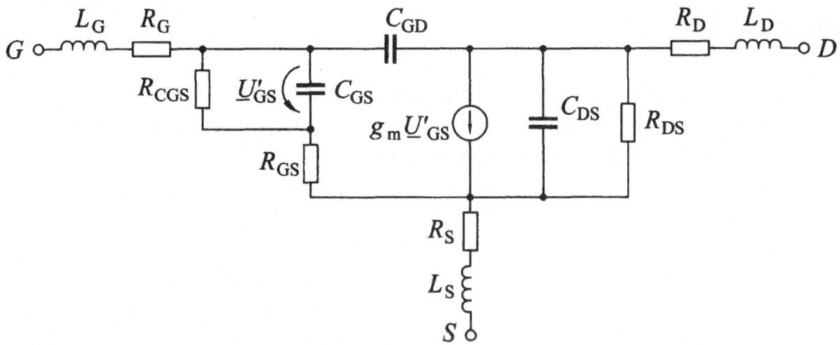

Figur 1.59 Kleinsignalmodell des HEMTs.

Figur 1.60 zeigt die Streuparameter des HEMTs nach Figur 1.57 mit einer Gatelänge l=0.2 µm und einer Gatebreite w=150 µm im Frequenzbereich 0..50 GHz .

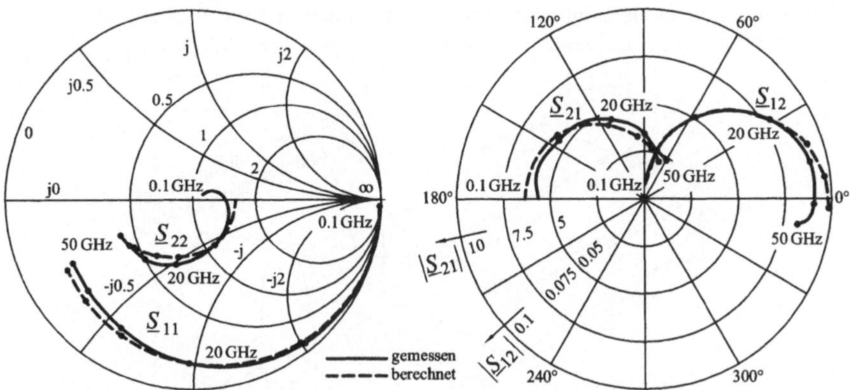

Figur 1.60 Streuparameter des HEMT nach Figur 1.57. Vergleich der direkt gemessenen mit den nach dem Modell Figur 1.59 nachgebildeten Parametern.

Bei den Betriebsbedingungen U_{GS}=-0.45 V , U_{DS}=1V und I_D=55 mA wurde eine Transitfrequenz f_T=183 GHz und eine Steilheit g_{mo}=104 mS gemessen. Mit den gegenüber dem GaAlAs-HEMT verbesserten Kleinsignal-Mikrowelleneigenschaften zeigen auch die Rauscheigenschaften des AlInAs/GaInAs/InP HEMT eine erhebliche Verbesserung. Der AlInAs/GaInAs/InP-HEMT zeigt die besten Verstärkungs- und Rauscheigenschaften aller Halbleiterbauelemente im Mikro- und Millimeterwellenbereich. Nachteilig ist allerdings die niedrige Bandlücke des GaInAs-Kanals: Kurzkanal-HEMTs weisen eine relativ niedrige Drain-Durchbruchspannung von ca. 2 V aus. Die erreichbaren maximalen Ausgangsleistungen liegen daher nur im Bereich < 20 mW bei 80 GHz.

1.5 Halbleiterlaser

(LASER: Light Amplification by Stimulated Emission of Radiation)
Traditionellerweise wird der Halbleiterlaser nicht zu den Mikrowellenhalbleiterbauelementen gezählt. Schnelle moderne Kommunikationssysteme stützen sich aber bekanntlich auf die faseroptische Übertragung, zudem finden in drahtlosen Übertragungssystemen zunehmend analoge und digitale Faserstrecken Eingang. Der Entwerfer von Systemen der Mikrowellenelektronik kommt daher vermehrt in die Lage, Halbleiterlaser als Lichtquellen für analoge und digitale optische Übertragung einzusetzen. In diesem Kapitel wird eine Einführung in die Funktionsweise des Halbleiterlasers gegeben, mit Schwergewicht auf der Modellierung und dem dynamischen Verhalten, das anhand der Ratengleichungen erklärt wird.

Figur 1.61 zeigt schematisch die einfachste und kostengünstigste Bauart eines Halbleiterlasers: den Fabry-Perot-Laser. Auf einem Halbleiterchip mit dem Grundmaterial GaAs oder InP ist eine 200...400µm lange optische Wellenleiterstruktur aufgebracht. Die Enden des Wellenleiters sind perfekte Bruchflächen des Halbleiterkristalls. An diesen Enden tritt das Licht als elliptische Kegel aus, mit einem Austrittswinkel in der Grösse von 2°...10° in der Ebene parallel zur Chipoberfläche und 20°...60° senkrecht dazu.

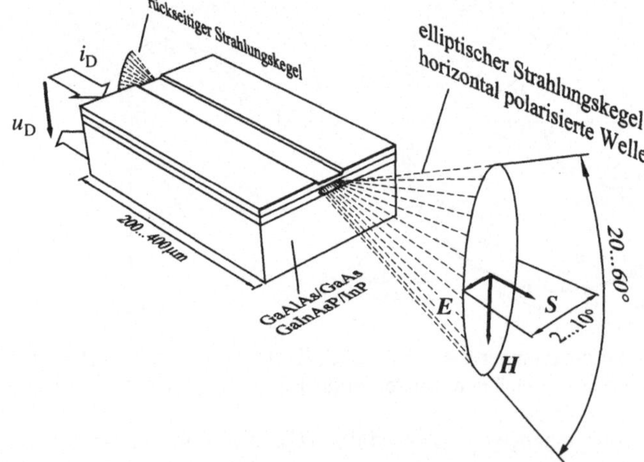

Figur 1.61 Schematische Darstellung eines Fabry-Perot-Lasers.

In Figur 1.62 ist die Strom-Spannungscharakteristik und die Lichtleistung-Stromcharakteristik gezeigt. Die Strom-Spannungscharakteristik unterscheidet sich nur wenig von der Charakteristik einer p-n-Diode mit dem gleichen Materialsystem. Die Lichtleistung-Stromcharakteristik zeigt deutlich zwei Bereiche: Für einen Strom $i_D < I_{TH}$ (Schwellenstrom) ist die Lichtleistung sehr klein. Für $i_D > I_{TH}$ ist die Lichtleistung ungefähr proportional zu $i_D - I_{TH}$.

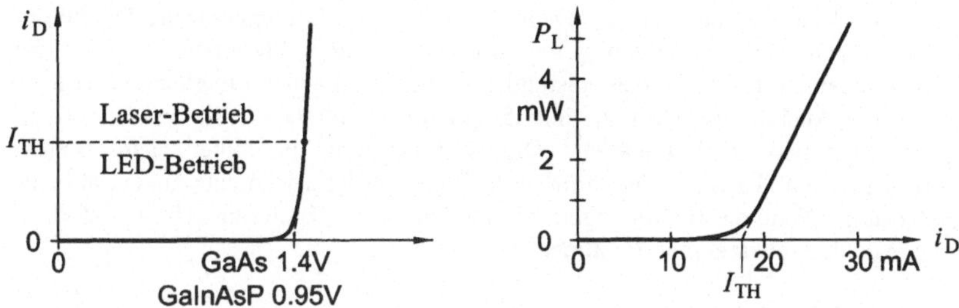

Figur 1.62 Typische Strom-Spannungs- und Lichtleistungs-Strom-Charakteristiken des Fabry-Perot-Lasers.

Das bereits erwähnte Ratengleichungsmodell wird uns dieses statische sowie das dynamische Verhalten erklären. Der Laser ist ein Oszillator im optischen Wellenlängenbereich. Er besteht, wie elektronische Oszillatoren, aus einem Verstärkungsmechanismus, einem Resonator und einer internen Rückkopplung. Zunächst werden die an der Laserfunktion beteiligen Prozesse beschrieben und modelliert, was dann zu den Ratengleichungen, einem System von nichtlinearen Differentialgleichungen führt. Diese Differentialgleichungen können als Ersatzschaltung dargestellt werden.

1.5.1 Stimulierte Emission

Die stimulierte Emission ist die Grundlage der Lichterzeugung im Laser. Dieser physikalische Prozess ist in Figur 1.63 dargestellt.

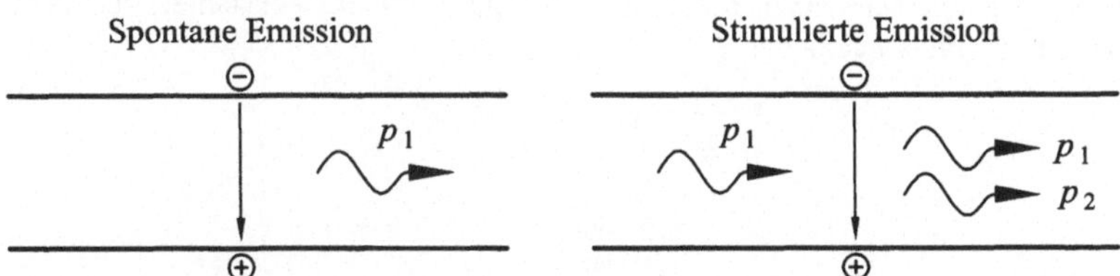

Figur 1.63 Spontane Emission mit unkohärenter und stimulierte Emission mit kohärenter Strahlung

Es ist bekannt, dass bei der Rekombination eines Elektron-Lochpaars die Energie und der Impuls des Trägerpaars erhalten bleiben muss. In Halbleitern mit direkter Bandlücke, wie z. B. im GaAs, wird bei einer Rekombination bevorzugt ein Lichtquant, Photon, abgegeben. Dieses Lichtquant hat exakt die gleiche Energie E_{Ph} wie das erzeugende Trägerpaar, das über die Bandlücke E_G rekombiniert:

$$E_{Ph} = \mathrm{h}\, f = E_G \tag{1.117}$$

mit h: Plancksches Wirkungsquantum
f: Frequenz des Photons

Wenn die erzeugte Photonendichte klein ist, dann zeigen die Photonen keine Korrelation: sie unterscheiden sich innerhalb eines gewissen Bereichs in der Frequenz und damit auch in der Energie. Wenn bei einer hohen Dichte von Elektron-Lochpaaren die Dichte der Photonen genügend gross wird, dann werden die neu erzeugten Photonen "im Takt" der schon vorhandenen emittiert: die neu entstandenen Photonen haben die gleiche Frequenz und Phase sowie Ausbreitungsrichtung, d.h. den gleichen Impuls wie die bereits vorhandenen: die Photonen sind kohärent. Dieses Phänomen ist unter dem Begriff "stimulierte Emission" bekannt. Die stimulierte Emission ist also nichts anders als eine Lichtverstärkung. Wenn die Bedingungen für eine stimulierte Emission erfüllt sind, dann gilt für die Rate der neuerzeugten Photonen:

$$\frac{\mathrm{d}s}{\mathrm{d}t} = g_{\mathrm{t}} N s \tag{1.118}$$

mit s: Photonendichte,
N: Dichte der Elektron-Loch-Paare
g_{t}: Verstärkungsfaktor im Zeitbereich

Die Generationsrate der Photonen $\mathrm{d}s/\mathrm{d}t$ ist proportional zur Dichte der vorhandenen Photonen und zur Dichte N der Elektron-Lochpaare. Bei stimulierter Emission, wenn sich alle Photonen in gleicher Richtung mit der gleichen Geschwindigkeit v_{Ph} bewegen, kann die Generationsrate in Funktion des Ortes $\mathrm{d}s/\mathrm{d}x$ ausgedrückt werden.

$$\frac{\mathrm{d}s}{\mathrm{d}x} = \frac{\mathrm{d}s}{\mathrm{d}t}\cdot\frac{\mathrm{d}t}{\mathrm{d}x} = \frac{\mathrm{d}s}{\mathrm{d}t}\cdot\frac{1}{v_{\mathrm{PH}}} = \frac{g_{\mathrm{t}} N s}{v_{\mathrm{PH}}} = g(N)s \tag{1.119}$$

mit $g(N)$: Verstärkungsfaktor im Ortsbereich

Der oben definierte Verstärkungsfaktor $g(N)$ wird häufiger verwendet als g_{t}. In einem homogenen lichtverstärkenden Medium nach Figur 1.64 mit konstanter Verstärkung g gilt also für die Photonendichte:

$$\frac{\mathrm{d}s}{\mathrm{d}x} = gs \quad\rightarrow\quad s = s_0\,\mathrm{e}^{gx} \tag{1.120}$$

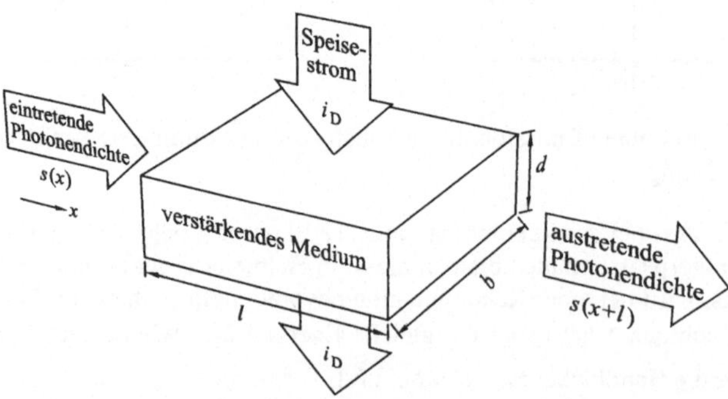

Figur 1.64 Lichtverstärkung in einem homogenen Medium.

Damit in einem Halbleiterlaser mit einer typischen Länge von 0.1 ... 0.4 mm die Laseroszillation stattfinden kann, ist ein Verstärkungsfaktor $g = 50...400\,\mathrm{cm}^{-1}$ erforderlich.

Dies ist eine sehr hohe Verstärkung, die in Halbleiterlasern mit einer hohen zugeführten Stromdichte erreichbar, aber in dieser Grösse z. B. in Gas- und Festkörperlaser unerreichbar ist. Nach (1.119) ist die Verstärkung g von der Dichte der Elektron-Lochpaaren N abhängig. Dieser Parameter ist nicht leicht zugänglich; er ist aber sicher abhängig von der Volumenstromdichte J'_v, d.h. vom Strom der in das aktive Volumen eingespeist wird:

$$J'_v = \frac{i_D}{Ad} = \frac{J_D}{d} \tag{1.121}$$

mit J_D : in das aktive Volumen eingespeiste Stromdichte,
A: Fläche der aktiven Zone,
d: Dicke der aktiven Zone.

Die Verstärkung g kann mit folgender halbempirischen Beziehung in Funktion des Volumenstroms J'_v ausgedrückt werden:

$$g(J'_v) = \frac{g_o}{J'_{vo}}\left(J'_v - J'_{vo}\right) \tag{1.122}$$

Diese Approximation der Verstärkung ist in Figur 1.65 graphisch dargestellt. Die obige Beziehung ist nur näherungsweise gültig. Figur 1.66 zeigt typische gemessene Verstärkungen von AlGaAs/GaAs-Quantum Well Lasern.

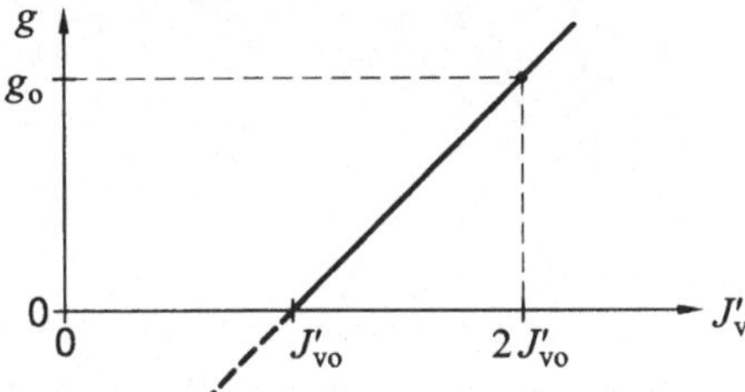

Figur 1.65 Halbempirische Beziehung $g(J'_v)$.

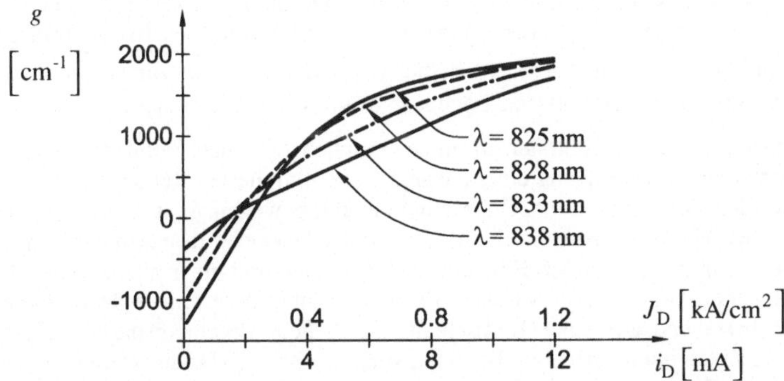

Figur 1.66 Gemessene Verstärkungen g eines AlGaAs/GaAs-Quantum Well Lasers in Funktion der Volumenstromdichte, mit der Wellenlänge als Parameter.

Ganz offensichtlich ist die Verstärkung g wellenlängenabhängig und bei hohen Volumenstromdichten tritt eine Sättigung ein. Für das nachfolgend beschriebene Lasermodell verwenden wir die einfache lineare Beziehung nach (1.122).

1.5.2 Laser-Doppelheterostruktur, Laserresonator

Zur Erreichung einer *hohen Dichte von Elektron-Loch-Paaren* und einer *hohen Dichte von Photonen* muss die Halbleiterstruktur optimiert werden. Bei PIN-Dioden ist bekannt (siehe z.B. [3]), dass mit einer Speisung in Flussrichtung die i-Zone eine hohe Dichte an Elektron-Loch-Paaren aufweist. Dieser Speichereffekt kann noch verstärkt werden, wenn die i-Zone aus einem Halbleitermaterial besteht, das eine niedrigere Bandlücke aufweist als der umgebende n- bzw. p-dotierte Halbleiter. In Figur 1.67 ist eine solche Struktur mit dem Materialsystem GaAlAs/GaAs gezeigt.

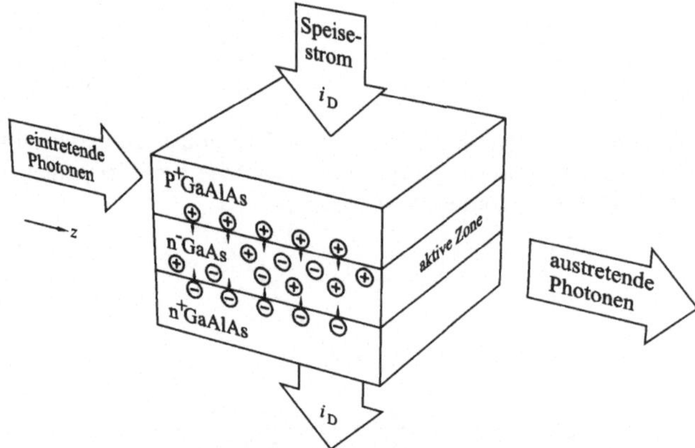

Figur 1.67 Doppelheterostruktur eines Lasers im AlGaAs/GaAs-System.

Die Potentialbarrieren an den Heteroübergängen p+ AlGaAs–GaAs und n+ AlGaAs–GaAs bilden eine sehr effektive Barriere für die über die Kontakte injizierten Träger und es ist damit möglich, in der GaAs-Schicht Elektron-Loch-Konzentrationen von $>10^{18}\text{cm}^{-3}$ zu erreichen. Diese Doppelheterostruktur ist somit zur Generation und zur Speicherung einer hohen Elektron-Lochpaar-Konzentration geeignet.

Die Konzentration der Photonen in einem möglichst kleinen Volumen ist eine zweite Voraussetzung zur Erreichung einer ausgeprägten stimulierten Rekombination. Die Photonen werden sich immer mit Lichtgeschwindigkeit bewegen. Was erreicht werden kann, ist, dass der Photonenstrom in einem begrenzten Querschnitt stattfindet, d.h. dass der Photonenstrom gut geführt ist. Eine gute Führung kann mit einer planaren dielektrischen Wellenleiterstruktur erreicht werden. Es ist bekannt, dass eine planare dielektrische Struktur bestehend aus einer Kernschicht mit hohem Brechungsindex, umgeben von Mantelschichten mit niedrigerem Brechungsindex, einen effektiven Wellenleiter darstellt. Genau diese Eigenschaft zeigt die Doppelheterostruktur: die GaAs–Schicht zeigt gemäss Figur 1.68. einen höheren Brechungsindex als die umgebenden AlGaAs-Schichten.

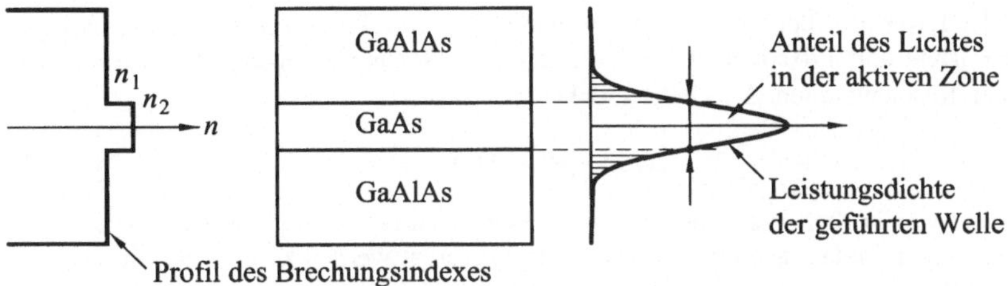

Figur 1.68 Wellenleiterstruktur des AlGaAs/GaAs-Doppelheterokontakt-Lasers.

Da die optische Leistung zum Teil im Mantelbereich geführt wird, zeigt nur der Anteil Γ (= Confinement Factor) der gesamten optischen Leistung eine Interaktion mit den im Kernbereich konzentrierten Trägern.

Γ ist definiert als $$\Gamma = \frac{\text{totale Energie im Resonator}}{\text{Energie in der aktiven Zone}}$$

Selbstverständlich erhebt sich hier die Frage, ob die Parameter der Schichtabfolge gleichzeitig für beide Aufgaben optimal gewählt werden können, nämlich als "Containment" der Elektron-Lochpaare und der Photonen. Tatsächlich würde die optimale Trägerkonzentration eine niedrigere Dicke der Kernschicht erfordern als die optimale Wellenleiterstruktur. Diese unterschiedlichen Anforderungen haben auch zu verschiedenen Vertikalstrukturen geführt.

Mit der Doppelheterostruktur als Träger- und Photonenbehälter sind zwei wichtige Voraussetzungen für die Laserfunktion erfüllt. Wie jeder andere Oszillator muss auch der Laser einen geeigneten Resonator als frequenzbestimmendes Element aufweisen. Der Resonator des Lasers wird gebildet aus dem optischen Wellenleiter einer bestimmten Länge, der mit reflektierenden Endflächen versehen ist. Die Endflächen sind kristallographisch perfekte Bruchflächen. Die Resonatorlänge entspricht, im Gegensatz zu den in der Mikrowellentechnik bekannten Resonatoren, einer sehr grossen Anzahl Wellenlängen, wie dies in Figur 1.69 dargestellt ist.

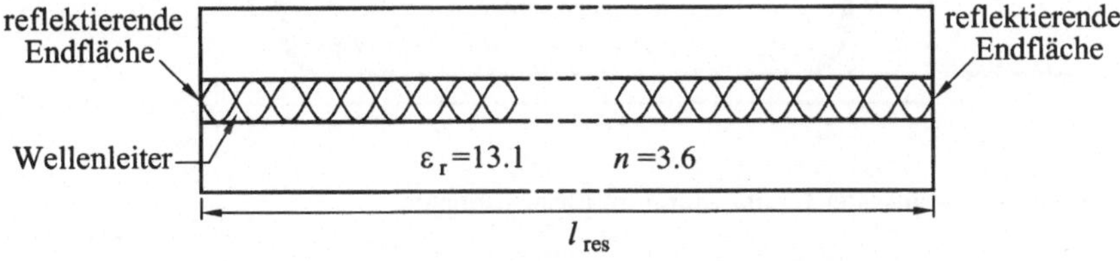

Figur 1.69 Schematische Darstellung des Fabry-Perot-Laser-Resonators.

Dies soll am folgenden Beispiel illustriert werden:
GaAs zeigt einen Brechungsindex $n = 3.6$. Bei einer für GaAs typischen Laserwellenlänge von $\lambda_0 = 0.85\,\mu m$ ist die optische Wellenlänge in GaAs $\lambda_{GaAs} = \lambda_0 / n = 0.24\,\mu m$. Bei einer typischen Resonatorlänge von $l_{res} = 200\,\mu m$ entspricht dies rund $1700 \lambda_{GaAs}/2$.

Wenn der Laser also bei 1700 halben Wellenlängen eine Resonanz zeigt, dann wird er auch bei 1699 und 1701 halben Wellenlängen eine Resonanz zeigen. Der Abstand der einzelnen Resonanzlinien $\Delta\lambda_o$ beträgt daher

$$\Delta\lambda_o = \frac{\lambda_o}{1700} = 0.5\,\text{nm} \tag{1.123}$$

Der Laser wird in den so eng benachbarten Moden immer noch genügend interne Verstärkung zeigen, sodass auch diese Resonanzen angeregt werden können. Somit wird der Laser ein Spektrum mit mehreren Linien im Abstand von $\Delta\lambda_o$ um die Zentrumswellenlänge λ_o zeigen.

Wie oben beschrieben, weist der Resonator an den Enden einen Übergang von GaAs auf Luft auf. Diese dielektrischen Spiegel sind wohl sehr absorptionsarm, sie zeigen aber eine erhebliche Transmission. Der Reflexionsfaktor r des Halbleiter-Luft-Übergangs ist

$$r = \frac{n-1}{n+1} \tag{1.124}$$

Für GaAs mit dem Brechungsindex $n = 3.6$ ist $r = 0.56$. Der Leistungsreflexionsfaktor $R = |r|^2$ ist für GaAs: $R = 0.32$ und der Leistungstransmissionsfaktor $T = 1 - R$ ist 68%. Die interne Verstärkung in der Laserkavität muss also genügend gross sein, um bei jeder Laserfacette den grossen Abstrahlungsverlust zu kompensieren.

1.5.3 Oszillationsbedingung, differentieller Quantenwirkungsgrad

Mit der oben beschriebenen Laserstruktur werden die Bedingungen

- hohe Trägerkonzentration
- effektive Lichtführung in der aktiven Schicht
- Resonator

für eine Lichtoszillation erfüllt. Im Folgenden wird die Oszillationsbedingung formuliert. Figur 1.70 zeigt schematisch den Fluss der Lichtleistung im Laserresonator.

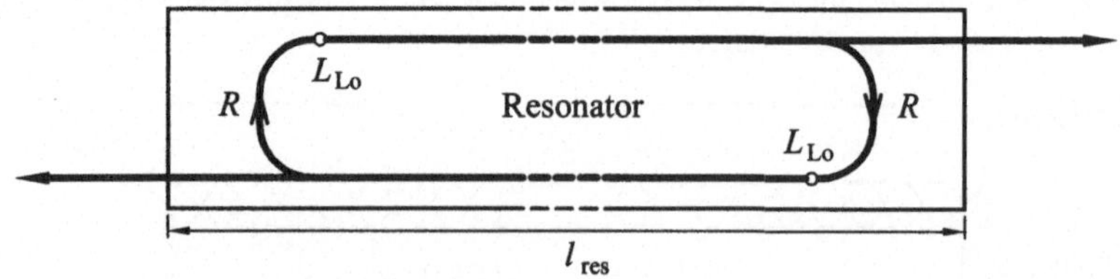

Figur 1.70 Fluss der Lichtleistung im Laserresonator.

Für einen Umlauf in der Kavität erfährt der Fluss der Photonen jeweils zwei Reflexionen mit den gleichen Leistungsreflexionsfaktoren R (Übergang Halbleiter-Luft) und in den beiden Durchläufen durch die Kavität der Länge l_{res} eine Verstärkung um den Faktor $e^{\Gamma g l_{res}}$. Γ ist der in Figur 1.68 definierte Füllfaktor (Confinement Factor), der hier berücksichtigt werden muss, da nur der Anteil Γ der gesamten Lichtleistung die Verstärkung g in der aktiven Zone erfährt.

Beim Durchlaufen des Resonators erfährt die Lichtwelle neben der Verstärkung in der aktiven Zone gleichzeitig eine gewisse Absorption α_i in den Mantelbereichen. Die resultierende Verstärkung V_{res} über eine Resonatorlänge l_{res} wird somit zu:

$$V_{res} = e^{(\Gamma g - \alpha_i) l_{res}} \tag{1.125}$$

Die Oszillationsbedingung lautet nun:

$$R \cdot P_{Lo} e^{(\Gamma g - \alpha_i) l_{res}} \geq P_{Lo} \tag{1.126}$$

Aufgelöst nach der Verstärkung in der aktiven Zone:

$$\Gamma g \geq \alpha_i + \frac{1}{l_{res}} \ln\left(\frac{1}{R}\right) = \Gamma g_{min} \tag{1.127}$$

g_{min} ist die minimal benötigte Verstärkung für eine stationäre Oszillation.

Mit (1.121) und (1.122) kann nun die minimale Volumenstromdichte, die Schwellenstromdichte J_{TH} bestimmt werden, bei der der Lasing-Prozess einsetzt:

$$J_{TH} = d\left(\frac{J'_{vo}}{g_o} g_{min} + J'_{vo}\right) = d\left(J'_{vo} + \frac{J'_{vo}}{\Gamma g_o}\left(\alpha_i + \frac{1}{l_{res}} \ln\left(\frac{1}{R}\right)\right)\right) \tag{1.128}$$

Die Schwellenstromdichte J_{TH} ist ein sehr wichtiger Parameter des Halbleiterlasers. Eine niedrige Schwellenstromdichte bedeutet eine hohe Effizienz und damit niedrige Verlustleistung und niedrige Betriebstemperatur. Eine niedrige Betriebstemperatur erhöht die Zuverlässigkeit und die Lebensdauer der Laser.

Die Schwellenstromdichte ist eine Funktion der Dicke d der aktiven Schicht. Für Dicken $d > 0.2\,\mu\text{m}$ ist die Schwellenstromdichte $J_{TH} \sim d$, d.h. die Laserschwelle wird erreicht, wenn die Volumenstromdichte J_V' einen bestimmten kritischen Wert erreicht hat. Für $d < 0.2\,\mu\text{m}$ nimmt der Füllfaktor Γ markant ab und bei $d \approx 0.1\,\mu\text{m}$ erreicht J_{TH} bei einfachen Doppelheterostrukturlasern das Minimum.

Typische minimale Schwellenstromdichten sind:

GaAs-Heterostrukturlaser:	$\lambda = 0.8\,\mu\text{m}$,	$J_{TH} \approx 500\,\text{A/cm}^2$
GaAs-Quantum Well Laser:	$\lambda = 0.8\,\mu\text{m}$,	$J_{TH} \approx 100\,\text{A/cm}^2$
GaInAsP-Heterostrukturlaser:	$\lambda = 1.3\,\mu\text{m}$,	$J_{TH} \approx 500\,\text{A/cm}^2$

Figur 1.71 zeigt einen typischen Verlauf der Schwellenstromdichte in Funktion der Dicke der aktiven Schicht d. Die Schwellenstromdichte ist stark temperaturabhängig. Mit zunehmender Temperatur nimmt der Anteil der nichtstimulierten Rekombination zu, sodass die Stromdichte erhöht werden muss, damit die Laserschwelle erreicht wird. Über einem Temperaturbereich von 20°C bis 120°C kann die Schwellenstromdichte um ca. einen Faktor zwei zunehmen. Wird der Schwellenstrom I_{TH} überschritten, dann ist die erzeugte Laserlichtleistung in guter Näherung linear vom eingespeisten Strom abhängig. Idealerweise würde jedes zugeführte Elektron-Loch-Paar zu einem Photon konvertiert.

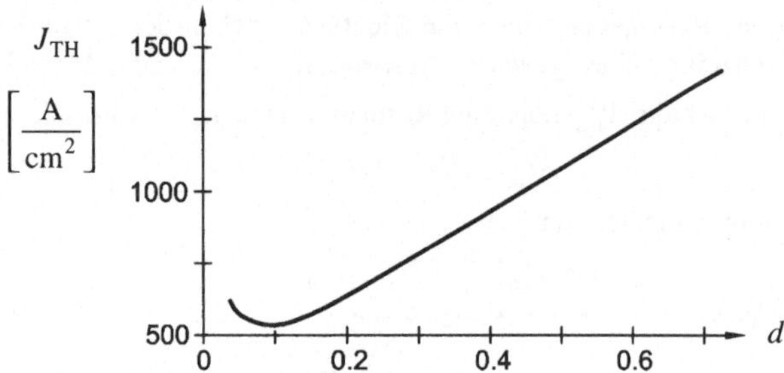

Figur 1.71 Schwellenstromdichte J_{TH} in Funktion der Dicke der aktiven Schicht d.

Es wird nun ein Wirkungsgrad, der differentielle Quantenwirkungsgrad definiert, der angibt, welcher Anteil der inkrementell zugeführten Elektronen zu Photonen werden (Figur 1.72).

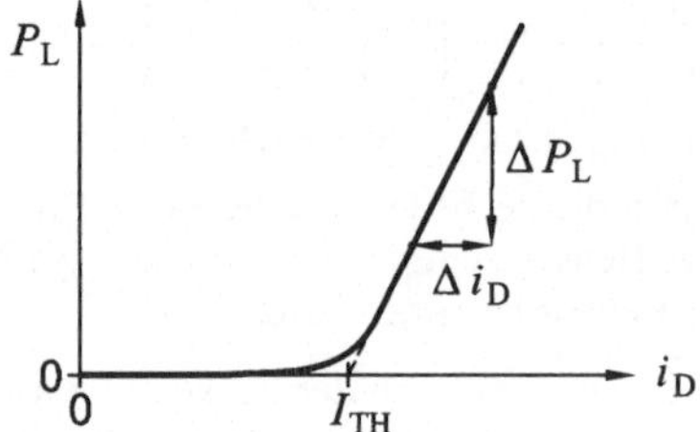

Figur 1.72 Zur Definition des differentiellen Quantenwirkungsgrades

Differentielle Rate der zugeführten Elektronen: $\Delta i_D / q$ (1.129)

Differentielle Rate der Photonen: $\Delta P_L / h f$ (1.130)

Differentieller Quantenwirkungsgrad: $$\eta_{diff} = \frac{q \Delta P_L}{h f \Delta i_D} \tag{1.131}$$

Bei einem differentiellen Quantenwirkungsgrad $\eta_{diff} = 100\%$ ist die Konversionsrate $\Delta P_L / \Delta i_D$:

$$\left.\frac{\Delta P_L}{\Delta i_D} = \frac{hc}{q\lambda} = \frac{1.24\,(\mu m)}{\lambda} \cdot \frac{W}{A}\right|_{\eta=100\%} \tag{1.132}$$

Halbleiterlaser zeigen differentielle Quantenwirkungsgrade im Bereich $\eta_{diff} = 30..90\%$

1.5.4 Laserspektrum

In Abschnitt 1.5.2 wurde darauf hingewiesen, dass die Laserkavität mit einer Resonatorlänge $l_{res} \gg \lambda$ sehr viele nahe beieinander liegende Oszillationsmoden unterstützen würde. Nach Figur 1.66 ist die Verstärkung g an jedem Arbeitspunkt i_D wellenlängenabhängig. Figur 1.73 zeigt schematisch die Besetzung des Valenzbandes mit Löchern und des Leitungsbandes mit Elektronen im aktiven Bereich des Lasers mit einem Strom i_D über der Laserschwelle.

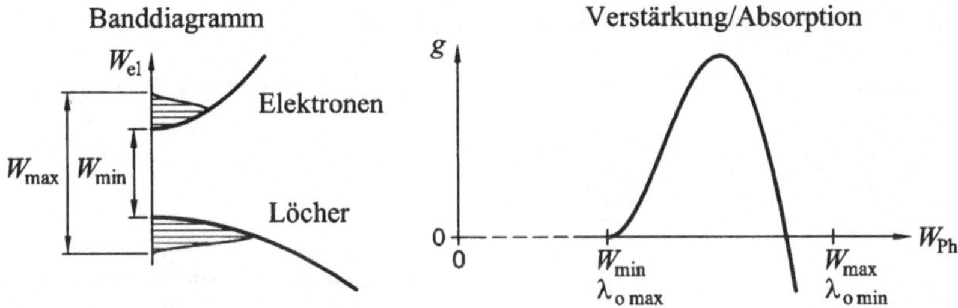

Figur 1.73 Besetzung des Valenzbandes mit Löchern und des Leitungsbandes mit Elektronen im aktiven Bereich; Verstärkung g in Funktion der Photonenergie.

Nach dieser Darstellung können bei einer Rekombination Photonen mit einer maximalen Energie W_{max} und einer minimalen Energie W_{min} erzeugt werden. Eine Verstärkung g des Photonenstromes kann daher nur im Wellenlängenbereich $\lambda_{min} = hc/W_{max}$ bis $\lambda_{max} = hc/W_{min}$ erwartet werden. In Figur 1.73 ist der typische Verlauf der Verstärkung g in Funktion der Photonenergie dargestellt. Von den Resonanzlinien des Resonators werden nur einige im Bereich der maximalen Verstärkung als Laserlinien angeregt. Die Spektrumsbreite $\Delta\lambda_o$ ist stark von der Bauform des Lasers abhängig. Sie ist für GaAs-Laser: $\Delta\lambda_o \approx (2...5)\,\text{nm}$ und für langwelligen GaInAsP-Laser: $\Delta\lambda_o > 5\,\text{nm}$.

Figur 1.74 zeigt Spektren eines 1300 nm-Lasers für verschiedene Ströme i_D. Mit zunehmendem Laserstrom i_D verschiebt sich das Spektrum zu grösseren Wellenlängen.

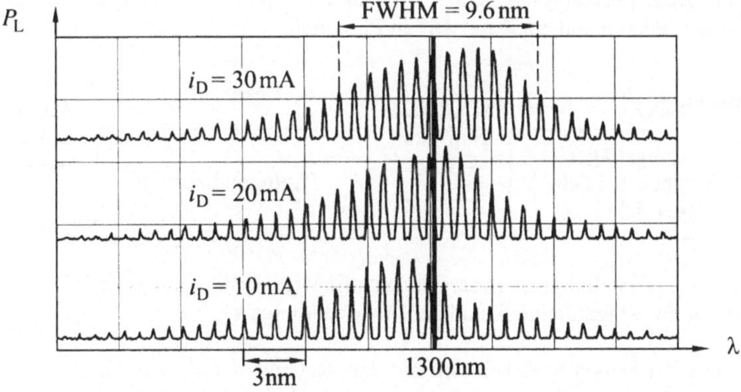

Figur 1.74 Typisch Spektren eines indexgeführten Farby-Perot-Lasers.

1.5.5 Dynamische Verhalten, Ratengleichungen des Halbleiterlasers

In den meisten faseroptischen Kommunikationsstrecken wird der Laser direkt moduliert, d.h. durch einen variierenden Diodenstrom wird die Lichtleitung des Lasers intensitätsmoduliert. Dies ist in Figur 1.75 schematisch dargestellt.

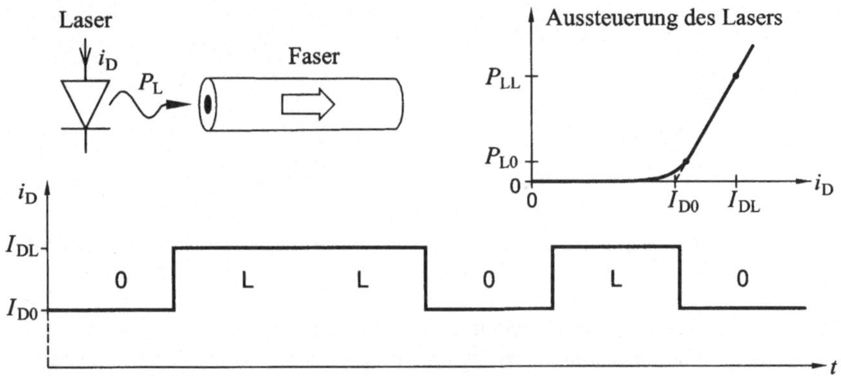

Figur 1.75 Schematische Darstellung der Intensitätsmodulation. Bei einer binären Modulation wird der Laserstrom i_D zwischen den Werten I_{DL} und I_{D0} umgeschaltet.

Der Laserstrom wird umgeschaltet zwischen den beiden Werten I_{DL} und I_{D0}, die Lichtleistung variiert zwischen P_{LL} und P_{L0}.

Es zeigt sich dabei wie bei allen Hochfrequenzbauelementen, dass auch das Ausgangssignal des Lasers, die Lichtleistung, der Signalform des Stromes nicht trägheitslos folgen kann. Es machen sich also Speichereffekte bemerkbar. Figur 1.76 stellt den Laser schematisch als Zweispeichersystem dar: in der aktiven Schicht existiert ein Reservoir an Elektron-Loch-Paaren und ein Reservoir an Photonen.

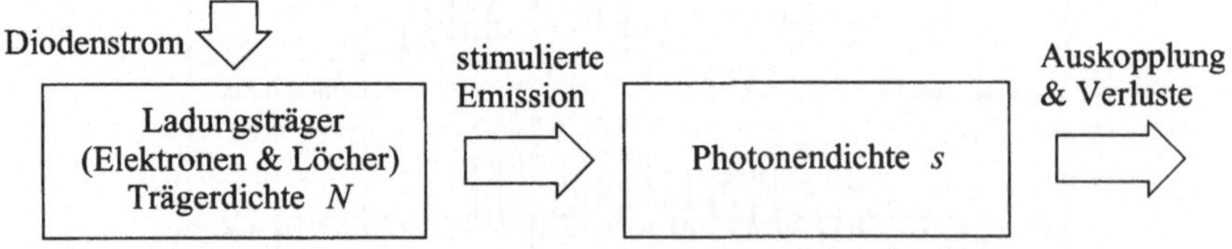

Figur 1.76 Darstellung des Lasers als nichtlineares System mit zwei Energiespeichern mit der Trägerdichte N und der Photonendichte s.

Die Dynamik der beiden Speicher wird mit dem Ratengleichungsmodell, ein System von nichtlinearen Differentialgleichungen dargestellt. Diese Ratengleichungen werden im Folgenden aufgestellt und interpretiert. Dazu betrachten wir ein Volumenelement V_E in der aktiven Zone des Lasers, wie es schematisch in Figur 1.77 dargestellt ist.

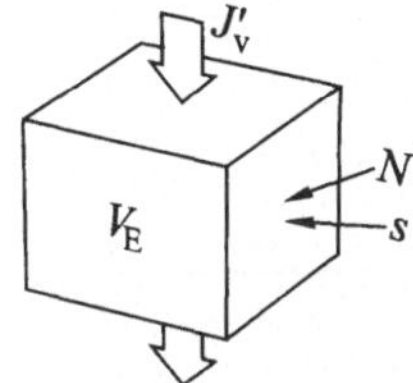

Figur 1.77 Volumenelement V_E aus der aktiven Zone

Unter der vereinfachenden Annahme, dass nur Photonen betrachtet werden, die durch stimulierte Rekombination erzeugt werden, d.h. unter Vernachlässigung der Spontanemission, gilt für die Dichte der Photonen s im Volumenelement V_E die Photonenbilanzgleichung:

$$\frac{ds}{dt} = \Gamma v_{PH} \, g(N) s - \frac{s}{\tau_{PH}} \tag{1.133}$$

mit

- v_{PH}: Gruppengeschwindigkeit der Photonen
- $g(N)$: Photonenverstärkungsfaktor
- τ_{PH}: mittlere Photonenlebensdauer in der Laserkavität
- s: Photonendichte aller angeregten Resonanzlinien im Volumenelement V_E
- Γ: Confinement Factor (Füllfaktor)

Die Photonenlebensdauer τ_{PH} ist bestimmt durch die mittlere Dämpfung α im Wellenleiter, die sich aus der Wellenleiterdämpfung α_i und den auf die Resonatorlänge l_{res} verteilten Spiegelabstrahlverluste zusammensetzt:

$$\tau_{PH} = \frac{1}{v_{PH}\,\alpha} = \frac{1}{v_{PH}\left(\alpha_i + \frac{1}{l_{res}} \ln\left(\frac{1}{R}\right)\right)} \tag{1.134}$$

Die zweite Ratengleichung ist die Trägerbilanzgleichung, die die zeitliche Änderung der Trägerdichte (Elektronen und Löcher) in Funktion der zugeführten Stromdichte J'_v, des Verlustes über die stimulierte Rekombination und die Spontanrekombination (strahlende und nichtstrahlende) ausdrückt:

$$\frac{dN}{dt} = \underbrace{\frac{J'_v}{q}}_{\text{Injizierte Träger}} - \underbrace{v_{PH}\, g(N) s}_{\text{Stimulierte Rekombination}} - \underbrace{\frac{N}{\tau_{sp}}}_{\text{Spontanrekombination}} \tag{1.135}$$

Diese beiden Ratengleichungen (1.133) und (1.135) können auch nach Figur 1.78 in Form eines Ersatzschaltbildes dargestellt werden:

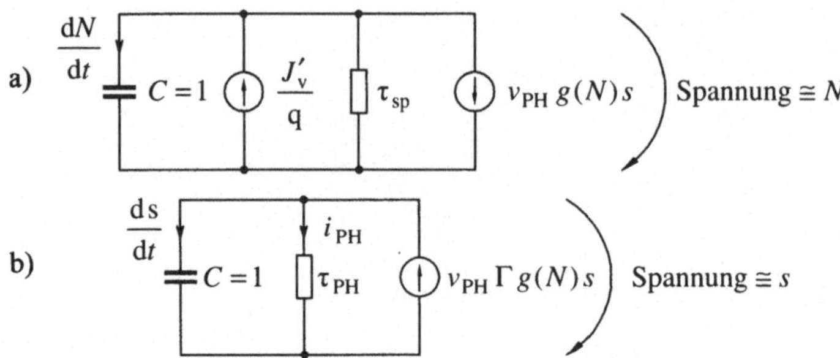

Figur 1.78 Darstellung der Ratengleichungen mit einem Ersatzschaltbild

In diesen Ersatzschaltbildern entsprechen die Spannung in Figur 1.78a der Trägerdichte N, die Spannung in Figur 1.78b der Photonendichte s und der Strom i_{PH} in Figur 1.78b dem Photonenstrom im aktiven Volumen (~ austretende Lichtleistung)

Für die Generationsrate der stimuliert erzeugten Photonen $v_{\mathrm{PH}}\, g(N)$ wird im einfachsten Fall der folgende linearisierte Ansatz verwendet:

$$v_{\mathrm{PH}}\, g(N) = A(N - N_{\mathrm{tr}}) \qquad (1.136)$$

mit N_{tr} : Transparenzdichte.

Die Ratengleichungen sind zwei gekoppelte nichtlineare Differentialgleichungen mit zwei Speichern, die Trägerdichte und die Photonendichte. In einem ersten Schritt wird das statische Verhalten des Lasers untersucht.

Für $$\frac{\mathrm{d}s}{\mathrm{d}t} = \frac{\mathrm{d}N}{\mathrm{d}t} = 0 \qquad (1.137)$$

wird die Gleichung (1.133) mit (1.136) für $s > 0$, das heisst für Betrieb mit stimulierter Emission zu

$$\Gamma A(N - N_{\mathrm{tr}}) = \frac{1}{\tau_{\mathrm{PH}}} \qquad (1.138)$$

Daraus folgt, dass in diesem Betriebszustand die Trägerdichte N konstant und unabhängig von der Photonendichte ist:

$$N = N_{\mathrm{TH}} = N_{\mathrm{tr}} + \frac{1}{\Gamma \tau_{\mathrm{PH}} A} \qquad (1.139)$$

Diese Trägerdichte N_{TH} ist die Trägerdichte, die erreicht werden muss, damit die stimulierte Emission einsetzt, sie wird auch Schwellenträgerdichte genannt. Der Index TH steht für Threshold (Schwelle).

Nach (1.133) gilt mit $\frac{\mathrm{d}s}{\mathrm{d}t} = 0$

$$v_{\mathrm{PH}}\, g(N) = \frac{1}{\Gamma \tau_{\mathrm{PH}}} \qquad (1.140)$$

Aus (1.135) folgt mit (1.140) und $\frac{dN}{dt} = 0$:

$$0 = \frac{J'_V}{q} - \frac{s}{\Gamma\tau_{PH}} - \frac{N_{TH}}{\tau_{sp}} \tag{1.141}$$

Aufgelöst nach der Photonendichte s:

$$s = \frac{\Gamma\tau_{PH}}{q}\left(J'_V - \frac{q\,N_{TH}}{\tau_{sp}}\right) \tag{1.142}$$

Die stimulierte Emission setzt ein, d.h. $s > 0$, für

$$\left(J'_V - \frac{q\,N_{TH}}{\tau_{sp}}\right) = (J'_V - J'_{VTH}) > 0 \tag{1.143}$$

$J'_{VTH} = \frac{q\,N_{TH}}{\tau_{sp}}$ wird Schwellenstromdichte genannt und entspricht der Stromdichte, bei der die stimulierte Emission einsetzt. Figur 1.79 zeigt die statische Charakteristik des Lasers gemäss dem beschriebenen Modell.

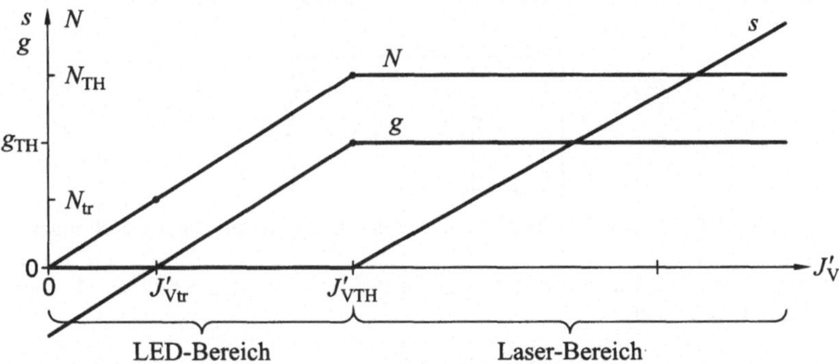

Figur 1.79 Statische Charakteristik des Lasers in Abhängigkeit der Volumenstromdichte J'_V.

Im Bereich $J'_V < J'_{VTH}$ ist $N \sim J'_V$ und die Verstärkung g näherungsweise linear abhängig von J'_V. Nach (1.140) ist die Verstärkung g im Bereich der stimulierten Emission wie die Trägerdichte N konstant und nicht von der Stromdichte abhängig:

$$g = g_{PH} = \frac{1}{v_{PH}\Gamma\tau_{PH}} \tag{1.144}$$

Die nach Figur 1.79 stückweise lineare Abhängigkeit $s(J'_V)$ entspricht der typischen experimentell ermittelten Lichtleistung in Funktion des Laserstromes nach Figur 1.62.
Nach dieser Betrachtung des statischen Verhaltens werden wir das dynamische Verhalten analysieren. Da die Ratengleichungen nichtlineare Differentialgleichungen sind, die nur für Spezialfälle analytisch gelöst werden können, bietet sich eine Kleinsignalanalyse

(Störungsrechnung) an. Die Variablen werden dabei als Summe eines Konstantanteils und eines relativ kleinen Wechselanteils beschrieben:

$$J'_V = J'_{VDC} + J'_{VAC} \tag{1.145}$$

$$s = s_{DC} + s_{AC} \tag{1.146}$$

$$N = N_{DC} + N_{AC} \tag{1.147}$$

Werden diese Variablen in die Ratengleichungen (1.133) und (1.135) eingesetzt, dann gelten für die Gleichanteile die statischen Gleichungen (1.138) und (1.141). Von den Wechselanteilen werden nur Terme 1. Ordnung berücksichtigt, d.h. Produktterme wie $N_{AC} \cdot s_{AC}$ werden, entsprechend der Methode der Störungsrechnung, vernachlässigt. Damit resultiert ein System von zwei linearen Differentialgleichungen:

$$\frac{\mathrm{d}s_{AC}}{\mathrm{d}t} = \Gamma A N_{AC}\, s_{DC} \tag{1.148}$$

$$\frac{\mathrm{d}N_{AC}}{\mathrm{d}t} = \frac{J'_{VAC}}{\mathrm{q}} - \left(A s_{DC} - \frac{1}{\tau_{sp}} \right) N_{AC} \frac{s_{AC}}{\Gamma \tau_{PH}} \tag{1.149}$$

Zur Analyse dieser Gleichungen betrachten wir vorerst die linearen Differentialgleichungen einer bestens bekannten Schaltung, des RLC-Kreises nach Figur 1.80.

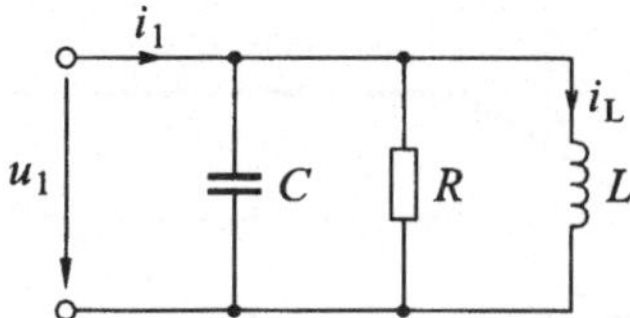

Figur 1.80 RLC-Kreis: die Ersatzschaltung der linearisierten Ratengleichungen.

Mit den in Figur 1.80 angegebenen Variablen wird der RLC-Kreis durch folgende Gleichungen beschrieben:

$$\frac{\mathrm{d}i_L}{\mathrm{d}t} = \frac{u_1}{L} \tag{1.150}$$

$$\frac{\mathrm{d}u_1}{\mathrm{d}t} = \frac{i_1}{C} - \frac{u_1}{RC} - \frac{i_L}{C} \tag{1.151}$$

Die linearisierten Ratengleichungen (1.148) und (1.149) sind mit den Gleichungen (1.150) und (1.151) des RLC-Kreises identisch, wobei sich die folgenden Variablen entsprechen:

$$J'_{VAC} \cong i_1 \tag{1.152}$$

$$N_{AC} \cong u_1 \tag{1.153}$$

$$\frac{\mathrm{q}}{\Gamma \tau_{PH}} s_{AC} \cong i_L \sim P_L \tag{1.154}$$

mit P_L: austretende Lichtleistung.

Namentlich von Interesse ist die Übertragungsfunktion s_{AC} / J'_{VAC}, die, abgesehen von

einem konstanten Faktor, dem Verhältnis P_L (= austretende Lichtleistung) zu I_{DI} (= in die aktive Zone injizierter Diodenstrom) entspricht.
Die Übertragungsfunktion s_{AC} / J'_{VAC} ist:

$$\frac{s_{AC}}{J'_{vAC}} = \frac{K_0}{-\frac{\omega^2}{\Omega_0^2} + 2\xi \frac{j\omega}{\Omega_0} + 1} \tag{1.155}$$

Diese Tiefpassfunktion 2. Ordnung ist in Figur 1.81 dargestellt.

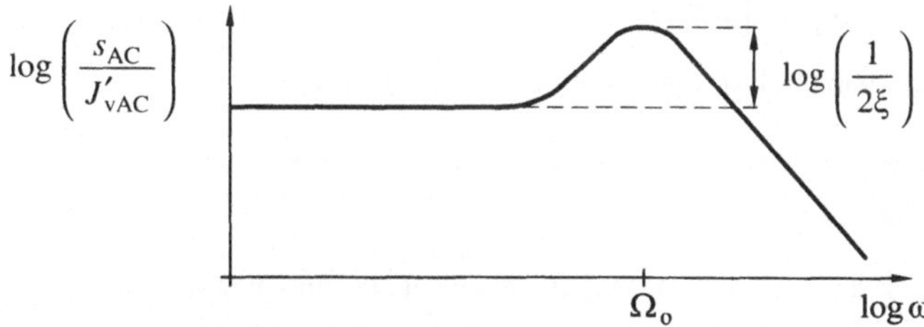

Figur 1.81 Übertragungsfunktion s_{AC} / J'_{vAC} .

Die Resonanzfrequenz Ω_0 und die Dämpfungskonstante ξ sind:

$$\Omega_0 = \sqrt{\frac{A s_{DC}}{\tau_{PH}}} \tag{1.156}$$

$$\xi = \frac{1}{2\Omega_0}\left(A s_{DC} + \frac{1}{\tau_{sp}} \right) \tag{1.157}$$

Die Grenzfrequenz des Durchlassbereichs, d.h. die Resonanzfrequenz Ω_0 ist abhängig vom Gleichanteil der austretenden Lichtleistung:

$$\Omega_0 \sim \sqrt{s_{DC}} \sim \sqrt{P_{LDC}} \tag{1.158}$$

Die Dämpfung ξ ist ebenfalls abhängig vom Gleichanteil der Lichtleistung, sie nimmt nach (1.157) mit zunehmender Lichtleistung zu. Figur 1.82 zeigt schematisch das Verhalten der Übertragungsfunktion s_{AC} / J'_{vAC} für verschiedene Betriebspunkte.

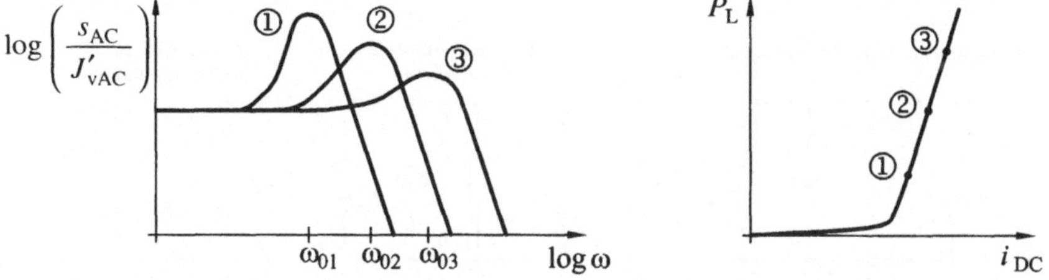

Figur 1.82 Qualitatives Verhalten der Übertragungsfunktion s_{AC} / J'_{vAC} für verschiedene Betriebspunkte auf der Lichtleistung-Strom-Charakteristik.

Beispiel: typische Parameter eines GaAs- Fabry-Perot-Lasers

$N_{tr} = 5 \cdot 10^{17} \text{cm}^{-3}$ $\tau_{PH} = 2\,\text{ps}$ $\tau_{sp} = 3$ ns $A = 10^{-6} \text{cm}^3/\text{s}$ $\nu_{PH} = 8 \cdot 10^9 \text{cm/s}$

Der Verstärkungsfaktor $g(N)$ ist in Figur 1.83 dargestellt:

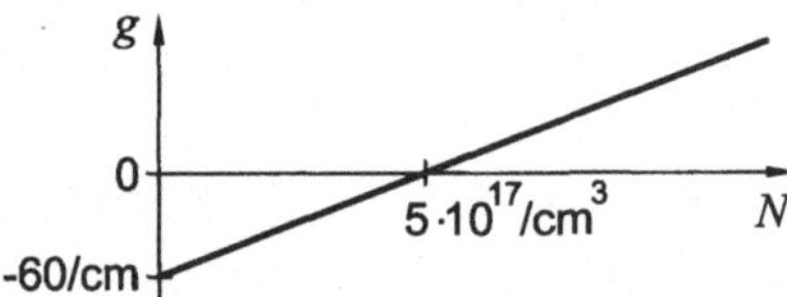

Figur 1.83 Verstärkungsfaktor g in Funktion der Trägerdichte N

Dimensionen: Dicke der aktiven Schicht $d = 0.2\,\mu\text{m}$, Wellenleiterbreite $w = 5\,\mu\text{m}$, Resonatorlänge $l = 300\,\mu\text{m}$.

Für diese Parameter ist die typische Photonendichte s bei ausgeprägter stimulierter Emission bei $s_{DC} = 10^{14}...10^{15} \text{cm}^{-3}$. Die Laserresonanzfrequenz Ω_0, (1.156), liegt im Bereich 1...4GHz und der Dämpfungsparameter ξ, (1.157), bei $\xi = 0.003...0.1$. Diese sehr kleine Dämpfung wird bei realen Lasern nicht festgestellt; typischerweise ist die Resonanzüberhöhung $< 7\,\text{dB}$, d.h. $\xi > 0.1$. Hier zeigt sich eine Begrenzung unseres einfachen Modells mit der linearen Verstärkungscharakteristik nach Figur 1.83. Mit einer realistischeren $g(N)$-Charakteristik, die bei hohen Trägerdichten eine Sättigung der Verstärkung zeigt, wird auch im Modell die Dämpfung ausgeprägter.

In den bisherigen Betrachtungen wurde der in die aktive Zone injizierte Strom als die Eingangsgrösse betrachtet. Bekanntlich zeigt die Laserdiode eine Strom-Spannungscharakteristik, die einer Diode entspricht, wobei die Diodenkapazität das dynamische Verhalten wesentlich bestimmt. Daher muss der elektrische Teil der Laserdiode genauer modelliert werden, als dies mit dem Ersatzschaltbild nach Fig. 17 geschehen ist. Im Ersatzschaltbild nach Figur 1.84 wird der elektronische Teil mit der bekannten Dioden-Strom-Spannung-Charakteristik dargestellt, die den *Spontan-Rekombinations-strom* I_{sp} nachbildet. Die Diodenkapazität C_{ein} setzt sich aus einem Sperrschichtanteil und allfälligen parasitären Kapazitäten zusammen.

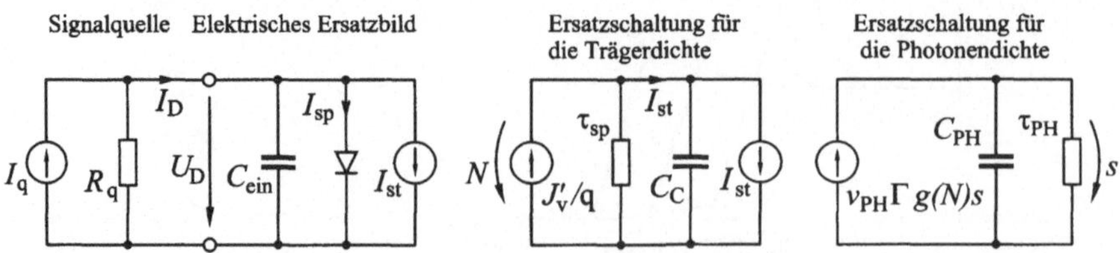

Figur 1.84 Modell des Halbleiterlasers: Ratengleichungsmodell für die Trägerdichte und Photonendichte zusammen mit elektronischem Eingang.

Dieses Modell beschreibt sowohl das statische wie das dynamische Verhalten des Lasers. Figur 1.85 zeigt das statische Verhalten, nämlich die Elektronendichte N, die abgestrahlte Lichtleistung P_L und die Diodenspannung U_D in Funktion des Laserstromes I_D.

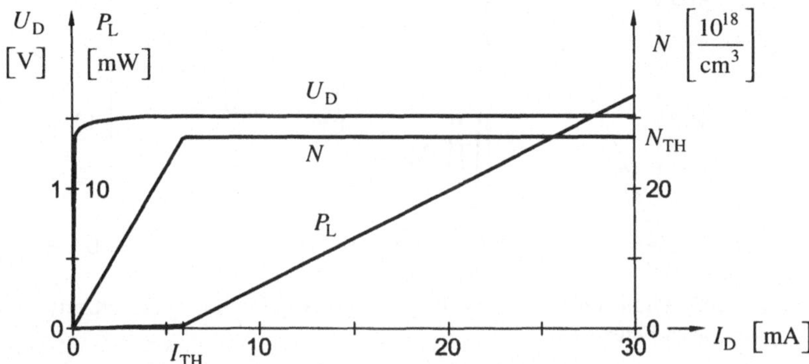

Figur 1.85 Statische Charakteristiken der Trägerdichte N, Lichtleistung P_L und Diodenspannung U_D in Funktion des Laserstromes I_D.

Diese Charakteristiken wurden bereits anhand der Ratengleichungen für den statischen Fall, gemäss Figur 1.79 ermittelt. Im Unterschied zu der bekannten Strom-Spannungscharakteristik von Dioden wird die Diodenspannung des Lasers vom Strom unabhängig, sobald stimulierte Emission einsetzt und die Trägerkonzentration ebenfalls stromunabhängig auf den Wert N_{TH} "festgeklemmt" wird. Figur 1.86 und Figur 1.87 zeigen Simulationsergebnisse des Modells nach Figur 1.84 für das dynamische Verhalten des Halbleiterlasers.

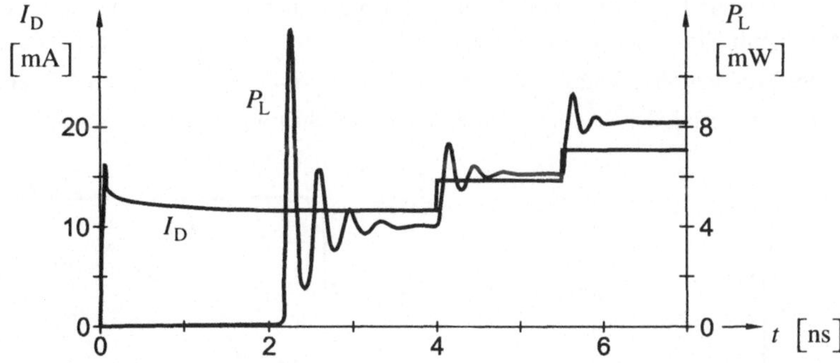

Figur 1.86 Diodenstrom I_D und Lichtleistung P_L in Funktion der Zeit gemäss dem Modell nach Figur 1.84.

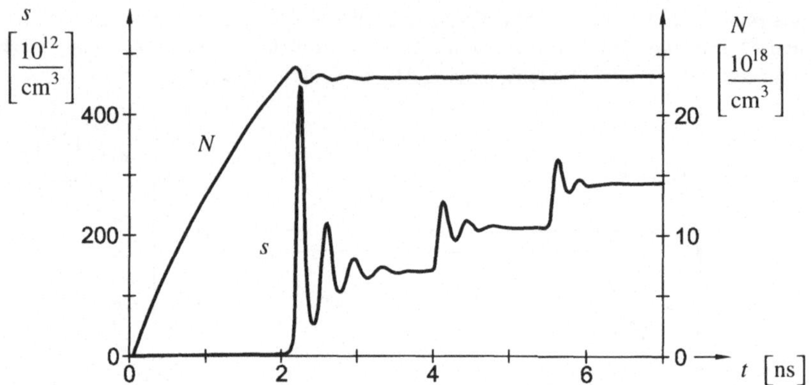

Figur 1.87 Photonendichte s und Trägerdichte N in Funktion der Zeit gemäss dem Modell nach Figur 1.84.

Als Anregung wird der Strom der Signalstromquelle stufenweise angehoben. In einem ersten Stromschritt wird von 0 ausgehend direkt die Laserschwelle überschritten. Der Diodenstrom I_D zeigt anfänglich ein Überschwingen, da die Kapazität auf die Spannung von ca. 1.5V aufgeladen werden muss. Das Einsetzen der stimulierten Emission erfolgt in diesem Beispiel mit einer Verzögerung von ca. 2ns. Diese Ansprechzeit t_a (Turn-On-Delay) wird verursacht durch die "Ladezeit" des Trägerreservoirs C_C und des Photonenreservoirs C_{PH}. Der Einschwingvorgang der Lichtleistung P_L und der Photonendichte s erfolgt mit einer gedämpften Oszillation mit einer Frequenz von ca. 2.7GHz, die nach (1.156) ermittelt werden kann. Bei den weiteren Stromschritten ist die Ansprechzeit t_a wesentlich kleiner als beim ersten Stromschritt über die Laserschwelle. Weiter nehmen die Resonanzfrequenz und die Dämpfung des Einschwingvorgangs gemäss (1.156) und (1.157) mit der Photonendichte s deutlich zu. Die markante Ansprechzeit t_a beim Überschreiten der Laserschwelle begrenzt die maximale Datenrate, die mit direkter Modulation des Laserstromes i_D erreicht werden kann. Figur 1.88 veranschaulicht die Definition der Parameter für einen Stromschritt über die Laserschwelle.

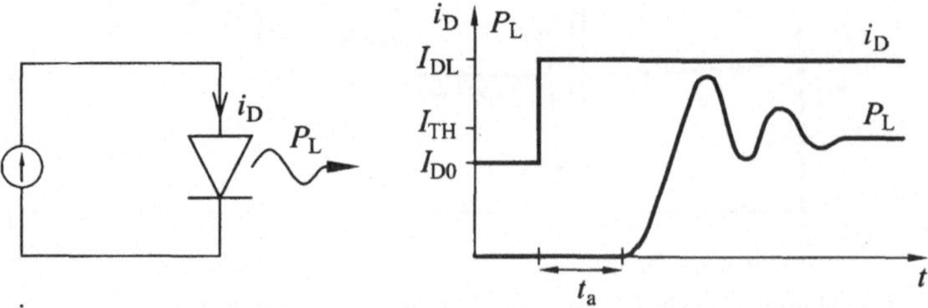

Figur 1.88 Definition der Ströme I_{DL} (logisch 1), I_{TH} (Schwellenstrom), I_{D0} (logisch 0).

Die Ansprechzeit t_a ist (ohne Herleitung):

$$t_a = \tau_{sp} \ln\left(\frac{I_{DL} - I_{D0}}{I_{DL} - I_{TH}}\right) \tag{1.159}$$

Die Zeitkonstante der Spontanemission τ_{sp} liegt im Bereich 2...4 ns.

Offensichtlich kann die Datenrate eines Lasers mit Intensitätsmodulation wesentlich erhöht werden, wenn dem Pegel für logisch 0 ein Betriebspunkt mit endlicher stimulierter Emission zugeordnet wird. Typischerweise wird ein Verhältnis der Lichtleistungen für die beiden Pegel im Bereich von einem Faktor 10 gewählt.

Literatur

[1] S.M. Sze: *Semiconductor Devices*, Physics and Technology, Wiley, New York, 1984.

[2] H. Schaumburg: *Halbleiter*, B.G. Teubner , Stuttgart, 1991, ISBN 3 519 06124 4.

[3] W. Bächtold: *Mikrowellentechnik*, Vieweg uni-script, Braunschweig/Wiesbaden, 1999, ISBN 3-528-07438-8.

[4] T. G. van de Roer: *Microwave Electronic Devices*, Chapman & Hall, London, 1994, ISBN 0-412-48200-2.

[5] A. Van der Ziel, "Shot noise in transistors", Proc. IRE, vol. 48, pp. 114-115, Jan. 1960.

[6] H. Fukui, "The noise performance of microwave transistors", IEEE Transactions on Electron Devices, vol. ED-13, No. 3, pp 329-341, 1966

[7] Datenblatt Motorola MRF20060R.

[8] I. Bahl, P. Bhartia: *Microwave solid state circuit design*, Wiley, New York, 1988.

[9] U. Scaper, P. Zwicknagl, "Physical scaling rules for AlGaAs/GaAs power HBTs based on a small signal equivalent circuit", IEEE Trans. Microwave Theory Techniques, Vol. 46, No. 7, pp 1006-1009, Jul. 1998.

[10] J. Cressler,"SiGe HBT technology: a contender for Si-based RF and microwave circuit applications", IEEE Trans. Microwave Theory Techniques, Vol. 46, No. 5, pp 572-577, 1998.

[11] H. Statz, P. Newman, I.W. Smith, R.A. Pucel, H.A. Haus,"GaAs FET device and circuit simulation in SPICE", IEEE Trans. on Electron Devices, Vol. ED-34, No. 2, pp 160 – 169, Feb. 1987.

[12] R.E. Williams, D.W. Shaw, "Graded channel FET's: improved linarity and noise figure", IEEE Trans. on Electron Devices, Vol. ED-25, No. 6, pp. 600-605, June 1978.

[13] R. Dingle, H.L. Strömer, A.C. Gossard, W. Wiegemann, "Electron mobilities in modulation-doped semiconductor heterojuntion superlattice", Appl. Phys. Lett., Vol. 33, pp. 665 ff, 1978.

[14] J. M. Golio: *Microwave MESFETS & HEMTs,* Artech House, Dedham, 1991 ISBN 0-890006-426-1

[15] K.F. Brennan: *The physics of semiconductors with applications to optoelectronic devices*, University Press, Cambridge,1999, ISBN 0 521 59662 9.

[16] K.H. Löcherer: *Halbleiterbauelemente*, B.G. Teubner, Stuttgart, 1992, ISBN 3 519 06423 5.

[17] Zinke – Brunswig: *Hochfrequenztechnik 2, Elektronik und Signalverarbeitung*, Springer, Berlin, 1993, ISBN 3 540 55084 4.

[18] K. J. Ebeling: *Integrierte Optoelektronik*, Springer, Berlin, 1991.

[19] L. A. Coldren, S. W. Corzine: *Diode lasers and photonic integrated circuits,* Wiley, New York, 1995

2 Mikrowellen-Halbleiterverstärker

2.1 Einleitung

Zur Verstärkung von Signalen im Mikrowellenbereich werden heute hauptsächlich Dreipol-Halbleiterbauelemente, d.h. Transistoren eingesetzt. Wir werden uns in diesem Kapitel nur mit Transistorverstärkern beschäftigen. Der Vollständigkeit halber soll aber erwähnt werden, dass auch heute noch verschiedene Typen von Hochvakuumröhren, hauptsächlich zur Erzeugung und Verstärkung sehr grosser Mikrowellenleistungen, im Einsatz stehen. Dagegen sind Reflexionsverstärker, die auf Zweipolen, wie die Tunneldiode basieren, vollständig von Transistorverstärkern verdrängt worden. Als Transistoren werden die in Kapitel 1 beschriebenen Feldeffekt- und Bipolartransistoren verwendet.

In der Betrachtung der Kleinsignalmodelle und der typischen S-Parameter der verschiedenen Transistortypen haben wir gesehen, dass die Transistoren schon mit der für die Bestimmung der S-Parameter üblicher Quellen- und Lastimpedanz von 50 Ω in einem grossen Frequenzbereich eine Leistungsverstärkung zeigen. Allerdings werden mit dieser quellen- und lastseitigen Beschaltung die Verstärkungseigenschaften nur schlecht ausgenützt. Im Einsatz von Transistoren in Verstärkern muss mit zusätzlichen passiven und aktiven Schaltelementen erreicht werden, dass

1. der gewünschte Frequenzgang der Verstärkung unter bestmöglicher Ausnutzung der Verstärkungseigenschaften der verstärkenden Elemente erzielt wird,
2. das von den Elementen zugefügte Rauschen und die Verzerrungen minimiert werden,
3. die Reflexionsfaktoren am Verstärkereingang und -ausgang den Spezifikationen entsprechen,
4. die verstärkenden Elemente mit der richtigen Speisung versehen werden.
5. der Verstärker unter allen Betriebsbedingungen stabil bleibt.

Diese fünf Grundanforderungen an Mikrowellenverstärker variieren sehr stark für die enorme Vielzahl von Verstärkeranwendungen, was sich in einer kaum überblickbaren Anzahl von möglichen Verstärkertopologien und Verstärkerkonzepten äussert. Mit den heute zur Verfügung stehenden Mikrowellennetzwerkanalyseprogrammen hat sich aber der Verstärkerentwurf wesentlich vereinfacht. Im Allgemeinen wird nur ein Grobentwurf "von Hand" angefertigt, die eigentliche Arbeit der Optimierung von Anpassungs- und Speisenetzwerken wird numerisch mit einem Netzwerkanalyseprogramm vorgenommen.

In diesem Kapitel werden zuerst die Verstärkungseigenschaften, die Stabilität und die Rauscheigenschaften allgemeiner Zweitore mit beliebigen Quellen- und Lastimpedanzen betrachtet. Dann werden die häufig verwendeten Verstärkertopologien vorgestellt. Im letzten Teil werden die Charakterisierung und die Analyse des nichtlinearen Verhaltens von Leistungsverstärkern eingeführt.

2.2 Verstärkungs- und Stabilitätseigenschaften linearer und verstärkender Zweitoren

2.2.1 Betriebsverstärkung

Es gibt verschiedene Möglichkeiten, die Verstärkungseigenschaften von verstärkenden Zweitoren zu definieren. Bekanntlich gibt schon $\underline{S}_{21}$, der Übertragungsparameter vorwärts, eine beschränkte Auskunft über die Verstärkung. Die mit $\underline{S}_{21}$ definierte Verstärkung ist eine Betriebsverstärkung für die übliche Abschlussimpedanz von $50\,\Omega$. Allgemein definieren wir die Betriebsverstärkung G_T (Transducer Gain) nach Figur 2.1 als

$$G_T = \frac{P_L}{P_{wq}} \tag{2.1}$$

mit P_L : vom Zweitor an die Lastimpedanz Z_L abgegebene Wirkleistung

P_{wq} : verfügbare Generatorwirkleistung

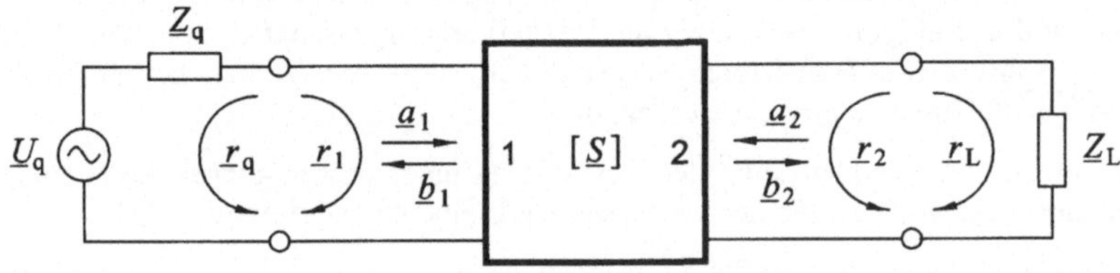

Figur 2.1 Zur Definition der Betriebsverstärkung: Beschaltung eines verstärkenden Zweitors mit Quellenimpedanz $\underline{Z}_q$ und Lastimpedanz $\underline{Z}_L$.

Zur Analyse der Betriebsverstärkung (2.1) verwenden wir das Signalflussdiagramm nach Figur 2.2.

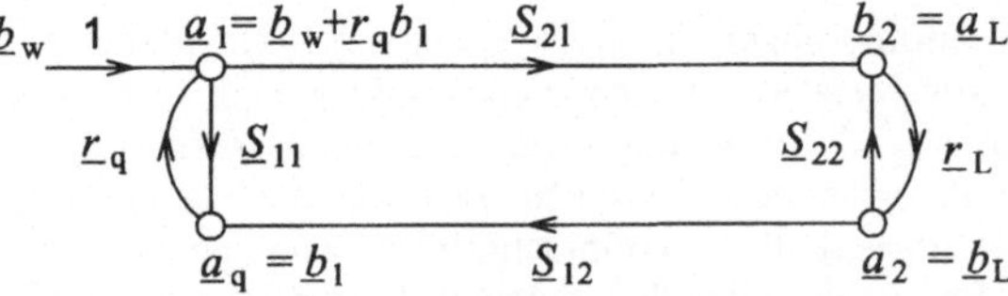

Figur 2.2 Signalflussdiagramm für die Schaltung zur Definition der Betriebsverstärkung nach Figur 2.1.

Die Signalquelle mit der Quellenimpedanz $\underline{Z}_q$ hat eine verfügbare Quellenleistung P_{wq} :

$$P_{wq} = \frac{\left|\underline{U}_q\right|^2}{4\,\mathrm{Re}\left[\underline{Z}_q\right]} \tag{2.2}$$

An die Bezugsimpedanz, die auf die Streuparameter des Zweitors bezogen sind, wird die

Leistung $\left|\underline{b}_{\mathrm{w}}\right|^2$ abgegeben:

$$\left|\underline{b}_{\mathrm{w}}\right|^2 = P_{\mathrm{wq}}\left(1-\left|\underline{r}_{\mathrm{q}}\right|^2\right) \tag{2.3}$$

Die an die Last $\underline{Z}_{\mathrm{L}}$ abgegebene Leistung P_{L} beträgt:

$$P_{\mathrm{L}} = \left|\underline{b}_2\right|^2\left(1-\left|\underline{r}_{\mathrm{L}}\right|^2\right) \tag{2.4}$$

Die Betriebsverstärkung G_{T} nach Gleichung (2.1) wird mit (2.3) und (2.4)

$$G_{\mathrm{T}} = \left|\frac{\underline{b}_2}{\underline{b}_{\mathrm{w}}}\right|^2\left(1-\left|\underline{r}_{\mathrm{q}}\right|^2\right)\left(1-\left|\underline{r}_{\mathrm{L}}\right|^2\right) \tag{2.5}$$

$\underline{b}_2/\underline{b}_{\mathrm{w}}$ kann mit Hilfe des Flussdiagramms nach Figur 2.2 und der Regel von Mason [4] berechnet werden: Von $\underline{b}_{\mathrm{w}}$ nach $\underline{b}_2$ gibt es nur einen Pfadübertragungsfaktor, nämlich $\underline{S}_{21}$, der keine zugehörigen Schleifenübertragungsfaktoren aufweist. Im Zähler von $\underline{b}_2/\underline{b}_{\mathrm{w}}$ finden wir daher nur $\underline{S}_{21}$.

Der Nenner Δ besteht aus

$$\Delta = 1 - \text{Schleifen 1. Ordnung} + \text{Schleifen 2. Ordnung}$$

mit den Schleifen 1. Ordnung: $\underline{S}_{21}\underline{r}_{\mathrm{L}}\underline{S}_{12}\underline{r}_{\mathrm{q}}$, $\underline{r}_{\mathrm{q}}\underline{S}_{11}$ und $\underline{r}_{\mathrm{L}}\underline{S}_{22}$
und der Schleife 2. Ordnung: $\underline{r}_{\mathrm{q}}\underline{S}_{11}\underline{r}_{\mathrm{L}}\underline{S}_{22}$

$\underline{b}_2/\underline{b}_{\mathrm{w}}$ wird damit

$$\frac{\underline{b}_2}{\underline{b}_{\mathrm{w}}} = \frac{\underline{S}_{21}}{\Delta} = \frac{\underline{S}_{21}}{1-\underline{r}_{\mathrm{q}}\underline{r}_{\mathrm{L}}\underline{S}_{12}\underline{S}_{21}-\underline{r}_{\mathrm{q}}\underline{S}_{11}-\underline{r}_{\mathrm{L}}\underline{S}_{22}+\underline{r}_{\mathrm{q}}\underline{r}_{\mathrm{L}}\underline{S}_{11}\underline{S}_{22}} \tag{2.6}$$

(2.6) in (2.5) eingesetzt:

$$G_{\mathrm{T}} = \frac{P_{\mathrm{L}}}{P_{\mathrm{wq}}} = \frac{\left|\underline{S}_{21}\right|^2\left(1-\left|\underline{r}_{\mathrm{q}}\right|^2\right)\left(1-\left|\underline{r}_{\mathrm{L}}\right|^2\right)}{\left|\left(1-\underline{r}_{\mathrm{q}}\underline{S}_{11}\right)\left(1-\underline{r}_{\mathrm{L}}\underline{S}_{22}\right)-\underline{r}_{\mathrm{q}}\underline{r}_{\mathrm{L}}\underline{S}_{12}\underline{S}_{21}\right|^2} \tag{2.7}$$

Dieser Ausdruck ist wenig übersichtlich und vor allem kann keine einfache Aussage über die Auswirkung der quellen- und lastseitigen Anpassung auf die Verstärkung G_{T} gemacht werden. Wir verfolgen daher einen Spezialfall von (2.7) und setzen voraus, dass die Rückwirkung $\underline{S}_{12}$ im Zweitor relativ gering ist. Die Verstärkung unter Vernachlässigung von $\underline{S}_{12}$ wird die unilaterale Betriebsverstärkung G_{Tu} genannt:

$$G_{\mathrm{Tu}} = G_{\mathrm{q}}G_{\mathrm{w}}G_{\mathrm{L}} = \underbrace{\frac{1-\left|\underline{r}_{\mathrm{q}}\right|^2}{\left|1-\underline{r}_{\mathrm{q}}\underline{S}_{11}\right|^2}}_{G_{\mathrm{q}}}\underbrace{\left|\underline{S}_{21}\right|^2}_{G_{\mathrm{w}}}\underbrace{\frac{1-\left|\underline{r}_{\mathrm{L}}\right|^2}{\left|1-\underline{r}_{\mathrm{L}}\underline{S}_{22}\right|^2}}_{G_{\mathrm{L}}} \tag{2.8}$$

G_{Tu} lässt sich in die drei Faktoren

G_q : Verstärkung der Eingangsanpassung

G_w : unilaterale Zweitorverstärkung

G_L : Verstärkung der Ausgangsanpassung

auftrennen. Die Anteile G_q und G_L sind von gleicher Form. Für den Fall, dass $\underline{r}_q = 0$ ist, gilt $G_q = 1$. Je nach Wahl des Quellenreflexionsfaktors $\underline{r}_q$ kann die Verstärkung der Eingangsanpassung G_q grösser oder kleiner als eins sein. G_q beschreibt also den Effekt der Anpassung auf die Verstärkung. Bekanntlich liefert die Quelle die maximale Leistung, wenn sie angepasst wird, d.h. wenn $\underline{r}_q = \underline{S}_{11}^*$

Für diesen Fall gilt:

$$G_{qmax} = \frac{1}{1 - |\underline{S}_{11}|^2} \tag{2.9}$$

Die Funktion $G_q(\underline{r}_q)$ lässt sich in der Ebene des Quellenreflexionsfaktors einfach darstellen. Es kann gezeigt werden, dass die Orte konstanter Verstärkung G_q Kreise in der $\underline{r}_q$-Ebene sind, mit den Zentren auf der Durchmessergeraden durch $\underline{S}_{11}^*$.

Die Kreiszentren sind

$$\underline{r}_{qo} = \frac{\underline{S}_{11}^*}{\frac{1}{G_q} + |\underline{S}_{11}|^2} \tag{2.10}$$

und die Radien sind

$$\rho_q = \frac{\sqrt{\frac{1}{G_q} - 1 + |\underline{S}_{11}|^2}}{\frac{1}{G_q} + |\underline{S}_{11}|^2} \tag{2.11}$$

Auf der Geraden durch (0,0) und $\underline{S}_{11}^*$ ist die Verstärkung der Eingangsanpassung

$$G_{qo} = \frac{1 - |\underline{r}_q|^2}{|1 - \underline{r}_q \underline{S}_{11}|^2} \tag{2.12}$$

Die Gleichungen (2.9) bis (2.12) gelten in analoger Form für die Verstärkung der Ausgangsanpassung. Figur 2.3 zeigt ein Beispiel der Kreise für konstante Verstärkung G_q in der Ebene des Eingangsreflexionsfaktors $\underline{r}_q$ und die Funktion $G_{qo}(\underline{r}_q)$ auf dem Durchmesser durch $\underline{S}_{11}^*$.

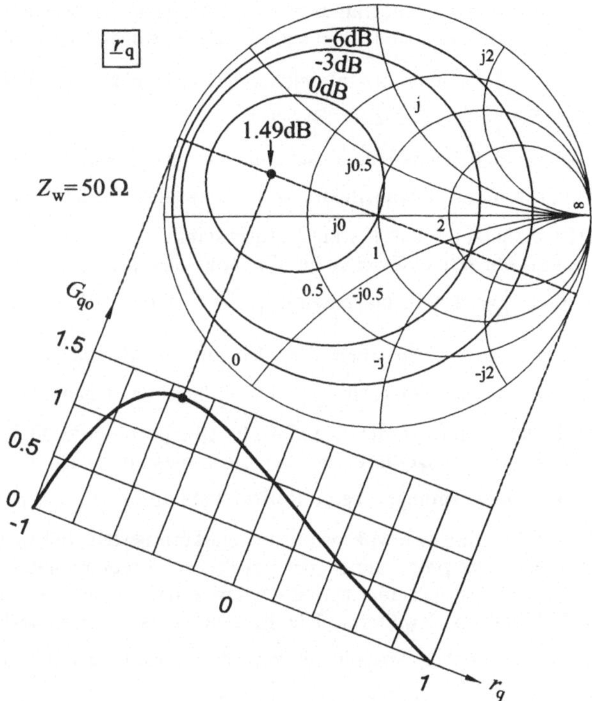

Figur 2.3 Beispiel einer Verstärkung der Eingangsanpassung G_q mit $\underline{S}_{11}$= -0.5 - j0.2

2.2.2 Stabilität von Zweitorverstärkern

Es ist bekannt, dass für reale passive Ein- und Mehrtore mit passiven Abschlüssen immer gilt: $|\underline{r}_i| < 1$. Bei aktiven Netzwerken ist es dagegen möglich, dass an einem oder mehreren Toren ein Reflexionsfaktor $|\underline{r}_i| > 1$ auftreten kann. Würde ein solches Tor beispielsweise mit einem verlustarmen Resonator belastet, dann könnte die Kombination von aktivem Netzwerk und Resonator instabil werden und es würde eine Oszillation auftreten. Wenn an einem Tor ein Reflexionsfaktor $|\underline{r}_i| > 1$ auftritt, dann kann durch eine geeignete externe passive Beschaltung immer ein schwingfähiges System erzeugt werden. Beim Entwurf von Verstärkern muss stets darauf geachtet werden, dass die ganze Verstärkerschaltung für alle Frequenzen stabil bleibt. Es ist daher naheliegend, dass schon in der frühen Entwurfsphase der Stabilität des einzelnen verstärkenden Bauelementes wie auch der gesamten Schaltung Beachtung geschenkt werden muss.

Wenn also beispielsweise die Streuparameter eines Transistors für den ganzen interessierenden Frequenzbereich bekannt sind, dann stellen sich die folgenden Fragen:

1. Tritt schon bei den S-Parametern ein ersichtlicher möglicher instabiler Bereich auf, d.h. gibt es Bereiche mit $|\underline{S}_{11}|>1$ oder $|\underline{S}_{22}|>1$?
2. Kann mit einer speziellen passiven Beschaltung eingangsseitig oder ausgangsseitig erreicht werden, dass der Reflexionsfaktor $|\underline{r}_i|$ am zweiten Tor >1 wird?

   Wenn 2. zutrifft, dann ist das Zweitor nur bedingt stabil.
3. Ist es möglich, dass ein aktives Zweitor für alle möglichen passiven Abschlüsse immer Reflexionsfaktoren r_i an den Toren zeigt mit $|\underline{r}_i|<1$ und trotzdem instabil ist?

Die Fragestellungen 1. und 2. beziehen sich also auf die Möglichkeit einer passiven Beschaltung, die zu Reflexionsfaktoren $|\underline{r}_i|>1$ und zu einer Instabilität führen könnte und es sind dazu Kriterien gefragt, die eine einfache Überprüfung der Stabilität erlauben würden. Wie im Folgenden ausgeführt wird, existieren diese Kriterien, die sicherstellen, dass für alle passiven Beschaltungen keine Reflexionsfaktoren $|\underline{r}_i|>1$ auftreten. Diese Kriterien sind den Entwerfern von Mikrowellenverstärkern bestens bekannt und mit den Mikrowellennetzwerkanalyseprogrammen bei gegebenen Streuparametern leicht überprüfbar. Allerdings, und das muss hier betont werden, erlauben sie keine abschliessende Beurteilung der Stabilität von Zweitoren. Die Tatsache, dass ein Netzwerk instabil sein kann, obwohl für alle möglichen Abschlüsse kein Reflexionsfaktor mit $|\underline{r}_i|>1$ auftreten kann, sei am folgenden Beispiel in Figur 2.4 illustriert.

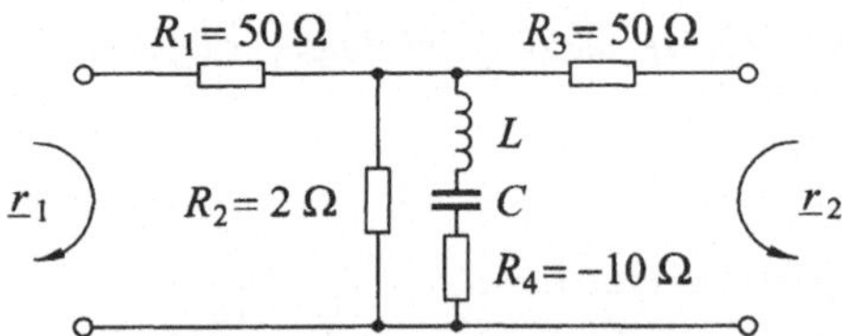

Figur 2.4 Beispiel eines instabilen Zweitors, das an den Toren für alle passiven Abschlüsse Reflexionsfaktoren $|\underline{r}_{1,2}|<1$ zeigt.

Dieses bezüglich der Tore 1 und 2 symmetrische Zweitor werde ausgangsseitig mit beliebigen Impedanzen belastet. Am Eingang wird die Eingangsimpedanz im wesentlichen vom Widerstand $R_1 = 50\ \Omega$ und vom Widerstand $R_2 = 2\ \Omega$ bestimmt. Der Seriekreis im Inneren vermag als Parallelschaltung zum Widerstand R_2 auch bei der Resonanzfrequenz von L und C keine grosse Abweichung an der am Eingang erscheinenden Impedanz bewirken. Damit wird die Eingangsimpedanz für alle Lastimpedanzen ca. $52\ \Omega$ betragen. Dies gilt ebenfalls für die Ausgangsseite, wenn am Eingang eine beliebige passive Impedanz angelegt wird.

Die Reflexionsfaktoren $\underline{r}_1$ und $\underline{r}_2$ werden also bezüglich 50Ω unter allen Bedingungen < 10% bleiben. Im Inneren der Schaltung wird dem Serieresonanzkreis LC ein Wirkwiderstand von ca. -8Ω präsentiert und damit ist der Resonanzkreis schwingfähig. Es wird eine Oszillation einsetzen auf einer Frequenz, die für alle externen Beschaltungen ungefähr der Resonanzfrequenz $\omega_0 = \sqrt{LC}$ entspricht.

Wie dieses Beispiel zeigt, garantiert ganz offensichtlich die Bedingung $|\underline{r}_i| < 1$ für alle möglichen passiven Beschaltungen noch keine absolute Stabilität. Obwohl diese Einschränkung gilt, wird die Eigenschaft, dass ein Zweitor unter keinen Abschlussbedingungen Reflexionsfaktoren $|\underline{r}_i| > 1$ zeigt, als wichtiges Stabilitätskriterium betrachtet. Tatsächlich ist bei Einzelbauelementen, wie Transistoren, die Wahrscheinlichkeit sehr klein, dass das Element instabil ist, wenn für alle passiven Abschlüsse gilt $|\underline{r}_{1,2}| < 1$.

Zur Untersuchung der Stabilität auf Grund des Bereichs der Reflexionsfaktoren eingangsseitig und ausgangsseitig betrachten wir die Transformation eines Quellenreflexionsfaktors $\underline{r}_q$ auf die Ausgangsseite:

$$\underline{r}_2 = \underline{S}_{22} + \frac{\underline{S}_{12}\underline{S}_{21}\underline{r}_q}{1 - \underline{S}_{11}\underline{r}_q} \tag{2.13}$$

(2.13) ist eine bilineare Abbildung von $\underline{r}_q$ in die $\underline{r}_2$-Ebene; der Kreis $|\underline{r}_q| = 1$ wird in $\underline{r}_2$ als Kreis abgebildet. Hier stellt sich die Frage: Welchen Bereich darf $\underline{r}_q$ einnehmen, damit gilt $|\underline{r}_2| \leq 1$?

Die kritische Grenze für $\underline{r}_q$ wird durch folgende Gleichung beschrieben:

$$1 = \left| \underline{S}_{22} + \frac{\underline{S}_{12}\underline{S}_{21}\underline{r}_{qs}}{1 - \underline{S}_{11}\underline{r}_{qs}} \right| \tag{2.14}$$

(2.14) aufgelöst nach $\underline{r}_{qs}$ gibt die Funktion für $\underline{r}_q$, die auf der Ausgangsseite einen Reflexionsfaktor $|\underline{r}_2| = 1$ bewirkt. Diese Funktion ist wiederum ein Kreis in der Ebene des Quellenreflexionsfaktors. Ohne Herleitung gelten für das Kreiszentrum $\underline{R}_{qso}$ und der Kreisradius ρ_{qs} des quellenseitigen Stabilitätskreises

$$\underline{R}_{qso} = \frac{\underline{S}_{11}^* - \det\left[\underline{S}^*\right]\underline{S}_{22}}{\left|\underline{S}_{11}\right|^2 - \left|\det\left[\underline{S}\right]\right|^2} \tag{2.15}$$

$$\rho_{qs} = \left| \frac{\underline{S}_{12}\underline{S}_{21}}{\left|\underline{S}_{11}\right|^2 - \left|\det\left[\underline{S}\right]\right|^2} \right| \tag{2.16}$$

Werden die Indizes der S-Parameter vertauscht, dann liefern (2.15) und (2.16) das Zentrum und den Radius des Stabilitätskreises des Lastreflexionsfaktors $\underline{r}_L$.

Figur 2.5 zeigt ein Beispiel eines Stabilitätskreises für den Quellenreflexionsfaktor. Für diesen Fall würde ein Reflexionsfaktor $|\underline{r}_q| \leq 1$ im schraffierten Bereich zu einem Ausgangsreflexionsfaktor $|\underline{r}_2| \geq 1$ führen. Bei Transistoren liegt ein allfälliger instabiler Bereich meistens in der Nähe von $\underline{r}_q \approx \underline{S}_{11}^*$.

Grundsätzlich könnte auch der ganze Bereich von $\underline{r}_q$ im Einheitskreis ausserhalb der schraffierten Zone einen Ausgangsreflexionsfaktor $|\underline{r}_2| > 1$ bewirken. Dann wäre auch $|\underline{S}_{22}| > 1$, was leicht zu überprüfen ist.

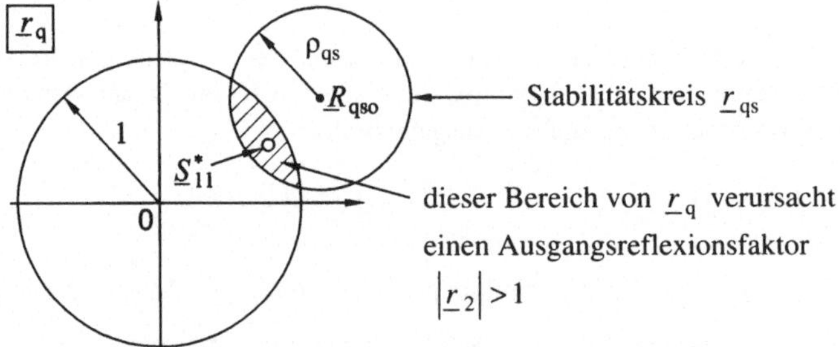

Figur 2.5 Beispiel eines Stabilitätskreises in der Ebene des Quellenreflexionsfaktors $\underline{r}_q$.

Die Lage und der Radius des Stabilitätskreises sind frequenzabhängig. Ein typischer Verlauf von Stabilitätskreisen in Funktion der Frequenz ist in Figur 2.6 dargestellt.

Damit die Stabilität im obigen Sinn, d.h. $|\underline{r}_{1,2}| < 1$ für alle passiven Abschlüsse, garantiert ist, müssen alle drei folgenden Kriterien erfüllt sein [1]:

1. Stabilitätsfaktor $k > 1$,

$$k = \frac{1 + \left|\det[\underline{S}]\right|^2 - |\underline{S}_{11}|^2 - |\underline{S}_{22}|^2}{2|\underline{S}_{12}\underline{S}_{21}|} = \frac{2\,\mathrm{Re}[\underline{Y}_{11}]\mathrm{Re}[\underline{Y}_{22}] - \mathrm{Re}[\underline{Y}_{12}\underline{Y}_{21}]}{|\underline{Y}_{12}\underline{Y}_{21}|} > 1 \qquad (2.17)$$

2. $|\underline{S}_{12}\underline{S}_{21}| < 1 - |\underline{S}_{11}|^2$ oder $\mathrm{Re}[\underline{Y}_{11}] \geq 0$ (2.18)

3. $|\underline{S}_{12}\underline{S}_{21}| < 1 - |\underline{S}_{22}|^2$ oder $\mathrm{Re}[\underline{Y}_{22}] \geq 0$ (2.19)

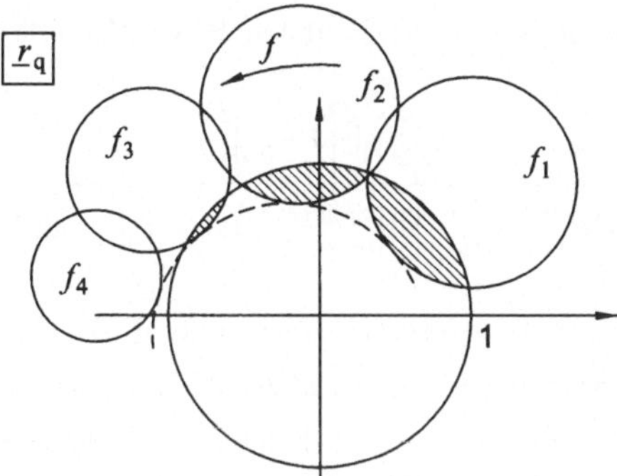

Figur 2.6 Typischer Verlauf von Stabilitätskreisen in Funktion der Frequenz.

Der typische Verlauf des Stabilitätsfaktors k eines GaAs-MESFFET ist in Figur 2.7 dargestellt.

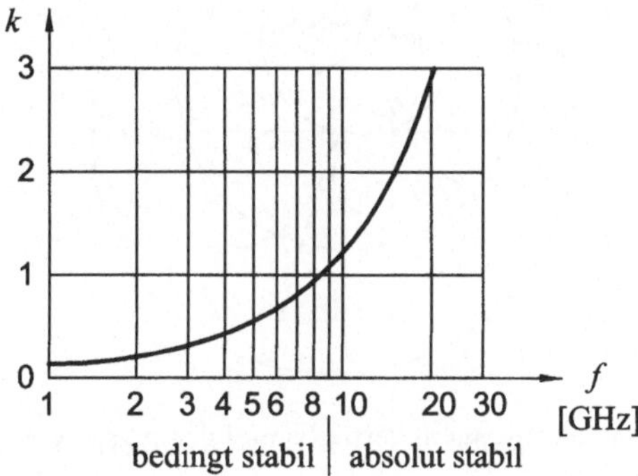

Figur 2.7 Typischer Verlauf des Stabilitätsfaktors k eines GaAs-MESFET. Der FET ist in der definierten Weise stabil für $f > 8$ GHz .

2.2.3 Weitere gebräuchliche Definitionen der Leistungsverstärkung

Die mit (2.7) definierte Betriebsverstärkung gibt Auskunft über die Verstärkung für eine bestimmte quellen- und lastseitige Beschaltung. Bei der Charakterisierung von Bauelementen geht die Frage häufig dahin, was das Bauelement bei bester Beschaltung an Verstärkung zu leisten vermag. So wird der verfügbare Leistungsgewinn G_A (available power gain) definiert als

$$G_A = \frac{\textit{verfügbare Ausgangsleistung}}{\textit{verfügbare Quellenleistung}}$$

d.h. als Betriebsverstärkung G_T mit ausgangsseitiger Leistungsanpassung.

Der verfügbare Leistungsgewinn ist eine Funktion des Quellenreflexionsfaktors $\underline{r}_q$ [1]:

$$G_A = \frac{|\underline{S}_{21}|^2 \left(1 - |\underline{r}_q|^2\right)}{1 - |\underline{S}_{22}|^2 + |\underline{r}_q|^2 \left(|\underline{S}_{11}|^2 - |\det[\underline{S}]|^2\right) - 2\,\mathrm{Re}\left[\underline{r}_q \left(\underline{S}_{11} - |\det[\underline{S}]|^2 \underline{S}_{22}^*\right)\right]} \qquad (2.20)$$

Die Funktion (2.20), $G_A(\underline{r}_q)$, ist von der gleichen Form wie $G_A(\underline{r}_q)$ in (2.8), d.h. die Orte mit konstanter Verstärkung G_A in der Ebene des Quellenreflexionsfaktors $\underline{r}_q$ sind Kreise mit Zentren auf einem Durchmesser. Figur 2.8 zeigt ein Beispiel von Kreisen mit konstanter Verstärkung in der $\underline{r}_q$-Ebene.

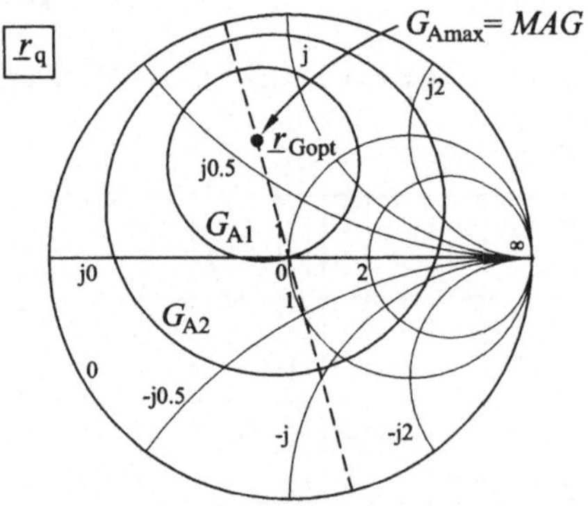

Figur 2.8 Kreise mit konstantem verfügbaren Leistungsgewinn in der Ebene des Quellenreflexionsfaktors $\underline{r}_q$.

Offensichtlich existiert nach dieser Darstellung ein Quellenreflexionsfaktor $\underline{r}_{Gopt}$ mit maximaler verfügbarer Leistungsverstärkung. Dieser *maximale verfügbare Leistungsgewinn* (*MAG*, Maximum Available Gain) tritt dann auf, wenn Anpassung besteht sowohl auf der Seite der Quelle wie auch auf der Seite der Last. *MAG* kann mit Hilfe des Stabilitätsfaktors *k* (2.17) einfach ausgedrückt werden [1]:

Maximal verfügbarer Leistungsgewinn

$$MAG = \left(k - \sqrt{k^2 - 1}\right) \left|\frac{\underline{S}_{21}}{\underline{S}_{12}}\right| \qquad (2.21)$$

Der maximal verfügbare Leistungsgewinn *MAG* ist also nur für $k \geq 1$, d.h. für nach den Kriterien (2.17), (2.18) und (2.19) stabile Zweitore definiert.

Instabile Zweitore müssten vorerst durch eine externe Beschaltung stabil gemacht werden, dann könnte auch ein zugehöriger verfügbarer Leistungsgewinn definiert werden. Dies ist möglich und der zugehörige maximale Leistungsgewinn wird als maximaler stabiler Leistungsgewinn bezeichnet. Er entspricht der Beziehung (2.21) mit $k = 1$.

Maximaler stabiler Leistungsgewinn *MSG* (Maximum Stable Gain):

$$MSG = \left|\frac{\underline{S}_{21}}{\underline{S}_{12}}\right| = \left|\frac{\underline{Y}_{21}}{\underline{Y}_{12}}\right| \tag{2.22}$$

Die Frage erhebt sich nun: Ist es möglich, eine externe Beschaltung zu finden, sodass der Stabilitätsfaktor auf $k = 1$ gebracht werden kann, ohne dass sich das Verhältnis

$$\left|\frac{\underline{S}_{21}}{\underline{S}_{12}}\right| = \left|\frac{\underline{Y}_{21}}{\underline{Y}_{12}}\right| \quad \text{ändert?}$$

Dies ist möglich, wie das folgende Beispiel zeigt. Wir beschalten ein instabiles Zweitor mit Leitwerten G_1 und G_2 am Eingang und am Ausgang nach Figur 2.9.

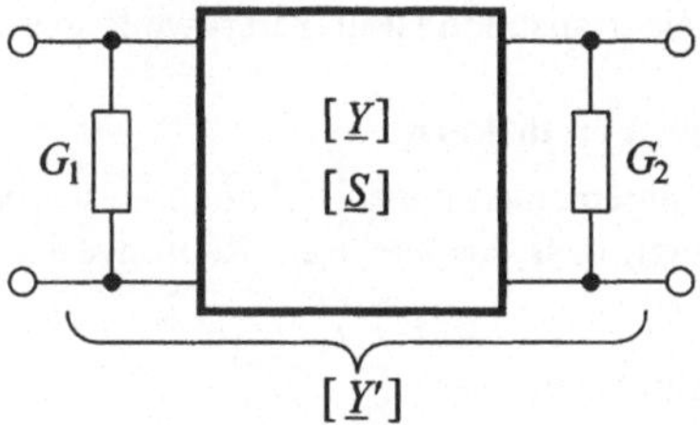

Figur 2.9 Stabilisierung eines instabilen Zweitors mit den Leitwerten G_1 und G_2 an den beiden Toren.

Die resultierende Admittanzmatrix ist: $$\underline{Y}' = \begin{bmatrix} G_1 + \underline{Y}_{11} & \underline{Y}_{12} \\ \underline{Y}_{21} & G_2 + \underline{Y}_{22} \end{bmatrix} \tag{2.23}$$

Das Verhältnis $\left|\frac{\underline{S}_{21}}{\underline{S}_{12}}\right| = \left|\frac{\underline{Y}_{21}}{\underline{Y}_{12}}\right|$ hat sich damit nicht geändert, dagegen kann der Stabilitätsfaktor k (2.17) mit den Leitwerten G_1 und G_2 auf $k = 1$ gebracht werden.

Figur 2.10 zeigt typische Frequenzgänge für die definierten Verstärkungen *MAG, MSG,* $|\underline{S}_{21}|^2$ und die unilaterale maximale Verstärkung G_{TUmax}.

G_{TUmax} entspricht der maximal verfügbaren Verstärkung *MAG*, wenn die Rückwirkung ideal durch ein Rückkopplungsnetzwerk kompensiert würde.

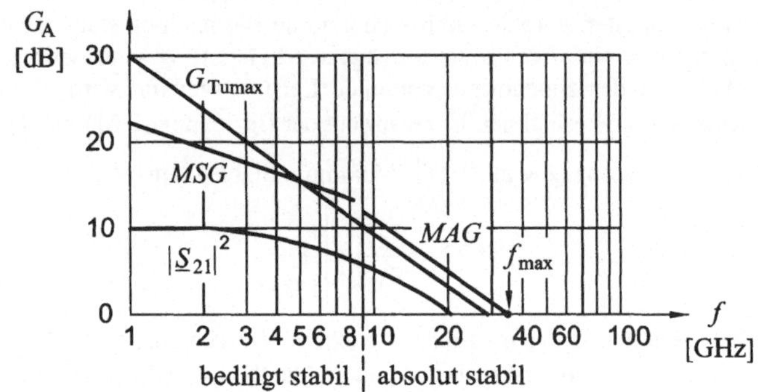

Figur 2.10 Typische Frequenzgänge für die Verstärkungen *MAG, MSG,* $\left|\underline{S}_{21}\right|^2$ und die unilaterale maximale Verstärkung G_{TUmax}.

Mit dieser idealen Kompensation würde der Übertragungsparameter vorwärts zu $\underline{S}'_{21} = \underline{S}_{21} - \underline{S}_{12}$ und der Übertragungsparameter rückwärts $\underline{S}'_{12} = 0$. Diese Kompensation der Rückwirkung oder Neutralisation ist im Mikrowellenbereich kaum realisierbar.

2.2.4 Rauschverhalten von Verstärkern

Das Rauschverhalten von allgemeinen linearen Zweitoren wurde bereits in [2], Kapitel 7 eingeführt. Es wurde gezeigt, dass das spektrale Rauschverhalten durch vier Parameter bestimmt ist:

$F_{\min}$: minimale Rauschzahl

$\underline{Y}_{\text{Nopt}}$: optimale Quellenadmittanz, bei der die minimale Rauschzahl $F_{\min}$ auftritt.
$\underline{Y}_{\text{Nopt}} = G_{\text{Nopt}} + \text{j}B_{\text{Nopt}}$

R_{N} : "Rauschwiderstand", bestimmt die Zunahme der Rauschzahl für eine beliebige Quellenadmittanz $\underline{Y}_{\text{q}} \neq \underline{Y}_{\text{Nopt}}$

Die Rauschzahl in Funktion der Quellenadmittanz $\underline{Y}_{\text{q}}$ ist

$$F(\underline{Y}_{\text{q}}) = F_{\min} + \frac{R_{\text{N}}}{G_{\text{q}}}\left|\underline{Y}_{\text{q}} - \underline{Y}_{\text{Nopt}}\right|^2 \tag{2.24}$$

Die Rauschzahl F kann nun, wie der verfügbare Leistungsgewinn, in Funktion des Quellenreflexionsfaktors $\underline{r}_{\text{q}}$ dargestellt werden:

$$F(\underline{r}_{\text{q}}) = F_{\min} + \frac{4r_{\text{n}}\left|\underline{r}_{\text{q}} - \underline{r}_{\text{Nopt}}\right|^2}{\left(1-\left|\underline{r}_{\text{q}}\right|^2\right)\left|1+\underline{r}_{\text{Nopt}}\right|^2} \tag{2.25}$$

Dabei sind die Rauschparameter:

$\underline{r}_{\mathrm{Nopt}}$: optimaler Quellenreflexionsfaktor, bei dem die minimale Rauschzahl $F_{\min}$ auftritt. $\underline{r}_{\mathrm{Nopt}} = \dfrac{\underline{Y}_{\mathrm{Nopt}} - \underline{Y}_{\mathrm{o}}}{\underline{Y}_{\mathrm{Nopt}} + \underline{Y}_{\mathrm{o}}}$,

r_{n}: "Rauschkonstante", bestimmt die Zunahme der Rauschzahl für einen beliebigen Quellenreflexionsfaktor $r_{\mathrm{q}} \neq \underline{r}_{\mathrm{Nopt}}$

Die Funktion $F(\underline{r}_{\mathrm{q}})$ ist von ähnlicher Form wie $G_{\mathrm{A}}(\underline{r}_{\mathrm{q}})$ (2.20). Die Orte konstanter Rauschzahl in der Ebene von $\underline{r}_{\mathrm{q}}$ sind ebenfalls Kreise mit Zentren auf dem Durchmesser durch r_{Nopt}. Figur 2.11 zeigt ein Beispiel für das Verhalten der Rauschzahl in Funktion des Quellenreflexionsfaktors nach Formel (2.25).

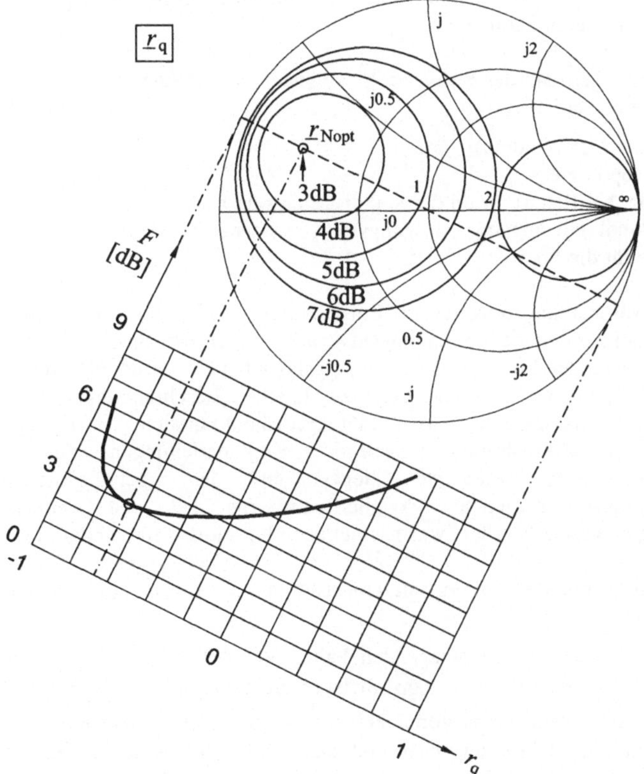

Figur 2.11 Rauschzahl F als Funktion des Quellenreflexionsfaktors $\underline{r}_{\mathrm{q}}$ für die Rauschparameter: $F_{\min} = 2$ (entspricht 3dB), $r_{\mathrm{n}} = 2$, $\underline{r}_{\mathrm{Nopt}} = -0.6 + \mathrm{j}0.3$.

2.3 Entwurf von Transistor-Mikrowellenverstärkern

Da die Anforderungen und Bedingungen an Mikrowellenverstärker sehr vielfältig sind und eine Vielzahl von kommerziell erhältlichen Verstärkern zur Verfügung stehen, muss als erstes entschieden werden, ob für eine Anwendung ein verfügbares Produkt existiert, ob aus geeigneten Subsystemen ein Verstärker mit den gewünschten Eigenschaften zusammengebaut werden kann oder ob auf dem Niveau von Einzeltransistoren ein hybrider oder monolithisch integrierter Verstärker vollständig neu entwickelt werden muss.

Die Anforderungen und Bedingungen umfassen die folgenden Gesichtspunkte:

1. Verstärkung und Frequenzgang: Schmalband- bis Breitbandverstärker.
2. Rauschen: Rauschfaktor
3. Ausgangsleistung: maximale Leistung mit zulässigen Verzerrungen
4. Reflexionseigenschaften eingangs- und ausgangsseitig.
5. Speisung: vorgegebene Speisespannung mit Toleranz, maximale Verlustleistung
6. zulässige Toleranzen auf allen Parametern

Beim Entwurf von Verstärkern auf der Basis von Einzelbauelementen kann nach folgendem Schema vorgegangen werden:

1. Wahl der Bauelemente (Transistoren)
2. Wahl der Verstärkertopologie
3. Stabilitätsbetrachtung, bei Bedarf: Wahl der Stabilisierungsmassnahmen
4. Wahl der Netzwerktopologie eingangs-, ausgangsseitig, zwischen den Stufen.
5. Wahl der Netzwerke für die Speisung

Basierend auf groben Abschätzungen werden die Einzelstufen ausgelegt und dann mittels Netzwerkanalyseprogrammen auf dem Schaltungsniveau bezüglich den Spezifikationen optimiert. Beim anschliessenden Erstellen des Schaltungslayouts für hybride oder monolithisch integrierte Schaltungen zeigen sich zusätzliche Beschränkungen und Nichtidealitäten der Schaltelemente, wie Leitungsdiskontinuitäten (Knicke, Verzweigungen usw. von Mikrostreifenleitungen oder Koplanarleitungen). Für die meisten dieser parasitären Elemente liegen in den gebräuchlichen Netzwerkanalyseprogrammen geeignete Modelle vor, die bei der weiteren Schaltungsoptimierung eingesetzt werden, was nach einigen Iterationen zum endgültigen Layout führt.
Beim Entwurf von Mikrowellenverstärkern mit Transistoren sind folgende grundsätzliche Probleme zu lösen:

a) In der Applikation sind in den überwiegenden Fällen Verstärker gefragt, die eine bestimmte reelle Ein- und Ausgangsimpedanz, meist im Bereich von 50Ω aufweisen. Die zur Verfügung stehenden Transistoren zeigen aber Ein- und Ausgangsimpedanzen, die stark von 50Ω Ohm abweichen und auch Reaktivanteile zeigen. Es gilt also, möglichst verlustfreie Netzwerke zu finden, die gleichzeitig die erforderliche Anpassung ermöglichen und als Zuführung für die Speisung dienen.

b) Die Transistoren werden in einem Frequenzbereich betrieben, in dem die verfügbare Verstärkung mit ca. 20 dB/Dekade abnimmt. Wird über eine bestimmte Bandbreite eine konstante Verstärkung gefordert, dann müssen in erster Linie die Netzwerke zwischen den Stufen so dimensioniert werden, dass sie den Frequenzgang der Transistorverstärkung kompensieren.

c) Die Anpassnetzwerke unterliegen bei Optimierung der Rausch- oder Verzerrungseigenschaften weiteren Kriterien als den in a) und b) für optimale Kleinsignalverstärkung aufgeführten.

2.3.1 Transistorgrundschaltungen

Nach den oben aufgeführten Kriterien wäre ein Bauelement ein idealer Mikrowellenverstärker, wenn es reelle Ein- und Ausgangsimpedanzen mit gleichzeitig hoher Verstärkung aufweisen würde. Die bekannten Mikrowellentransistortypen BJT und MESFET zeigen aber frequenzabhängige Torimpedanzen mit teilweise grossen Reflexionsfaktoren bezüglich der Standardimpedanz von 50Ω.

Die Tabellen 2.1 und 2.2 zeigen die Grundschaltungen von BJTs und FETs. Bei der - Charakterisierung von Mikrowellentransistoren werden üblicherweise die Zweitorparameter in der Emitterschaltung bei BJTs und in der Sourceschaltung bei FETs angegeben.

Ausgehend von den Y-Parameter der Emitter- bzw. Sourceschaltung

$$[\underline{Y}] = \begin{bmatrix} \underline{Y}_{11} & \underline{Y}_{12} \\ \underline{Y}_{21} & \underline{Y}_{22} \end{bmatrix} \tag{2.26}$$

sind die Y-Parameter der Basis- bzw. Gateschaltung:

$$[\underline{Y}_B] = \begin{bmatrix} (\underline{Y}_{11} + \underline{Y}_{12} + \underline{Y}_{21} + \underline{Y}_{22}) & (-\underline{Y}_{12} - \underline{Y}_{22}) \\ (-\underline{Y}_{21} - \underline{Y}_{22}) & \underline{Y}_{22} \end{bmatrix} \tag{2.27}$$

und der Kollektorschaltung (Emitterfolger) bzw. Drainschaltung (Sourcefolger):

$$[\underline{Y}_C] = \begin{bmatrix} \underline{Y}_{11} & (-\underline{Y}_{11} - \underline{Y}_{12}) \\ (-\underline{Y}_{11} - \underline{Y}_{21}) & (\underline{Y}_{11} + \underline{Y}_{12} + \underline{Y}_{21} + \underline{Y}_{22}) \end{bmatrix} \tag{2.28}$$

Alle die Grundschaltungen nach Tabellen 2.1 und 2.2 werden auch für Mikrowellenverstärker eingesetzt, wobei die Emitter bzw. Sourceschaltung die am häufigsten benützte ist, da sie den höchsten verfügbaren Leistungsgewinn liefert.

Neben diesen Grundschaltungen von Einzeltransistoren werden die in Tabelle 2.3 dargestellten zwei einfachen Kombinationen von zwei Transistoren häufig als aktive Elemente in Mikrowellenverstärkern verwendet: die Darlington-Schaltung (mit Bipolartransistoren) und die Cascode-Schaltung (mit FETs).

Die Darlington-Schaltung zeigt eine extrem hohe Stromverstärkung. Allerdings ist bei typischen Transistorgrössen der erste Transistor mit einem sehr kleinen Kollektorstrom gespeist, sodass die Stromverstärkung β_1 nicht den Maximalwert erreichen kann. Dennoch kann die totale Stromverstärkung $\beta_1\beta_2 \geq 500$ werden.

Die zweite Schaltung nach Tabelle 2.3, die Cascode-Schaltung bedarf einiger zusätzlicher Erläuterungen. Wie das Schaltungssymbol zeigt, besteht die Cascode-Schaltung aus einer Kombination einer Source-Stufe und einer Gate-Stufe.

Schaltung	Vereinfachtes Ersatzschaltbild	Eingangswiderstand	Ausgangswiderstand	Verstärkung
Emitterschaltung	$\underline{I}_B$, R_{BE}, $\beta\underline{I}_B$	hochohmig	hochohmig	hohe Stromverstärkung β
Basisschaltung	$\underline{I}_E$, R_{BE}/β, $\alpha\underline{I}_E \approx \underline{I}_E$	niederohmig	hochohmig	Stromverstärkung $\alpha \approx 1$
Kollektorschaltung	$\underline{I}_B$, $\underline{U}_B$, $R_{BE}\beta$, $\underline{U}_E \approx \underline{U}_B$	hochohmig	niederohmig	Spannungsverstärkung ≈ 1

Tabelle 2.1 Grundschaltungen von Bipolartransistoren

Schaltung	Vereinfachtes Ersatzschaltbild	Eingangswiderstand	Ausgangswiderstand	Verstärkung
Sourceschaltung	$\underline{U}_{GS}$, C_{GS}, $g_m \underline{U}_{GS}$	hochohmig, kapazitiv	hochohmig	hohe Spannungsverstärkung
Gateschaltung	$\underline{I}_S$, $R=1/g_m$, $\underline{I}_D \approx \underline{I}_S$	niederohmig, resistiv	hochohmig	Stromverstärkung ≈ 1
Drainschaltung	$\underline{U}_{ein}$, C, $\underline{U}_S \approx \underline{U}_{ein}$	hochohmig, kapazitiv	niederohmig	Spannungsverstärkung ≈ 1

Tabelle 2.2 Grundschaltungen von Feldeffekttransistoren

Schaltung	Vereinfachtes Ersatzschaltbild	Eingangs-widerstand	Ausgangs-widerstand	Verstärkung
Darlington β_1 β_2	$\underline{I}_B$ $\beta_1\beta_2 R_{BE}$ $\beta_1\beta_2\underline{I}_B$	sehr hochohmig	hochohmig	sehr hohe Stromverstärkung $\beta_1\beta_2$
Cascode +	$\underline{U}_{GS}$ C_{GS} $g_m\underline{U}_{GS}$	hochohmig, weniger kapazitiv als Source-schaltung	hochohmig, kapazitiv	hohe Spannungs-verstärkung, sehr geringe Rückwirkung

Tabelle 2.3 Kombinationsschaltungen von Bipolar- und Feldeffekttransistoren

Figur 2.12 zeigt das Ersatzschaltbild, wobei zwei Transistoren identischer Grösse angenommen wurden.

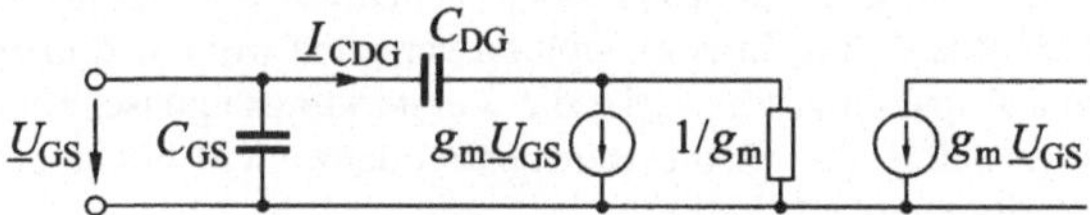

Figur 2.12 Ersatzschaltung der Cascode

Mit einer Steilheit g_m der ersten Stufe, die mit dem Eingangswiderstand $1/g_m$ der Gatestufe belastet ist, wird die Spannungsverstärkung der ersten Stufe ≈ -1. Über der Kapazität C_{DG} liegt damit die Spannung $2\underline{U}_{GS}$ an und der zugehörige Strom $\underline{I}_{CDG}$ ist $\underline{I}_{CDG} \approx j\omega 2 C_{DG}\underline{U}_{GS}$. Am Eingang erscheint damit neben der Kapazität C_{GS} noch die von der sogenannten Millerkapazität C_{DG} verursachte Kapazität $2C_{DG}$. Bei einer normalen Source-Stufe mit der Spannungsverstärkung $V \gg 1$ wäre die von C_{DG} verursachte scheinbare Kapazität $(V+1)C_{DG}$. Die Cascode zeigt also gegenüber der Source-Schaltung eine reduzierte Eingangskapazität. Die anschliessende Gatestufe weist eine sehr geringe direkte Kapazität zwischen Drain und Source auf. Mit der Steilheit g_m kann eine Spannungsverstärkung $g_m \times$ Ausgangswiderstand erzielt werden. Damit zeigt die Cascode die gleiche Spannungsverstärkung wie eine Source-Stufe bei reduzierter Eingangskapazität. Da der Kontakt zwischen den beiden Transistoren nicht zugreifbar sein muss, kann die Cascode sehr einfach als FET mit zwei Gates gebaut werden.

2.3.2 Elemente von Mikrowellenverstärkern

Die in Abschnitt 2.3.1 beschriebenen Grundschaltungen lassen sich nun zu Verstärkern kombinieren. Bei den Verbindungsnetzwerken zwischen einzelnen Stufen stehen sehr viele Möglichkeiten zur Verfügung. Wir unterscheiden grundsätzlich zwei Klassen von Verstärkern:

1. Verstärker ohne reaktive Anpassungsnetzwerke
2. Verstärker mit reaktiven Anpassungsnetzwerken

Verstärker ohne Anpassungsnetzwerke

Verstärkerschaltungen ohne Anpassungsnetzwerke, d.h. Verstärker mit DC-Kopplung oder kapazitiver Kopplung mit Speisung über Widerstände, sind die in der Niederfrequenz meist verwendeten Schaltungstypen. Diese Schaltungsart nützt die Verstärkungseigenschaften der Transistoren nicht vollständig aus, was in der Niederfrequenztechnik nicht erforderlich ist. Diese Verstärker weisen meist grosse relative Bandbreiten auf oder sind sogar gleichstromgekoppelt. Im Mikrowellenbereich bis zu Basisbandbreiten von bis zu 20 GHz findet dieser Verstärkertyp hauptsächlich in der faseroptischen Kommunikation Anwendung, so bei Treiberschaltungen für Halbleiterlaser wie auch als dem Fotodetektor nachgeschaltete Verstärker. Solche Verstärkerblöcke sind als integrierte Schaltungen auf dem Markt. Sie können, bei Bedarf mit zusätzlichen Filternetzwerken versehen, auch als Schmalbandverstärker eingesetzt werden. Direkt gekoppelte Verstärker haben den grossen Vorteil, dass sie mit Gegenkopplung versehen werden können.
Da Verstärker ohne Anpassungsnetzwerke die Verstärkungseigenschaften der Transistoren nicht optimal ausnützen, kann die Betriebsfrequenz nicht höher als 20 – 40% der Transitfrequenz der Bauelemente betragen.

Verstärker mit reaktiven Anpassungsnetzwerken

Zur optimalen Ausnützung der Transistorverstärkungseigenschaften in einem bestimmten Frequenzbereich werden verlustarme reaktive diskrete oder verteilte Elemente eingesetzt. Figuren 2.13 und 2.14 zeigen Beispiele solcher schmalbandiger Eingangsanpassungen.

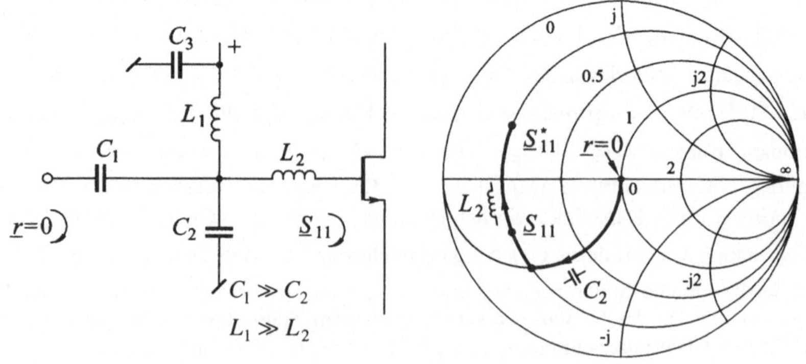

Figur 2.13 Eingangsanpassung mit diskreten reaktiven Elementen.

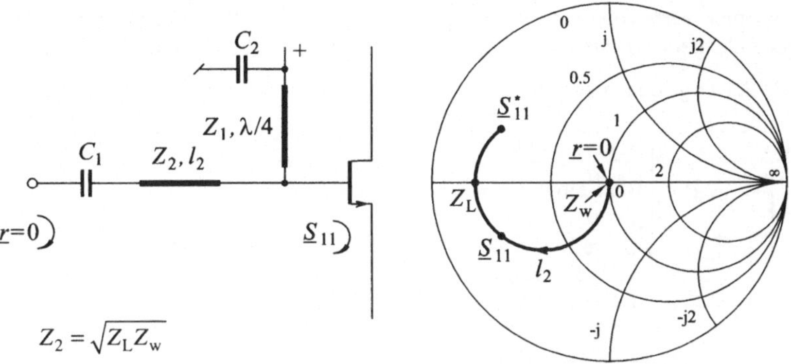

Figur 2.14 Eingangsanpassung mit verteilten Elementen.

In Figur 2.13 wird die Anpassung mit den Elementen L_2 und C_2 vorgenommen. Mit dem Element C_1 wird eine gleichstrommässige Trennung des Eingangs vom Gate-Potential des Transistors erreicht und über L_1 kann das Gate-Potential zugeführt werden. C_3 dient als Abblockkondensator der Gatespannung.

Bei hohen Frequenzen können konzentrierte Elemente wie Induktivitäten und Kapazitäten nur mit schlechter Qualität realisiert werden. Daher werden sie durch Leitungen ersetzt. Figur 2.14 zeigt eine Abwandlung der Schaltung von Figur 2.13 mit Leitungselementen.

Bekanntlich verhalten sich alle Transistoren sowohl eingangs- wie ausgangsseitig reaktiv, d.h. meist kapazitiv. Mit der Anpassung muss also am Verstärkereingang wie am Ausgang eine Anpassung einer reaktiven Impedanz auf eine reelle Impedanz vorgenommen werden. Die an den Transistortoren erscheinende Impedanz kann jeweils über einen relativ grossen Frequenzbereich mit einer RC-Serie oder Parallelschaltung approximiert werden. Die Theorie der Anpassungsnetzwerke zeigt, dass reelle Impedanzen über sehr grosse Bandbreiten, bei Anpassung mit idealen verteilten Elementen sogar über unendlich grosse Bandbreiten angepasst werden können. Dagegen besteht eine Grenze für die Anpassung von kapazitiven oder induktiven Impedanzen, die durch das Theorem von Bode gegeben ist [2]. Für den Reflexionsfaktor $\underline{r}(\omega)$ einer verlustfreien Anpassung an eine RC-Parallelschaltung gilt

$$\int_0^\infty \ln\left(\frac{1}{|\underline{r}(\omega)|}\right) d\omega \leq \frac{\pi}{RC} \tag{2.29}$$

Schon mit einfachen Anpassungsnetzwerken stösst man sehr rasch an die durch (2.29) gegebene Grenze von resultierendem Reflexionsfaktor r und Bandbreite. Für schmalbandige Verstärker werden daher möglichst verlustfreie Anpassungen vorgenommen, bei Breitbandverstärkern werden Kombinationen von verlustfreien und resistiven Bauelementen, eventuell verbunden mit Gegenkopplungen eingesetzt. Widerstände oder aktive Lastwiderstände dienen dabei als Zuführungen von Speisespannungen und –ströme.

Die Tabelle 2.4 zeigt Beispiele von verlustfreien und resistiven Beschaltungen.

Schaltung	Eigenschaften
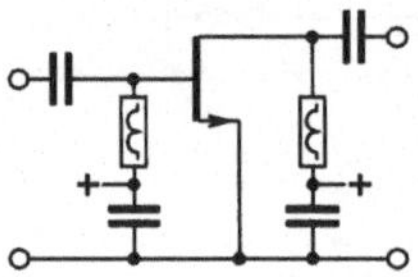	Beidseitig reaktive Beschaltung: grosse Verstärkung, kleine Bandbreite, niedriges Rauschen, hoher Wirkungsgrad
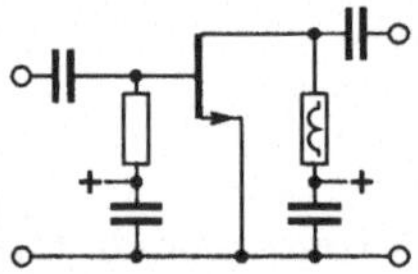	Eingangsseitig resistive Beschaltung: grosse Verstärkung, grosse Bandbreite, Rauschen durch Eingangswiderstand erhöht, hoher Wirkungsgrad
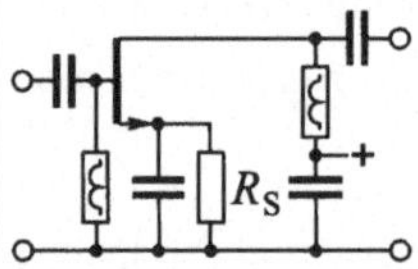 R_S	Beidseitig reaktive Beschaltung: Herstellung der Gate-Spannung über dem Sourcewiderstand R_S grosse Verstärkung, kleine Bandbreite, niedriges Rauschen, mittlerer Wirkungsgrad wegen Verlustleistung in R_S
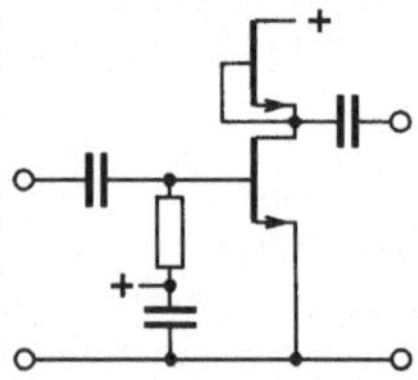	Keine reaktive Anpassung: eingangsseitig resistiv, ausgangsseitig aktive Last. Hohe Verstärkung bei niedrigen Frequenzen; mit der Frequenz abnehmende Verstärkung, hohes Rauschen.

Induktivität oder Leitungselement

Tabelle 2.4 Anpassungs- und Speiseschaltungen für Feldeffekttransistoren

In [2, 3] werden verlustfreie diskrete und verteilte Anpassungsnetzwerke zur Anpassung reeller Impedanzen vorgestellt. Zur Anpassung von kapazitiven Transistorein- und -ausgängen eignet sich als einfachste Topologie das Collinsfilter. Dabei wird, soweit dies bei den gegebenen Einschränkungen möglich ist, der Reaktivanteil der Transistorimpedanz als eine Kapazität des Filters betrachtet. Als reaktive Anpassungselemente sind, vor allem bei hybrider Bauweise, Leitungselemente geeignet. Bei allen diesen Anpassungen gilt, dass, bei Betrachtung im Smithdiagramm, der kürzest mögliche Weg zwischen dem Lastreflexionsfaktor und dem Quellenreflexionsfaktor zu wählen ist. Dies verhindert Orte mit extremen Impedanzen, die sich bei verlustbehafteten reaktiven Komponenten in hohe Verluste und kleiner Bandbreite niederschlagen würden.

Werden Reaktivelemente mit relativ hohen Güten ($Q \geq 5$) eingesetzt, dann kann der Gesamtverlust in erster Näherung so abgeschätzt werden, indem die Ströme $\underline{I}_{\mathrm{Lm}}$ in den Induktivitäten L_{m} und Spannungen $\underline{U}_{\mathrm{Cn}}$ in den Kapazitäten C_{n} unter Vernachlässigung der Verluste bestimmt werden.

Die gesamte Verlustleistung P eines Anpassnetzwerkes wird dann wie folgt näherungsweise ermittelt:

$$P \approx \sum_{m=1}^{k} R_{\mathrm{m}}\left|\underline{I}_{\mathrm{Lm}}\right|^2 + \sum_{n=1}^{l} G_{\mathrm{Cn}}\left|\underline{U}_{\mathrm{Cn}}\right|^2 = \sum_{m=1}^{k} \frac{\omega L_{\mathrm{m}}}{Q_{\mathrm{m}}}\left|\underline{I}_{\mathrm{Lm}}\right|^2 + \sum_{n=1}^{l} \frac{\omega C_{\mathrm{n}}}{Q_{\mathrm{Cn}}}\left|\underline{U}_{\mathrm{Cn}}\right|^2 \qquad (2.30)$$

Beim Entwurf von Anpassungsnetzwerken mit modernen Analyseprogrammen werden allerdings solche Abschätzungen kaum mehr vorgenommen. Die zur Verfügung stehenden Optimierer lassen eine gleichzeitige numerische Optimierung verschiedener Eigenschaften, wie Eingangsreflexionsfaktor, Ausgangsreflexionsfaktor, Betriebsverstärkung, Rauschzahl usw. zu.

Verstärkerstufen mit Gegenkopplung

Es wurde bereits ausgeführt, dass aus Stabilitätsgründen eine Gegenkopplung über Stufen mit reaktiven Kopplungsnetzwerken nicht geeignet ist. Dagegen werden auch bei Mikrowellenverstärkern Gegenkopplungen über nur eine Stufe eingesetzt. In Figur 2.15 ist der Transimpedanzverstärker dargestellt, der eine Parallelgegenkopplung mit der Transimpedanz $\underline{Z}_{\mathrm{T}}$ aufweist. Die Gegenkopplung bewirkt eine Reduktion der Eingangsimpedanz des Verstärkers.

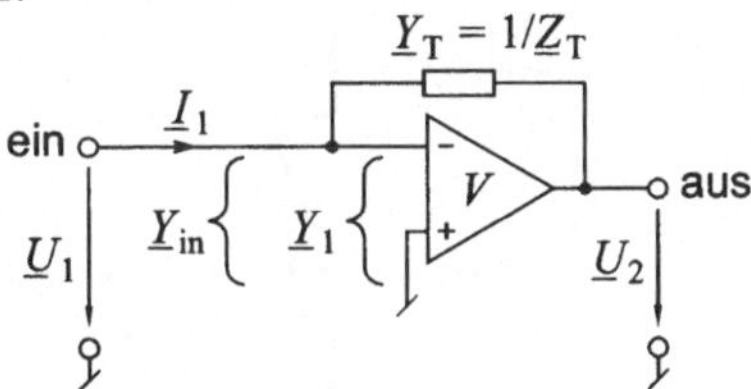

Figur 2.15 Allgemeiner Transimpedanzverstärker.

Die Eingangsadmittanz $\underline{Y}_{\mathrm{in}}$ ist für einen invertierenden Verstärker:

$$\underline{Y}_{\mathrm{in}} = \frac{\underline{I}_1}{\underline{U}_2} = \underline{Y}_1 + \underline{Y}_{\mathrm{T}}(V+1) \qquad (2.31)$$

mit V : Betrag der Spannungsverstärkung

Die Eingangsimpedanz wird also hauptsächlich von der Spannungsverstärkung A und der Transimpedanz $\underline{Z}_{\mathrm{T}}$ bestimmt. Mit dieser Schaltung kann mit Bipolartransistoren in Emitterschaltung wie auch mit FETs in Sourceschaltung leicht eine Eingangsimpedanz im Bereich von 50Ω erzielt werden. Die Schaltung eignet sich auch als Verstärker für einen optischen Empfänger mit einer PIN-Diode als Fotodetektor. Die PIN-Diode ist stark kapazitiv und zur Erreichung einer grossen Bandbreite ist ein niederohmiger Vorverstärker erforderlich.

Figur 2.16 zeigt eine Realisierung eines Transimpedanzverstärkers mit einem FET.

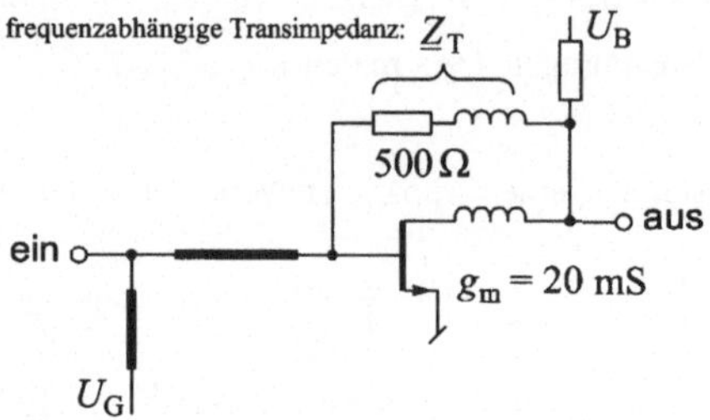

Figur 2.16 Transimpedanzverstärker mit FET und frequenzabhängiger Gegenkopplung.

Mit einer induktiven Transimpedanz wird eine frequenzabhängige Gegenkopplung erreicht, sodass an der oberen Frequenzgrenze die Gegenkopplung reduziert und damit die abfallende Verstärkung des Transistors ausgeglichen wird. Allerdings wird damit die Eingangsimpedanz frequenzabhängig. Figur 2.17 zeigt eine monolithisch integrierbare Version eines Transimpedanzverstärkers. Bei diesem Beispiel ist der Verstärkerausgang dank einer Sourcefolgerstufe ebenfalls niederohmig.

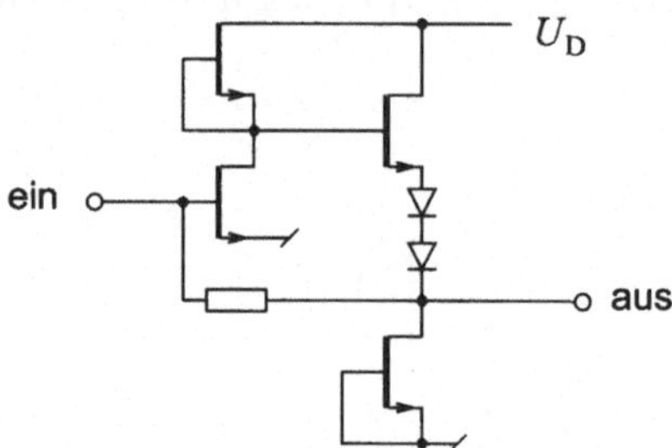

Figur 2.17 Integrierbarer Transimpedanzverstärker mit niederohmigem Sourcefolgerausgang.

Dieser Verstärker ist für eine breitbandige Kaskade von mehreren Stufen geeignet. Mit der Gegenkopplung des Transimpedanzverstärkers wird, wie gezeigt, eine Veränderung der Eingangsimpedanz erreicht. Da die Transimpedanz nicht rein reaktiv ist und thermisches Rauschen zeigt, wird die Rauschzahl der ganzen Stufe gegenüber der optimalen Rauschzahl des Transistors erhöht.

Mit einer geeigneten Gegenkopplung lässt sich auch das Rauschverhalten von Transistorstufen verändern. Allerdings kann eine Gegenkopplung keine Verbesserung des Rauschmasses M bewirken. Das Rauschmass M charakterisiert sowohl die Verstärkungs- wie die Rauscheigenschaften eines Zweitors und ist nach [3] wie folgt definiert:

$$M = \frac{F - 1}{1 - \dfrac{1}{G_v}} \tag{2.32}$$

mit F : Rauschzahl,
G_v : verfügbare Verstärkung

Das Rauschmass M ist wie die Rauschzahl F eine Funktion der Quellenadmittanz $\underline{Y}_q$. Es kann gezeigt werden [5], dass das optimale Rauschmass M_{opt} eines Zweitors durch eine zusätzliche Beschaltung mit einem reaktiven Netzwerk nicht verändert werden kann. Wenn also die verfügbare Verstärkung mit einem reaktiven Netzwerk nicht wesentlich verändert wird, dann wird sich auch die optimale Rauschzahl nur wenig verändern.

Mit einem verlustfreien Netzwerk können aber die optimalen Quellenadmittanzen bezüglich Rauschen und Verstärkung so verändert werden, dass sie (1) leichter bezüglich der Normimpedanz von 50Ω anpassbar sind und dass sie (2) näher zusammenrücken, sodass der Eingangsreflexionsfaktor bei Rauschanpassung reduziert werden kann.

Figur 2.18 zeigt typische Ortskurven für die optimalen Quellenreflexionsfaktoren $\underline{r}_{Nopt}$ und $\underline{r}_{Gopt}$ mit dem zugehörigen Verlauf der optimalen Rauschzahl F_{min}.

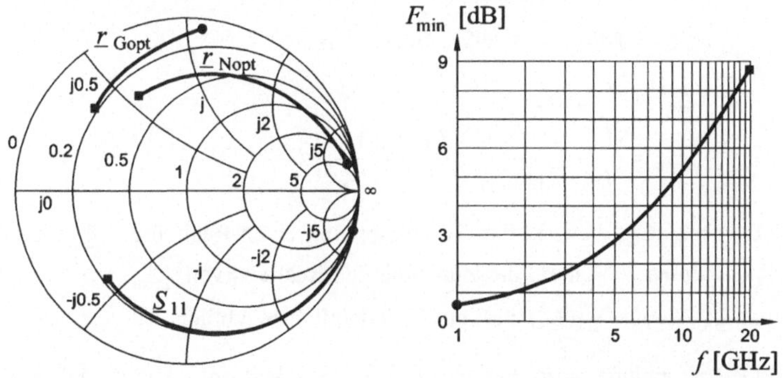

Figur 2.18 Typische Ortskurven des optimalen Quellenreflexionsfaktors bezüglich Rauschen $\underline{r}_{Nopt}$ und der Leistung $\underline{r}_{Gopt}$, $\underline{S}_{11}$ und Frequenzgang der minimalen Rauschzahl F_{min} eines GaAs-MESFET für Frequenzbereich 1...20 GHz.

Figur 2.19 stellt den Verlauf von $\underline{r}_{Nopt}$ und $\underline{r}_{Gopt}$ dar, wenn bei der Frequenz $f = 8$ GHz eine induktive Stromgegenkopplung mit einer Induktivität $L_S = 0, 0.5, 1, 1.5\,\text{nH}$ eingesetzt wird [6].

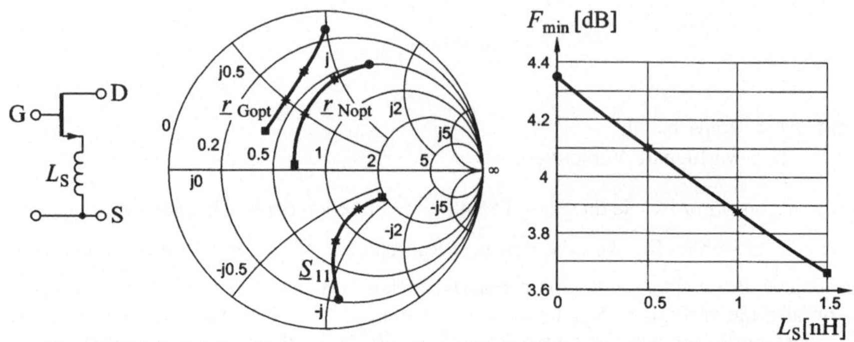

Figur 2.19 Induktive Stromgegenkopplung. Verlauf der Quellenreflexionsfaktoren $\underline{r}_{Nopt}$, $\underline{r}_{Gopt}$, $\underline{S}_{11}$ und der minimalen Rauschzahl F_{min} für die Gegekopplungs-indiktivitäten $L_S = 0, 0.5, 1, 1.5\,\text{nH}$ bei $f = 8\,\text{GHz}$.

Mit der induktiven Stromgegenkopplung ist es möglich, in einem beschränkten Frequenzbereich $\underline{r}_{Nopt}$ und $\underline{r}_{Gopt}$ in Übereinstimmung zu bringen. Gleichzeitig bewirkt die Gegenkopplung eine Erhöhung des Realteils der Eingangsimpedanz $\underline{Z}_{ein}$, wie mit dem einfachen FET-Modell nach Figur 2.20 gezeigt werden kann.

$$\underline{U}_{ein} = j\omega L_S (g_m + j\omega C_{GS}) \underline{U}_{GS} + \underline{U}_{GS} \tag{2.33}$$

$$\underline{I}_G = j\omega C_{GS} \underline{U}_{GS} \tag{2.34}$$

$$\underline{Z}_{ein} = \frac{\underline{U}_{ein}}{\underline{I}_G} = \frac{1}{j\omega C_{GS}} + \frac{L_S (g_m + j\omega C_{GS})}{C_{GS}} \tag{2.35}$$

Für $\omega \ll \omega_T = g_m / C_{GS}$ bewirkt die Gegenkopplung einen Realteil zu $\underline{Z}_{ein}$ der Grösse $L_S\, g_m / C_{GS}$. Dieses Verhalten, die Zunahme des Realteils von $\underline{Z}_{ein}$ mit zunehmender Induktivität L_S, ist aus $\underline{S}_{11}(L_S)$ in Figur 2.19 deutlich ersichtlich.

Mit der Gegenkopplung wird die extrinsische Steilheit g_{mex} und gleichzeitig die Rauschzahl F_{min} reduziert.

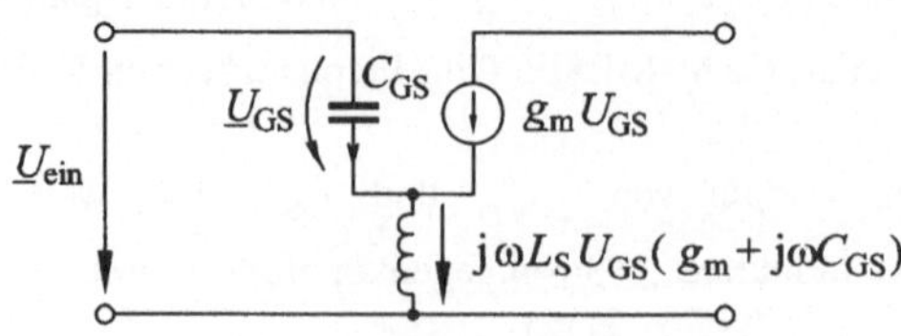

Figur 2.20 Einfaches Modell des FET mit induktiver Stromgegenkopplung.

Nach dem Modell nach Figur 2.20 nimmt die extrinsische Steilheit g_{mex} und damit die verfügbare Verstärkung mit zunehmender Frequenz ab:

$$g_{\text{mex}} = g_{\text{m}} \frac{\underline{U}_{\text{GS}}}{\underline{U}_{\text{ein}}} = \frac{g_{\text{m}}}{1 + \text{j}\omega L_{\text{s}}\left(g_{\text{m}} + \text{j}\omega C_{\text{GS}}\right)} = \frac{g_{\text{m}}}{1 + \text{j}\omega L_{\text{s}} g_{\text{m}}\left(1 + \text{j}\omega/\omega_{\text{T}}\right)} \tag{2.36}$$

2.3.3 Zusammengeschaltete Verstärker

Je nach Verwendungszweck werden vollständige Verstärkerblöcke in verschiedenen Topologien zusammengeschaltet. Solche Kombinationen von Verstärkerblöcken können dazu dienen, in Leistungsverstärkern höhere Leistung abgeben als ein einzelner Verstärkerblock. Andererseits kann durch eine geeignete Topologie eine höhere Bandbreite erreicht werden als mit einem Einzelverstärker. Beispiele solcher Verstärkerkombinationen sind nachfolgend beschrieben.

Balancierter Verstärker mit Hybrid

Figur 2.21 zeigt die Kombination von zwei Verstärkern, wobei das Eingangssignal mit einem 90° 3 dB-Hybrid in zwei Signale aufgeteilt und nach der Verstärkung wieder mit einem Hybrid zu einem Signal kombiniert wird.

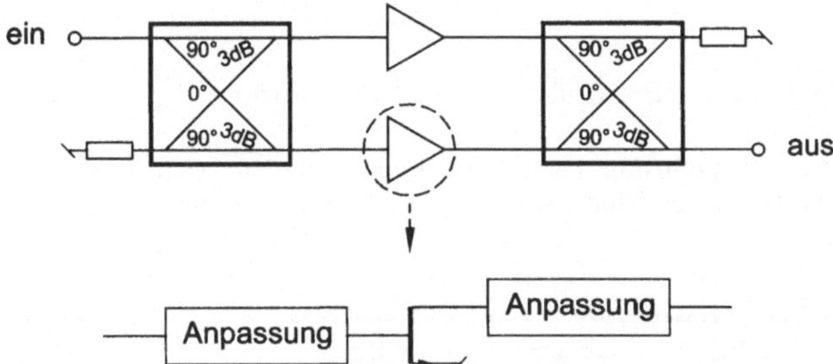

Figur 2.21 Balancierter Verstärker mit 90° 3 dB-Hybriden als Leistungsteiler

Mit breitbandigen Hybrids können solche Verstärker bis zu Bandbreiten von zwei Oktaven realisiert werden. Wenn die beiden Verstärker identische Ein- und Ausgangsreflexionen zeigen, dann sind die Ein- und Ausgänge der gesamten Schaltung reflexionsfrei. Diese Kombination erlaubt eine Verdoppelung der Ausgangsleistung gegenüber der Leistung eines Einzelverstärkers. Bei Ausfall eines Verstärkers kann der zweite Verstärker ohne grosse Einbusse seine volle Leistung abgeben, die Kombination zeigt also beim Defekt eines Verstärkers nur einen teilweisen Verlust der Leistung, eine "graceful degradation".

Verteilter Verstärker

Im verteilten Verstärker (distributed amplifier, travelling wave amplifier) wird mit einer geeigneten Beschaltung einer Reihe von Verstärkerblöcken eine grössere Bandbreite mit flachem Frequenzgang erreicht. Figur 2.22 zeigt einen solchen Verstärker, realisiert mit Feldeffekttransistoren.

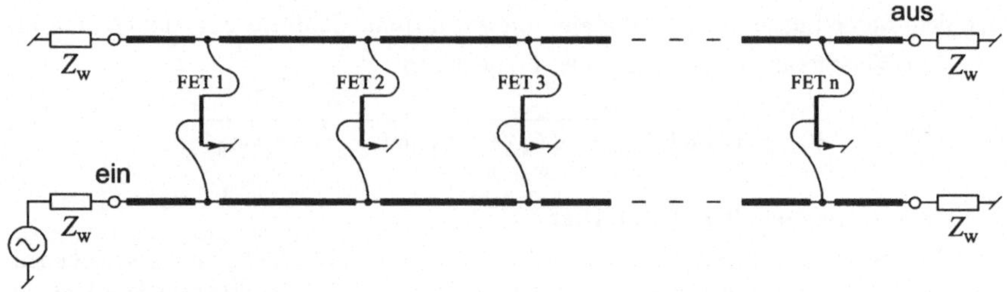

Figur 2.22 Verteilter Verstärker mit Feldeffekttransisoren in Source-Schaltung

Die FETs in Source-Schaltung zeigen eine fast rein kapazitive Eingangs- und Ausgangsimpedanz gemäss Figur 2.23. Mit einer reellen Quellen- und Lastimpedanz R_q und R_L würde der Frequenzgang der Verstärkung durch die beiden Zeitkonstanten $R_q C_{GS}$ und $R_L C_{DS}$ bestimmt.

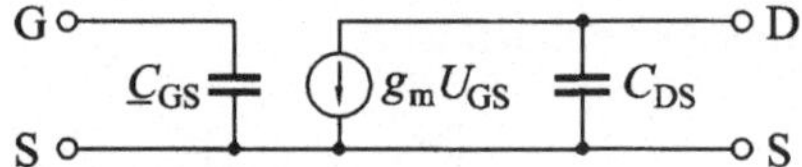

Figur 2.23 Einfaches Ersatzbild des Feldeffekttransistors

Diese Bandbreitenbegrenzung kann überwunden werden, wenn die Kapazitäten des Transistors als Teil einer Tiefpassstruktur eingesetzt werden, wie dies in Figur 2.24 dargestellt ist.

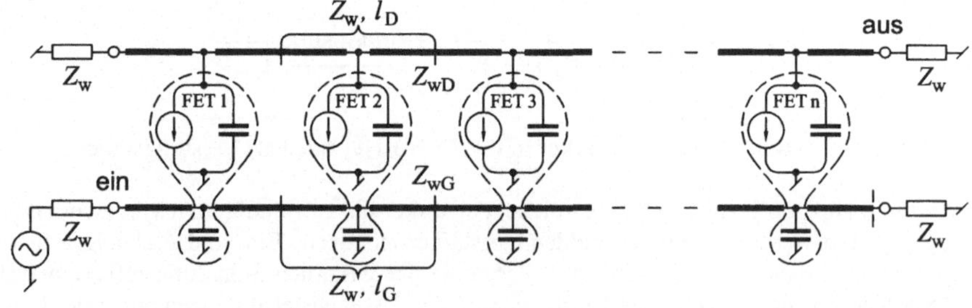

Figur 2.24 FETs eingebaut in eine Tiefpassstruktur, gebildet aus Leitungselementen und FET-Eingangs- bzw. Ausgangskapazitäten.

Nach Figur 2.24 soll die Kombination der Transistorkapazität C_{GS} bzw. C_{DS} und des Leitungselements der Länge l_D bzw. l_G, mit der Wellenimpedanz Z_{wG} bzw Z_{wD} eine charakteristische Impedanz der Tiefpassstruktur von Z_w ergeben. Üblicherweise entsprechen die Last- und Quellenimpedanz $Z_w = 50\Omega$.

Die Wellenimpedanzen Z_{wG} und Z_{wD} der Leitungselemente müssen grösser sein als Z_w, damit bei Belastung mit den Kapazitäten C_{GS} bzw. C_{DS} eine Wellenimpedanz der Tiefpassstruktur von Z_w erreicht werden kann. Diese Leitungselemente sind bei der oberen Grenzfrequenz der Tiefpassstruktur meist noch elektrisch kurz, d.h. $l \ll \lambda/4$. Für eine grobe Abschätzung der Bandbreite können diese Leitungselemente als Induktivitäten L_{wG} approximiert werden:

$$L_{wG} = \frac{Z_{wG}\, l_G \sqrt{\varepsilon_{eff}}}{c} \tag{2.37}$$

Bei einer vorgegebenden Mikrostreifentechnologie ist die maximal mögliche Wellenimpedanz und die effektive relative Dielektrizitätskonstante ε_{reff} bestimmt.
Die Länge l_G der Elemente der Eingangsleitung wird mit

$$Z_w = \sqrt{\frac{L_{wG}}{C_{GS}}} \tag{2.38}$$

zu

$$l_G = \frac{c\, C_{GS} Z_w^2}{Z_{wG} \sqrt{\varepsilon_{eff}}} \tag{2.39}$$

Analog zur Eingangsleitung muss die Ausgangsleitung mit den Parametern Z_{wD} und l_D so dimensioniert werden, dass ihre Wellenimpedanz Z_w entspricht. Zudem müssen die Laufzeiten beider Leitungen einander gleich sein.
Zur Bestimmung der Bandbreite der Tiefpassstruktur der Eingangsleitung betrachten wir die Wellenimpedanz Z_{wKG} des unendlich langen Kettenleiters mit der Kapazität C_{GS} und der Induktivität L_{wG}.
Nach der Theorie der Kettenleiter [7] gilt für die Wellenimpedanz Z_{wKG}:

$$Z_{wKG} = \sqrt{\frac{L_{wG}}{C_{GS}\left(1 - \omega^2 L_{wG} C_{GS}/4\right)}} \tag{2.40}$$

Die Wellenimpedanz ist

$$\text{reell für } \omega < \frac{2}{\sqrt{L_{wG} C_{GS}}} \qquad \text{und imaginär für } \omega > \frac{2}{\sqrt{L_{wG} C_{GS}}} \tag{2.41}$$

Als obere Grenze des Durchlassbereichs definieren wir die Frequenz ω_c, bei der die Reflexionsdämpfung $-20\log|\underline{S}_{11}| = 3\text{dB}$ d.h. $|\underline{S}_{11}| = 1/\sqrt{2}$ beträgt. Dies entspricht einer Zunahme der Impedanz $|\underline{Z}_{wG}|$ auf den Wert $5.83 Z_w$ gegenüber dem Wert Z_w bei der Frequenz $\omega = 0$. Die entsprechende Grenzfrequenz ω_c ist damit sehr nahe der Frequenz, bei der die Wellenimpedanz imaginär wird:

$$\omega_c \approx \frac{2}{\sqrt{L_{wG} C_{GS}}} \tag{2.42}$$

ω_c ist auch mit guter Näherung die Grenzfrequenz einer aus nur wenigen Gliedern bestehenden Tiefpassstruktur. Auf der Seite des Ausgangs ist die kapazitive Belastung mit den Drainkapazitäten C_{DS} kleiner als auf der Eingangsleitung mit den Gatekapazitäten C_{GS}. Die entsprechenden Ausgangsleitungselemente werden damit niederohmiger und die Bandbreite der Tiefpassstruktur wird hauptsächlich durch die Eingangsseite bestimmt. Der Betrag der Steilheit g_m der einzelnen Transistoren ändert sehr wenig bis zur Transitfrequenz. Die Steilheit des gesamten Verstärkers g_{mtot} mit n FETs ist im Durchlassbereich:

$$g_{mtot} = n\, g_m \tag{2.43}$$

und die zugehörige Betriebsverstärkung ist

$$\left|\underline{S}_{21}\right| = g_{mtot}\frac{Z_w}{2} \tag{2.44}$$

In Praxis werden verteilte Verstärker als hybride oder monolithisch integrierte Schaltungen gebaut und sind kommerziell erhältlich. Ein Beispiel eines seit Jahren hergestellten breitbandigen Verstärkers ist der Distributed Amplifier HMMC-5026 (Alient Technoligies). Die Schaltung weist sieben Segmente auf, wobei die Verstärkerstufen als Cascode-Verstärker ausgebildet sind.

Daten des HMMC-5026:

Bandbreite:	2 bis 26.5 GHz,
Verstärkung:	$\left|\underline{S}_{21}\right| = 9.5 \pm 1$ dB
Ausgangsleistung:	21 dBm (bei 1 dB Kompression)
Reflexionsfaktoren:	$\left|\underline{S}_{11}\right| < -15$ dB; $\left|\underline{S}_{22}\right| < -14$ dB
Rauschzahl:	$F = 5$ bis 7 dB

2.4 Nichtlineares Verhalten von Mikrowellenverstärkern

2.4.1 Überblick

Bei den bisherigen Betrachtungen in diesem Kapitel wurde stets Linearität vorausgesetzt, d.h. es wurde angenommen, dass die Verstärkerausgangsleistung proportional zur Eingangsleistung sei. Es ist aber bekannt und auch einleuchtend, dass bei realen Verstärkern die Linearität bei hohen Leistungen an eine Grenze kommt. Reale Verstärker zeigen also eine Sättigung der Ausgangsleistung bei zunehmender Eingangsleistung. Typischerweise findet man ein Sättigungsverhalten, wie in Figur 2.25 dargestellt. Dabei wird als Eingangssignal ein Signal mit einer einzigen Spektralkomponente bei der Frequenz f vorausgesetzt und als Ausgangssignal wird nur die Spektralkomponente bei der Frequenz f gemessen. Die maximale Ausgangsleistung wird meist für den 1 dB-Kompressionspunkt spezifiziert. Die Leistungen P werden im logarithmischen Massstab dBm angegeben: $P[\text{dBm}] = 10 \log P[\text{mW}]$. Das Sättigungs- oder Kompressionsverhalten ist nur *eine* mögliche Auswirkung von Nichtlinearitäten. Wie bei einem Mischer entstehen bei zwei harmonischen Eingangssignalen mit den Frequenzen f_1 und f_2 folgende Mischprodukte:

Produkte 2. Ordnung: $f = 0,\ f_1 \pm f_2,\ 2f_1,\ 2f_2$

Produkte 3. Ordnung: $f = f_1,\ f_2,\ 2f_1 \pm f_2,\ 2f_2 \pm f_1,\ 3f_1,\ 3f_2$

usw.

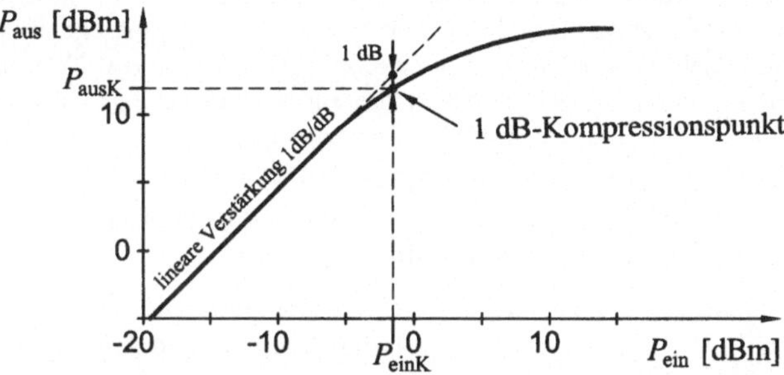

Figur 2.25 Typische Sättigungscharakteristik eines Leistungsverstärkers.

Zur Charakterisierung des Intermodulationsverhaltens, d.h. des Mischverhaltens werden als Eingangssignale zwei Signale gleicher Amplitude und leicht unterschiedlicher Frequenz angenommen:

$$U_{ein} = U_o\left(\cos\omega_1 t + \cos\omega_2 t\right) \tag{2.45}$$

Das Mischprodukt 2. Ordnung mit $f = f_1 + f_2$ ist

$$U_{aus2.Ordn} \sim U_o^2 \tag{2.46}$$

Das Mischprodukt 3. Ordnung mit $f = 2f_1 \pm f_2$ ist

$$U_{aus3.Ordn} \sim U_o^3 \tag{2.47}$$

Figur 2.26 zeigt die typische Charakteristik der Ausgangsleistungen verschiedener Intermodulationsprodukte bei einem Eingangssignal nach (2.45).

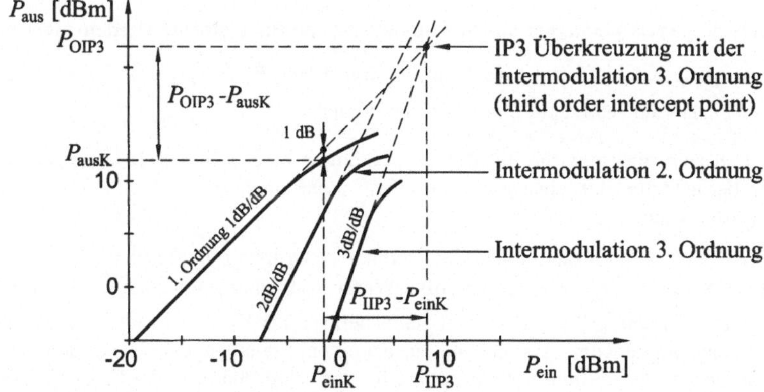

Figur 2.26 Typische Charakteristik der Ausgangsleistungen verschiedener Intermodulationsprodukte bei einem Zweiton-Eingangssignal nach (2.45).

Der lineare Anteil und die Mischprodukte 2. und 3. Ordnung zeigen in Funktion der Eingangsleistung eine Steigung 1, 2 bzw. 3. Die Kreuzungspunkte der Extrapolationen der Mischprodukte 2. und 3. Ordnung mit dem linearen Anteil nennt man die Intercept-Punkte 2. bzw. 3. Ordnung (IP2 bzw. IP3). Die Intercept-Punkte charakterisieren das nichtlineare Verhalten schwach nichtlinearer Zweitore schon weitgehend. Wenn bei einem unilateralen nichtlinearen System nur nichtreaktive (resistive) Nichtlinearitäten 3. Ordnung auftreten, dann ist, wie später in diesem Kapitel gezeigt wird, die Differenz zwischen dem IP3-Punkt und dem 1 dB-Kompressionspunkt:

$$P_{\mathrm{OIP3}} - P_{\mathrm{ausK}} = 9.6\,\mathrm{dB} \tag{2.48}$$

(Unilateral heisst in diesem Zusammenhang, dass das nichtlinear verzerrte Ausgangs signal keine Interaktion mit der Nichtlinearität zeigt.)

In der HF- und Mikrowellentechnik ist die Betriebsbandbreite von Verstärkern meist relativ klein (≤ 30 %). Die Frequenzen der möglichen Intermodulationsprodukte 2. Ordnung fallen dann ausserhalb des Betriebsfrequenzbereichs. Dagegen sind die Produkte 3. (und weiterer ungerader) Ordnung von Bedeutung, wie Figur 2.27 zeigt.

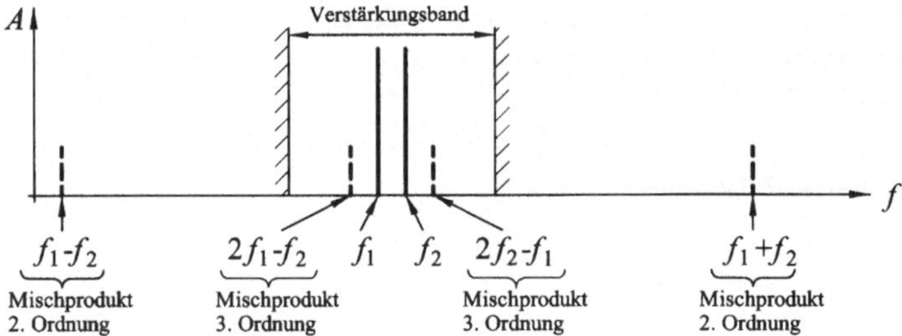

Figur 2.27 Mögliche Mischprodukte 2. und 3. Ordnung einer Zweitonanregung mit den Frequenzen f_1 und f_2 .

Schmalbandige HF-Verstärker und andere nichtlineare Bauelemente werden daher mit

1. der Ausgangsleistung beim 1 dB-Kompressionspunkt P_{ausK}
2. dem Third Order Intercept Point P_{IIP3} spezifiziert.

Figur 2.28 zeigt das typische nichtlineare Verhalten eines Mikrowellenverstärkers, das für den betrachteten Betriebsbereich mit einem nichtlinearen Modell 5. Ordnung dargestellt werden kann.

Beim 1dB-Kompressionspunkt sind die Produkte 5. Ordnung häufig nicht vernachlässigbar. Es gilt dann: $P_{\mathrm{OIP3}} - P_{\mathrm{ausK}} \neq 9.6\,\mathrm{dB}$. Wenn von einem Verstärker höchster Wirkungsgrad gefordert ist, dann wird er nahe beim 1 dB-Kompressionspunkt betrieben. Eine so ausgeprägte Kompression kann nur bei einem Signal zugelassen werden, das eine Modulationsart mit *konstanter Enveloppe* d.h. eine reine Phasen- oder Frequenzmodulation aufweist.

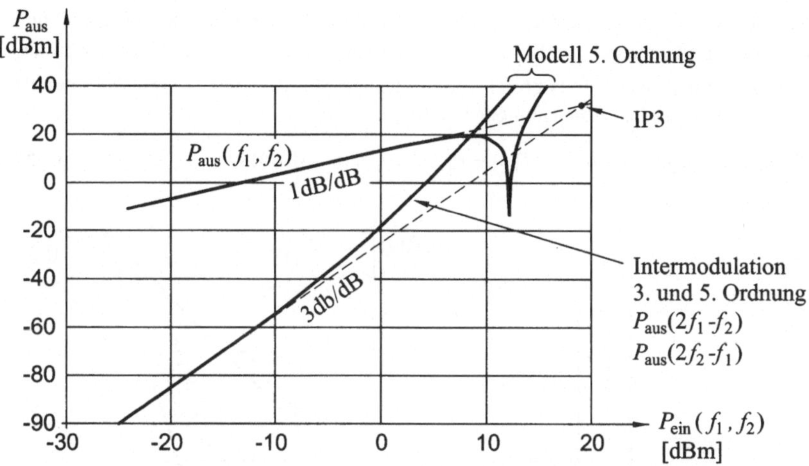

Figur 2.28 Nichtlineares Verhalten des Mikrowellenverstärkers Mini-circuits ERA-5: Näherung mit einem Modell 5. Ordung. Nenndaten: Verstärkung $G = 13\mathrm{dB}$ und 1 dB-Kompressionspunkt $P_{ausK} = 18.4\mathrm{dBm}$.

Bei Verstärkern und anderen nichtlinearen Zweitoren treten zwei Begrenzungen für die Signalleistung auf:
1. für niedrige Signalleistung ist die Begrenzung durch das Rauschen und 2. für hohe Signalleistung durch die nichtlinearen Verzerrungen gegeben. Als dynamischen Bereich eines Bauelementes bezeichnet man das Verhältnis der durch diese Grenzen definierten Signalleistungen.

1. Rauschgrenze:
Die auf den Eingang bezogene Rauschleistung P_{einN} ist [8]

$$P_{einN} = (F-1)\mathrm{k}T\Delta f \qquad (\mathrm{k}T = -174\mathrm{dBm/Hz} \text{ bei } T = 290°\mathrm{K}) \tag{2.49}$$

mit F: Rauschzahl
Wird ein minimales Signal-Rauschleistungsverhältnis K_N gefordert, dann ist die minimale Signalleistung P_{einMin}

$$P_{einMin} = K_N P_N \tag{2.50}$$

2. Verzerrungsgrenze:
Bei einer Ausgangsleistung P_{ausK} beim 1 dB-Kompressionspunkt und einer entsprechenden Leistungserstärkung G_K ist die entsprechende Eingangsleistung P_{einK}

$$P_{einK} = P_{ausK} / G_K \tag{2.51}$$

Der Dynamikbereich ist damit

$$\frac{P_{einK}}{P_{einMin}} = \frac{P_{einK}}{G_K K_N P_N} \tag{2.52}$$

In vielen Fällen möchte man aber sicher stellen, dass die Intermodulationsprodukte 3. Ordnung den Rauschpegel im Bereich der Signalbandbreite Δf nicht überschreiten. Man spricht dann vom Spurious Free Dynamic Range SFDR. Wie aus Figur 2.29 ersichtlich ist, ist SFDR für die Dimension der Leistungen in dBm:

$$\mathrm{SFDR} = P_{\mathrm{einSFDR}} - P_{\mathrm{einN}} = \frac{2}{3}\left(P_{\mathrm{IIP3}} - P_{\mathrm{einN}}\right) \quad \text{in [dBm]} \tag{2.53}$$

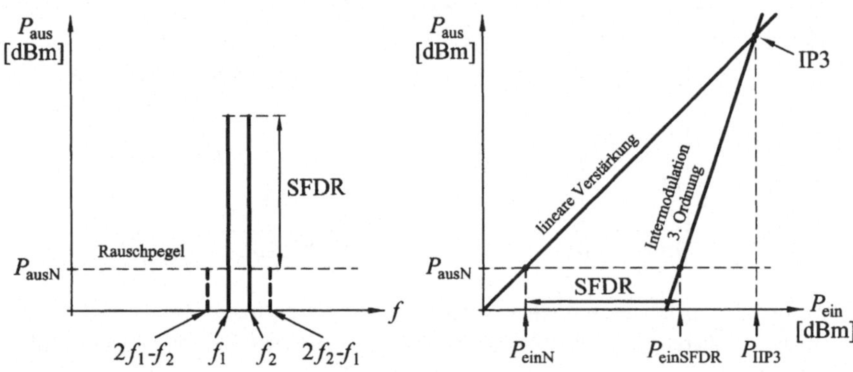

Figur 2.29 Definition des Spurious Free Dynamic Range SFDR.

2.4.2 Analyse von nichtlinearen Schaltungen

Das nichtlineare Verhalten von Bauelementen und Schaltungen der Hochfrequenztechnik ist hauptsächlich von Interesse bei Leistungsverstärkern, Oszillatoren, Mischern und Frequenzvervielfachern. Die exakte Analyse von nichtlinearen Schaltungen ist schon bei einfachen Systemen mit einem grossen Aufwand verbunden. Dank den modernen Netzwerkanalyseprogrammen können Nichtlinearitäten mit guter Genauigkeit numerisch untersucht werden. Dazu sind folgende Verfahren verfügbar [9]:
Die *Zeitbereichssimulation* (SPICE etc.) ist für Oszillatoren und Vervielfacher geeignet, da bei diesen Schaltungen eine Anregung mit nur einer Grundfrequenz benötigt wird.

Die *Harmonic Balance Methode* ist für Mischer, Verstärker usw. geeignet mit mehreren nichtkommensurablen harmonischen Anregungen.

Für die *analytische Behandlung* von nichtlinearen Netzwerken werden folgende Methoden eingesetzt [9]:

Bei der Analyse mit *Potenzreihenansatz* im Frequenzbereich wird die Charakteristik von nichtlinearen Bauelementen mit einer abgebrochenen Potenzreihe approximiert. In der einfachsten Form wird sie für resistive (gedächtnislose) Nichtlinearitäten ohne Rückwirkung eingesetzt.

Der Ansatz mit *Volterrareihen* ist ebenfalls ein Potenzreihenansatz. Er ist aber umfassender und ermöglicht den Einbezug nichtlinearer reaktiver Bauelemente.

Bei der *Gross-Kleinsignalanalyse* wird vorausgesetzt, dass ein leistungsstarkes harmonisches Signal, z.B. ein Lokaloszillatorsignal, die zeitvarianten Arbeitspunkte der nichtlinearen Elemente bestimmt. Die übrigen Signale werden als kleine Signale angenommen, die die nichtlinearen Bauelemente im Bereich des zeitvarianten Arbeitspunktes linear aussteuern. (Siehe z.B. [7] Kapitel 8).

Die *Harmonic Balance Methode* lässt sich mit entsprechend grossem Aufwand auch analytisch einsetzen.

Wir beschränken unsere Betrachtungen auf den Potenzreihenansatz für gedächtnislose Nichtlinearitäten ohne Rückwirkung. Damit lassen sich mit vernünftigem mathematischem Aufwand Schaltungen mit FETs und BJTs analysieren, wenn das nichtlineare Verhalten der Sperrschicht- und Diffusionskapazitäten sowie Rückwirkungen vernachlässigt werden. Figur 2.30 zusammen mit (2.54) beschreibt ein einfaches MESFET-Modell, wobei (2.54) die $I_D(U_{GS})$-Charakteristik nach dem Statz-Modell (siehe Abschnitt 1.3.4) für den gesättigten Betrieb darstellt.

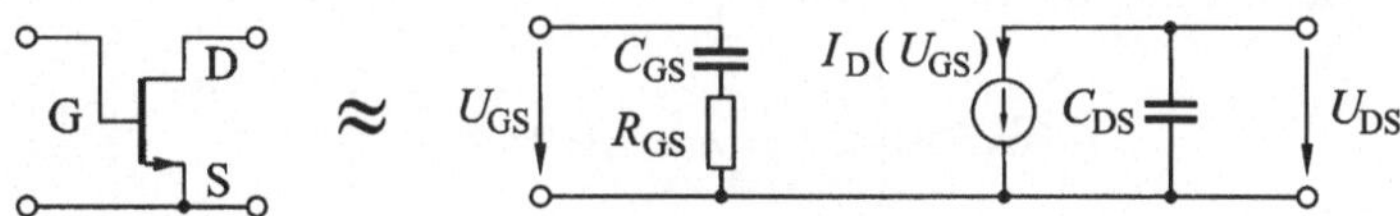

Figur 2.30 Einfaches FET-Modell mit $I_D(U_{GS})$-Charakteristik nach (2.54) für die nichtlineare Schaltungsanalyse.

$$I_D = \frac{\beta\left(U_{GS} - U_{TH}\right)^2}{1 + \theta\left(U_{GS} - U_{TH}\right)} \tag{2.54}$$

Der Wechselanteil von (2.54) wird beim Arbeitspunkt $I_D = I_{D0}$ in eine abgebrochene Reihe entwickelt:

$$i_D = a_1 u_{GS} + a_2 u_{GS}^2 + a_3 u_{GS}^3 + \ldots \tag{2.55}$$

Dabei sind

$$a_1 = g_m = \text{Steilheit} = \frac{dI_D}{dU_{GS}}; \qquad a_2 = \frac{1}{2} \cdot \frac{d^2 I_D}{dU_{GS}^2}; \qquad a_3 = \frac{1}{6} \cdot \frac{d^3 I_D}{dU_{GS}^3} \tag{2.56}$$

Der FET nach Figur 2.30 wird mit einer einfachen Beschaltung nach Figur 2.31 als Verstärker beschaltet.

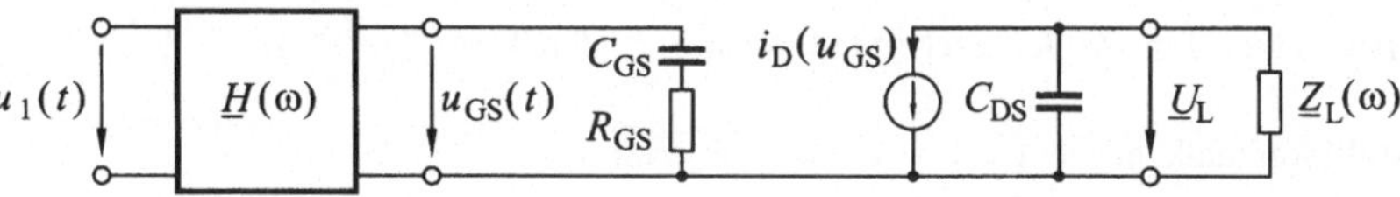

Figur 2.31 Einfacher Verstärker mit Eingangsanpassung $\underline{H}(\omega)$ und Lastimpedanz $\underline{Z}_L(\omega)$.

Der Eingang des Verstärkers wird mit Q Frequenzen angeregt:

$$u_1(t) = \frac{1}{2}\Sigma_{q=1}^{Q}\left(\underline{U}_{s,q}e^{j\omega_q t} + \underline{U}_{s,q}^{*}e^{-j\omega_q t}\right) \tag{2.57}$$

In vereinfachter Schreibweise:

$$u_1(t) = \frac{1}{2}\Sigma_{\substack{q=-Q\\q\neq 0}}^{Q}\underline{U}_{s,q}e^{j\omega_q t} \tag{2.58}$$

Mit der Übertragungsfunktion $\underline{H}(\omega)$ ist die Gatespannung u_{GS} :

$$u_{GS}(t) = \frac{1}{2}\Sigma_{\substack{q=-Q\\q\neq 0}}^{Q}\underline{U}_{s,q}\underline{H}(\omega_q)e^{j\omega_q t} \tag{2.59}$$

Der Drainstrom i_{DS} ist mit der nichtlinearen Übertragung $i_{DS}(u_{GS})$ als Taylorreihe dargestellt:

$$i_{DS}(u_{GS}) = \Sigma_{n=1}^{N} a_n u_{GS}^n \tag{2.60}$$

Der Term n-ter Ordnung des Drainstromes i_D ist

$$a_n u_{GS}^n = a_n\left(\frac{1}{2}\Sigma_{\substack{q=-Q\\q\neq 0}}^{Q}\underline{U}_{s,q}\underline{H}(\omega_q)e^{j\omega_q t}\right)^n \tag{2.61}$$

Bei Q Eingangsfrequenzen erzeugt ein Term n-ter Ordnung (a_n) die folgenden Mischfrequenzen:

$$\omega_{n,k} = -m_{-Q}\omega_{-Q}\ldots - m_{-2}\omega_{-2} - m_{-1}\omega_{-1} + m_1\omega_1 + m_2\omega_2 + \ldots m_Q\omega_Q \tag{2.62}$$

Dabei gilt die Bedingung: $\Sigma_{q=-Q}^{Q} m_q = n$ (2.63)

Zur Bestimmung der Grösse eines Intermodulationsproduktes muss die Anzahl der Mischterme $t_{n,k}$ gleicher Ordnung der betrachteten Frequenzkombination bekannt sein. k bezeichnet die Kombination (m_1, m_2 ... m_Q).

$$\begin{aligned} &a_n u_{GS}^n(m_{-Q},\ldots m_{-1}, m_1\ldots m_Q) = \\ &\quad 2\frac{a_n}{2^n}t_{n,k}\left|\underline{U}_{s,1}^{m_1+m_{-1}}\underline{U}_{s,2}^{m_2+m_{-2}}\ldots\underline{U}_{s,1}^{m_Q+m_{-Q}}\right|\cdot \\ &\quad \left|\underline{H}^{m_1+m_{-1}}(\omega_1)\,\underline{H}^{m_2+m_{-2}}(\omega_2)\ldots\underline{H}^{m_Q+m_{-Q}}(\omega_Q)\right|\cdot \\ &\quad \cos\Big((m_1-m_{-1})\omega_1 + (m_2-m_{-2})\omega_2 + \ldots(m_Q-m_{-Q})\omega_Q\Big)t \end{aligned} \tag{2.64}$$

Der erste Faktor 2 im Zähler erscheint, da $\cos(\omega_q t)$ den Term $\frac{1}{2}\left(e^{j\omega_q t} + e^{-j\omega_q t}\right)$ ersetzt.

Der Multinominalkoeffizent $t_{n,k}$ wird wie folgt ermittelt:

$$t_{n,k} = \frac{n!}{m_{-Q}!\ldots m_{-2}!m_{-1}!m_1!m_2!\ldots m_Q!} \tag{2.65}$$

Beispiel 1: Bestimmung des Mischproduktes 6. Ordnung mit 3 Frequenzen

Verfügbare Eingangsfrequenzen: $\omega_1, \omega_2, \omega_3$

Gewünschtes Mischprodukt: $\omega_k = \omega_1 - 2\omega_2 + 3\omega_3$

d.h. $m_1 = 1, \quad m_{-2} = 2, \quad m_3 = 3$

Ordnung des Mischproduktes: $n = 6$

Die Anzahl Terme $t_{6,k}$ mit der Frequenz $\omega_k = \omega_1 - 2\omega_2 + 3\omega_3$ ist nach (2.65)

$$t_{6,k} = \frac{6!}{1!2!3!} = 60$$

Das Mischprodukt mit der Frequenz $\omega_k = \omega_1 - 2\omega_2 + 3\omega_3$ ist

$$a_6 u_{\mathrm{GS}}^6 = \frac{2 \cdot 60 a_6}{2^6} \left| \underline{U}_{\mathrm{s},1} \underline{U}_{\mathrm{s},2}^2 \underline{U}_{\mathrm{s},3}^3 \right| \cdot \left| \underline{H}(\omega_1) \underline{H}^2(\omega_2) \underline{H}^3(\omega_3) \right| \cos \omega_k t$$

Beispiel 2: Bestimmung des Mischproduktes 4. Ordnung mit 2 Frequenzen

Verfügbare Eingangsfrequenzen: ω_1, ω_2

Gewünschtes Mischprodukt: $\omega_k = \omega_1 - \omega_1 + 2\omega_2 = 2\omega_2$

d.h. $m_1 = 1, \quad m_{-1} = 1, \quad m_2 = 2$

Ordnung des Mischproduktes: $n = 4$

Multinominalkoeffizient nach (2.65): $t_{6,k} = \frac{4!}{1!2!} = 12$

Das Mischprodukt mit der Frequenz $\omega_k = 2\omega_2$ ist

$$a_4 u_{\mathrm{GS}}^4 = \frac{2 \cdot 12 a_4}{2^4} \left| \underline{U}_{\mathrm{s},1}^2 \underline{U}_{\mathrm{s},2}^2 \right| \cdot \left| \underline{H}^2(\omega_1) \underline{H}^2(\omega_2) \right| \cos(2\omega_2 t)$$

Mit der quantitativen Beschreibung der Intermodulationsprodukte n-ter Ordnung (2.64) und (2.65) kann der Abstand zwischen dem linearen Nutzsignal und den Intermodulationsprodukten mit der Angabe des *Intercept Point n-ter Ordnung* bestimmt werden. Nach Figur 2.32 sind:

$P_{\mathrm{IIP}n}$: auf den Eingang bezogener Intercept Point

$P_{\mathrm{OIP}n}$: auf den Ausgang bezogener Intercept Point; $P_{\mathrm{OIP}n} = G\, P_{\mathrm{IIP}n}$
G: Leistungsverstärkung

P_{lin}: Leistung der Grundharmonischen

$P_{\mathrm{IM}n}$: Leistung des Intermodulationsproduktes n-ter Ordnung

Die Leistung des Intermodulationsproduktes n-ter Ordnung $P_{\mathrm{IM}n}$ ist in logarithmischen Einheiten (dBm)

$$P_{\mathrm{IM}n} = P_{\mathrm{IIP}n} - n(P_{\mathrm{IIP}n} - P_{\mathrm{lin}}) = (1-n)P_{\mathrm{IIP}n} + nP_{\mathrm{lin}} \tag{2.66}$$

und in absoluten Einheiten:

$$P_{\mathrm{IM}n} = \frac{P_{\mathrm{lin}}^{n}}{P_{\mathrm{IIP}n}^{n-1}} \tag{2.67}$$

Im Abschnitt 2.4.1 wurden die Kenngrössen Verstärkungssättigung (1dB-Kompressionspunkt) und Intercept Point 3. Ordnung eingeführt. Diese Parameter sollen nun mit den Koeffizienten der Reihenentwicklung (2.55) in Beziehung gebracht werden. Weiter wird der "Blocking“-Effekt eingeführt.

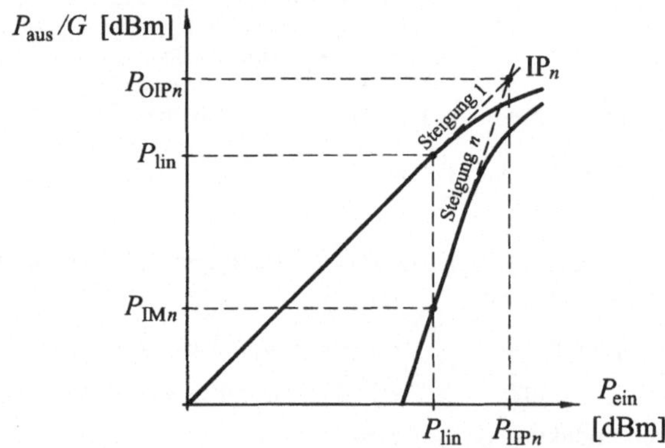

Figur 2.32 Definition des Intercept Point n-ter Ordnung IP_n.

1dB-Kompressionspunkt

Das Eingangssignal sei harmonisch mit einer Frequenzkomponente:

$$u_{\mathrm{GS}}(t) = \frac{1}{2}\sum_{\substack{q=-1\\ q\neq 0}}^{1} \underline{U}_{\mathrm{s},q}\underline{H}(\omega_q)\mathrm{e}^{\mathrm{j}\omega_q t} = U_{\mathrm{GS}}\cos\omega_1 t \tag{2.68}$$

Der lineare Term des Ausgangsstroms i_{DS1} ist:

$$i_{\mathrm{DS1}} = a_1 u_{\mathrm{GS}} = a_1 U_{\mathrm{GS}}\cos\omega_1 t = I_{\mathrm{DS1}}\cos\omega_1 t \tag{2.69}$$

In der Lastimpedanz wird bei Vernachlässigung der Kapazität C_{DS} (Figur 2.31) die Leistung P_{lin} absorbiert:

$$P_{\mathrm{lin}} = \frac{I_{\mathrm{DS1}}^2}{2}\mathrm{Re}\left[\underline{Z}_{\mathrm{L}}\right] \tag{2.70}$$

Der Ausgangsstrom i_{DS3} des Mischproduktes 3. Ordnung mit der Frequenz

$\omega = \omega_1 - \omega_1 + \omega_1 = \omega_1$ ist mit dem Multinominalkoeffizienten $t_{3,k} = \frac{3!}{1!2!} = 3$:

$$i_{\mathrm{DS3}} = \frac{3a_3}{4}U_{\mathrm{GS}}^3\cos\omega_1 t = I_{\mathrm{DS3}}\cos\omega_1 t \tag{2.71}$$

Der gesamte Drainstrom i_{DS} ist

$$i_{DS} = i_{DS1} + i_{DS3} \tag{2.72}$$

Bei einer Verstärkungssättigung zeigen a_1 und a_3 unterschiedliche Vorzeichen. Die 1 dB-Kompression tritt auf, wenn

$$\frac{I_{DS1} - I_{DS3}}{I_{DS1}} = 10^{-1/20} \approx 0.891 \tag{2.73}$$

Die zugehörige Gatespannung U_{GSK} bestimmt sich mit (2.69) und (2.71) zu

$$U_{GSK}^2 \approx \frac{4a_1}{3|a_3|}(1-0.891) = 0.145\frac{a_1}{|a_3|} \tag{2.74}$$

Intermodulation 3. Ordnung, IP3 (3rd Order Intermodulation Intercept Point)

Mit einer Zweitonanregung ist die Gatespannung u_{GS} für zwei nahe beieinander liegenden Eingangsfrequenzen:

$$u_{GS} = U_{GS}(\cos\omega_1 t + \cos\omega_2 t) \tag{2.75}$$

Der Ausgangsstrom des Mischproduktes 3. Ordnung mit der Frequenz $\omega_k = 2\omega_1 - \omega_2$ hat den Multinominalkoeffizienten $t_{3,k} = \frac{3!}{1!2!} = 3$:

$$i_{DSIP3} = \frac{3a_3}{4} U_{GSIP1}^3 \cos((2\omega_1\text{-}\omega_2)t) = I_{DSIP3}\cos((2\omega_1\text{-}\omega_2)t) \tag{2.76}$$

Wenn $\omega_1 \approx \omega_2$, dann ist $\omega_k \approx \omega_1$.

Beim Intercept Point IP3 gilt: $I_{DSIP3} = I_{DS1}$ (2.77)

Die zugehörige Gatespannung U_{GSIP3} ist:

$$U_{GSIP3}^2 = \frac{4a_1}{3a_3} \tag{2.78}$$

Das Verhältnis der Leistungen von P_{GSIP3} zu P_{einK} in dB ist

$$10\log\left(\frac{P_{GSIP3}}{P_{einK}}\right) = 10\log\left(\frac{U_{GSIP3}}{U_{GSK}}\right)^2 = 10\log\left(\frac{4}{3\cdot 0.145}\right) = 9.64\text{ dB} \tag{2.79}$$

In realen Verstärkern und anderen nichtlinearen Zweitoren wird dieser Abstand von ca. 10 dB zwischen den IP3 und dem 1 dB Sättigungspunkten meist recht gut bestätigt, obwohl sich das zugrunde liegende Modell des nichtlinearen Verhaltens nur auf einfache Nichtlinearitäten 3. Ordnung beschränkt.

Blocking (Saturation)

Eine Intermodulation 3. Ordnung kann sich, wie gezeigt, als Übersprechen zum Nachbarkanal auswirken. Im Folgenden wird gezeigt, dass ein starker Störer ein schwaches Signal beeinflussen kann, ohne dass das schwache Signal von einem Mischprodukt überdeckt wird.

Der Einfluss eines starken Störers auf ein schwaches Nutzsignal ist ein ähnliches Problem wie der Vorgang in einem Mischer, der mit einem starken Lokaloszillatorsignal und einem schwachen Nutzsignal betrieben wird. Qualitativ ist zu erwarten, dass das starke Signal das nichtlineare Zweitor durchsteuert. Das schwache Signal „sieht" damit eine zeitvariante Verstärkung. Bei einer sättigenden Übertragungscharakteristik nimmt die mittlere Kleinsignalverstärkung mit zunehmender Leistung des Störers ab. Es kann also erwartet werden, dass die Kleinsignalverstärkung von der Leistung eines starken Störers abhängt. Dieser Effekt wird Blocking oder Saturation genannt. Er kann im einfachsten Fall mit einem Potenzreihenansatz und einer Nichtlinearität 3. Ordnung analysiert werden.

Störer und Nutzsignal werden als harmonische Signale angenommen:

Starker Störer: $$U_{\underbrace{\text{F}}_{\text{forte}}} = U_{\text{F0}} \cos \omega_{\text{F}} t \qquad (2.80)$$

Schwaches Nutzsignal: $$U_{\underbrace{\text{P}}_{\text{piano}}} = U_{\text{P0}} \cos \omega_{\text{P}} t \qquad (2.81)$$

Übertragungsfunktion 3. Ordnung: $$U_{\text{aus}} = a_1 U + a_2 U^2 + a_3 U^3 \qquad (2.82)$$

mit der Kleinsignalverstärkung a_1 .

Wir bestimmen die Verstärkung des Nutzsignals U_{P} in Gegenwart des grossen Störers U_{F} , d.h. das Intermodulationsprodukt 3. Ordnung mit der Frequenz:

$$\omega = \omega_{\text{P}} + \omega_{\text{F}} - \omega_{\text{F}} = \omega_{\text{P}} \qquad (2.83)$$

Der Term von $a_3 U^3$ bei der Frequenz ω_{P} ist

$$a_3 U^3 (\omega = \omega_{\text{P}}) = 2 \frac{a_3}{2^3} \cdot \frac{3!}{1!} U^3 = \frac{3}{2} U_{\text{F0}}^2 a_3 U_{\text{P0}} \qquad (2.84)$$

Die Verstärkung $V(U_{\text{F}})$ der Signalspannung U_{P} :

$$U_{\text{aus}} = V(U_{\text{F0}}) U_{\text{P0}} = \left(a_1 + \frac{3}{2} a_3 U_{\text{F0}}^2 \right) U_{\text{P0}} \qquad (2.85)$$

Bei sättigender Übertragungscharakteristik sind die Vorzeichen von a_1 und a_3 unterschiedlich und die Verstärkung $V(U_{\text{F0}})$ nimmt mit zunehmendem Störsignal U_{F} ab. Die Verstärkung $V(U_{\text{F0}})$ wird null für

$$|a_1| = \frac{3}{2} |a_3| U_{\text{F0}}^2 \qquad \text{oder} \qquad U_{\text{F0}}^2 = \frac{2|a_1|}{3|a_3|} \qquad (2.86)$$

Nach (2.78) und (2.86) gilt für den IIP3-Pegel:

$$U_{\text{IIP3}}^2 = \frac{4|a_1|}{3|a_3|} = 2 U_{\text{F0}}^2 \qquad (2.87)$$

Daraus folgt für das Verhältnis der Leistungen von P_{IIP3} zu P_{F0} in dB

$$10\log\left(\frac{P_{IIP3}}{P_{F0}}\right)=10\log\left(\frac{U_{IIP3}}{U_{F0}}\right)^2=10\log(2)=3\text{ dB} \tag{2.88}$$

> Bei einer reinen Nichtlinearität 3. Ordnung wird ein schwaches Nutzsignal von einem Störer mit der Leistung $P_{F0}[\text{dBm}]=P_{IIP3}[\text{dBm}]-3\text{dBm}$ völlig unterdrückt (blockiert).

In Figur 2.33 sind die Effekte der Intermodulation 3. Ordnung dargestellt.

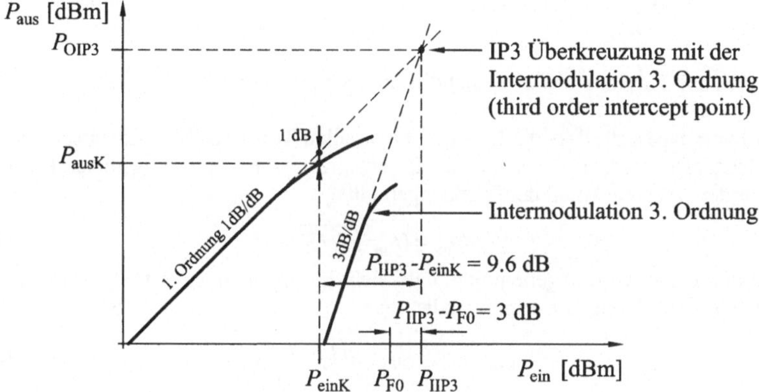

Figur 2.33 Zusammenfassung der Intermodulationseffekte 3. Ordnung.

2.4.3 Kaskadierung von schwach nichtlinearen Zweitoren

Bei der Kaskadierung von zwei Zweitoren nach Figur 2.34 kann bei Kenntnis der Rauschzahlen F_1, F_2 und der Leistungsverstärkungen G_1, G_2 der einzelnen Verstärker die Rauschzahl der gesamten Kaskade F_{tot} nach der Formel von Friis bestimmt werden.

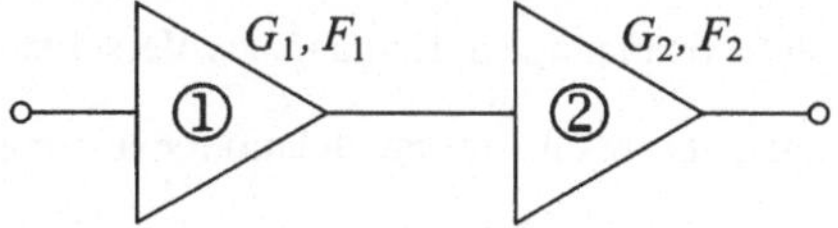

Figur 2.34 Kaskade von zwei rauschenden Zweitoren.

Formel von Friis: $$F_{tot} = F_1 + \frac{F_2 - 1}{G_1} \quad (2.89)$$

Im Folgenden wird gezeigt, dass für die nichtlinearen Verzerrungen eine ähnliche Beziehung zwischen den *Intercept Point* der einzelnen Stufen und der Kaskade gilt.

Wir betrachten die Kaskade von zwei Verstärkern, die mit den Leistungsverstärkungen G_1, G_2 und den Input *Intercept Point* n-ter Ordung P_{IIPn1} und P_{IIPn2} nach Figur 2.35 charakterisiert sind.

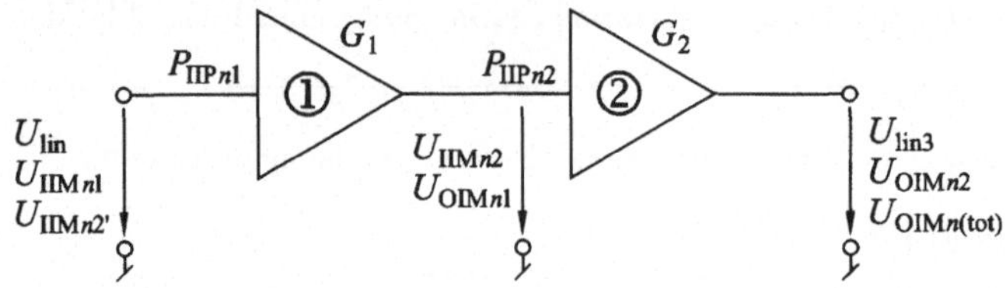

Figur 2.35 Kaskade von zwei nichtlinearen Verstärkern.

Es wird vorausgesetzt, dass die Impedanzen an allen Toren reell und identisch sind. Die Signalleistungen werden daher nur als die entsprechenden Spannungsquadrate angegeben. Für den linearen Anteil der Spannungen gilt:

$$U_{lin3} = U_{lin}\sqrt{G_1 \cdot G_2} \quad (2.90)$$

Als "Worst Case" wird angenommen, dass sich die Spannungen der Intermodulationsprodukte n-ter Ordnung konstruktiv addieren:

$$U_{OIMn(tot)} = U_{OIMn1}\sqrt{G_2} + U_{OIMn2} \quad (2.91)$$

mit

$U_{OIMn(tot)}$: totale Intermodulationsspannung n-ter Ordnung am Ausgang der Kaskade

U_{OIMn1} : Intermodulationsspannung des Verstärkers ①, auf den Ausgang von ① bezogen

U_{OIMn2} : Intermodulationsspannung des Verstärkers ②, auf den Ausgang von ② bezogen

Für die weiteren Betrachtungen werden alle Intermodulationsprodukte gemäss Figur 2.35 auf den Eingang der Kaskade bezogen.

U_{lin} : Grundharmonische Spannung am Eingang des Verstärkers ①

U_{IIMn1} : Auf seinen Eingang bezogene Intermodulationsspannung des Verstärkers ①

U_{IIMn2} : Auf seinen Eingang bezogene Intermodulationsspannung des Verstärkers ②

U'_{IIMn2} : Auf den Eingang des Verstärkers ① bezogene Intermodulationsspannung des Verstärkers ②.

Dabei sind

$$U_{\text{lin}} = \sqrt{P_{\text{lin}}} \tag{2.92}$$

$$U_{\text{IIM}n1} = \sqrt{P_{\text{IIM}n1}} = \frac{P_{\text{lin}}^{n/2}}{P_{\text{IIP}n1}^{(n-1)/2}} = \frac{U_{\text{lin}}^{n}}{P_{\text{IIP}n1}^{(n-1)/2}} \tag{2.93}$$

$$U_{\text{IIM}n2} = \frac{\left(\sqrt{G_1}\,U_{\text{lin}}\right)^n}{P_{\text{IIP}n2}^{(n-1)/2}} \tag{2.94}$$

$$U'_{\text{IIM}n2} = \frac{U_{\text{IIM}n2}}{\sqrt{G_1}} = \frac{G_1^{(n-1)/2}\,U_{\text{lin}}^{n}}{P_{\text{IIP}n2}^{(n-1)/2}} \tag{2.95}$$

Bei konstruktiver Überlagerung von $U_{\text{IIM}n1}$ und $U'_{\text{IIM}n2}$ ist die totale äquivalente Eingangsintermodulationsspannung $U_{\text{IIM}n(\text{tot})}$

$$U_{\text{IIM}n(\text{tot})} = U_{\text{IIM}n1} + U'_{\text{IIM}n2} = U_{\text{lin}}^{n}\left(\frac{1}{P_{\text{IIP}n1}^{(n-1)/2}} + \frac{G_1^{(n-1)/2}}{P_{\text{IIP}n2}^{(n-1)/2}}\right) \tag{2.96}$$

Die totale äquivalente Eingangsintermodulationsleistung $P_{\text{IIM}n(\text{tot})}$ ist

$$P_{\text{IIM}n(\text{tot})} = U_{\text{IIM}n(\text{tot})}^{2} = P_{\text{lin}}^{n}\left(\frac{1}{P_{\text{IIP}n1}^{(n-1)/2}} + \frac{G_1^{(n-1)/2}}{P_{\text{IIP}n2}^{(n-1)/2}}\right)^2 \tag{2.97}$$

Mit (2.67) finden wir für den Intercept Point $P_{\text{IIM}n(\text{tot})}$ der Kaskade:

$$P_{\text{IIP}n(\text{tot})} = \left(\frac{1}{P_{\text{IIP}n1}^{(n-1)/2}} + \frac{G_1^{(n-1)/2}}{P_{\text{IIP}n2}^{(n-1)/2}}\right)^{-2/(n-1)} \tag{2.98}$$

Für den wichtigen Fall der Intermodulation 3. Ordnung vereinfacht sich (2.98) zu

$$P_{\text{IIP3(tot)}} = \left(\frac{1}{P_{\text{IIP31}}} + \frac{G_1}{P_{\text{IIP32}}}\right)^{-1} \tag{2.99}$$

(2.99) ist von ähnlicher Form wie die Formel von Friis für die Rauschzahl von kaskadierten Zweitoren nach Figur 2.34. Für optimale Intermodulationseigenschaften in einer Verstärkerkaskade müssen also die *Intercept Points* $P_{\text{IIP}n}$ der individuellen Verstärker mit dem Signalpegel skaliert werden.

Werden beispielsweise die *Intercept Points* so skaliert, dass $P_{\text{IIP32}} = G_1 P_{\text{IIP31}}$ ist, dann erfährt $P_{\text{IIP3(tot)}}$ gegenüber P_{IIP31} eine Reduktion um 3 dB.

Beispiel:

Leistungsverstärkung $G_1 = 12\,\text{dB}$, $G_2 = 20\,\text{dB}$

Input Intercept Point $P_{\text{IIP31}} = 20\,\text{dBm}$, $P_{\text{IIP32}} = 32\,\text{dBm}$

Mit $P_{IIP32} = G_1 P_{IIP31}$ resultiert ein Input Intercept Point der Kaskade von zwei Verstärkern von $P_{IIP3(tot)} = 17\,\text{dBm}$. Auf den Ausgang bezogen ist der Intercept Point $P_{OIP3(tot)} = 49\,\text{dBm}$

Literatur

[1] G.E. Bodway, "Two port power flow analysis using generalized scattering parameters," *Microwave Journal*, Vol. 10, 1967.

[2] W. Bächtold: *Lineare Elemente der Höchstfrequenztechnik,* vdf-Verlag, Kapitel 7, Zürich, 1998, ISBN 3 7281 2611 X.

[3] Zinke-Brunswig: *Hochfrequenztechnik 1,* Springer Verlag, Berlin, 1995, ISBN 3-540-58070-0.

[4] Zinke-Brunswig: *Hochfrequenztechnik 2,* Springer Verlag, Berlin, 1993, ISBN 3-540-55084-4 Kapitel 9.1.10.2.

[5] H.A. Haus, R.B. Adler: *Circuit theory of linear noisy networks*, Chapman & Hall, London, 1959.

[6] R.A. Lehmann, D.D. Heston, "X-Band monolithic series feedback LNA", *IEEE MTT-S International Microwave Conference Digest*, pp. 51 – 54, 1985.

[7] S. Ramo, J.R. Whinnery, T. Van Duzer: *Fields and waves in communication electronics*, Wiley & Sons, New York, 1994.

[8] W. Bächtold: *Mikrowellentechik*, Vieweg Verlag, Kapitel 7, Braunschweig/Wiesbaden, 1999, ISBN 3-528-07438-8.

[9] S.A. Maas: *Nonlinear microwave circuits*, IEEE Press, New York, 1997, ISBN 0780334035.

3 Mikrowellenoszillatoren und Synthesizer

Oszillatoren sind idealerweise Bauelemente und Schaltungen, die ein stationäres harmonisches Signal erzeugen. Sie spielen in der Hochfrequenz- und Mikrowellentechnik eine entscheidende Rolle. In allen Mikrowellenkommunikationssystemen werden Signale auf ein für die Übertragung geeignetes Frequenzband übertragen. Mit den modernen Systemen, z. B. der Mobilfunktechnik, sind die Ansprüche an die Genauigkeit der Frequenzen in den verschiedenen Bändern sehr hoch, typischerweise wird eine relative Frequenzgenauigkeit im ppm-Bereich (ppm: part per million) verlangt, d.h. auch Mikrowellenoszillatoren müssen "Quarzgenauigkeit" aufweisen. Bei Anwendungen von Mikrowellen in der Heiztechnik hingegen steht die kostengünstige Leistungserzeugung im Vordergrund. Die für diese Zwecke eingesetzten Magnetronoszillatoren weisen eine sehr schlechte Frequenzpräzision und –stabilität auf, aber sie zeigen einen sehr hohen Wirkungsgrad. In diesem Kapitel beschränken wir uns auf Mikrowellenoszillatoren für die Kommunikationstechnik.

Je nach Einsatz werden an diese Oszillatoren unterschiedliche Ansprüche gestellt. Die wichtigsten Eigenschaften sind:

- Einstellgenauigkeit von Frequenz und Leistung
- Stabilität von Frequenz und Leistung (Lang- und Kurzzeitstabilität, bestimmt durch Temperaturänderungen, Schwankungen der Speisespannung, Alterung der Bauelemente)
- Phasen- und Amplitudenrauschen (Stabilität von Amplitude und Phase in extrem kleinen Zeitintervallen)

Namentlich das Phasenrauschen ist eine wichtige Eigenschaft von Oszillatoren, die durch geeignete Massnahmen der Schaltungstechnik und der Betriebsart beeinflusst werden kann. Figur 3.1 zeigt neben dem Spektrum eines idealen zwei Spektren von nichtidealen Oszillatoren.

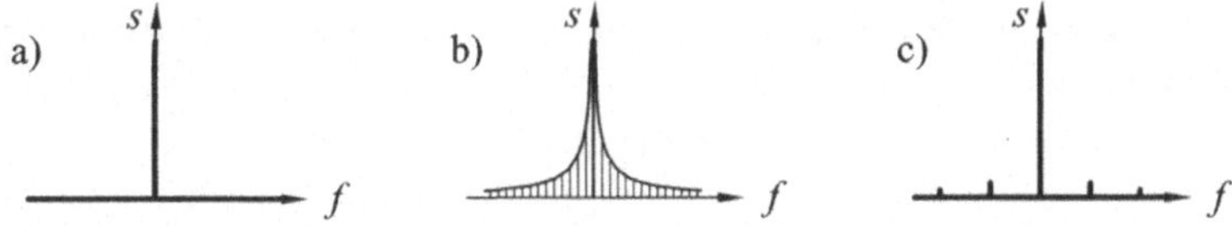

Figur 3.1 Leistungsspektren: a) ideales Oszillatorspektrum, b) Spektrum mit typischen Amplituden und Phasenrauschen, c) Spektrum mit nichtharmonischen Nebenwellen, verursacht durch Mischvorgänge.

Alle Oszillatoren weisen grundsätzlich ein Spektrum von der Art nach Figur 3.1b auf, d.h. dass bei jeder Schwingungserzeugung eine Unstabilität der Phase auftritt, die ein im Bereich der Trägerfrequenz mit zunehmender Frequenzabweichung abfallendes Spektrum zeigt. Das Oszillatorrauschen ist eine fundamentale Eigenschaft, wie das Rauschen von elektronischen Bauelementen.

3.1 Oszillationsbedingung, Zweipoloszillatoren

Aus der Netzwerktechnik ist bekannt, dass ein elektrisch angestossener Resonator eine exponentiell gedämpfte Schwingung zeigt. Die Schwingung könnte stationär werden, wenn es gelänge, die Verluste in einem Resonator exakt zu kompensieren. Eine solche Kompensation kann mit einem aktiven Bauelement erreicht werden, das in einem gewissen Betriebsbereich eine negative differentielle Kennlinie aufweist.

In Figur 3.2 ist ein, auf diese Art entdämpfter Serieresonanzkreis dargestellt.

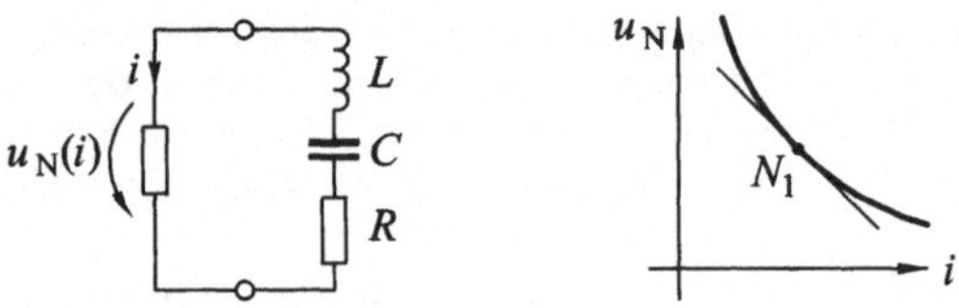

Figur 3.2 Mit einem aktiven Element entdämpfter Serieresonanzkreis. Das aktive Element weist im Betriebspunkt eine negative differentielle Kennlinie auf.

Die Charakteristik des aktiven Elementes wird mit einer Potenzreihe angenähert:

$$u_N = U_0 + N_1 i + N_2 i^2 + ... \tag{3.1}$$

Die Kreisspannung in dieser Kreisschaltung muss gleich 0 sein, was die charakteristische Gleichung liefert:

$$\Sigma \frac{du}{dt} = L\frac{d^2 i}{dt^2} + \frac{1}{C} i + R\frac{di}{dt} + \frac{du_N}{dt} = 0 \tag{3.2}$$

(3.1) eingesetzt in (3.2):

$$L\frac{d^2 i}{dt^2} + \frac{1}{C} i + R\frac{di}{dt} + \frac{di}{dt}\left(N_1 + 2N_2 i + ...\right) = 0 \tag{3.3}$$

Bei Beschränkung auf den linearen Teil von (3.3) finden wir als Lösung der linearen Differentialgleichung

$$i = \mathrm{Re}\left[I_1 e^{pt}\right] \tag{3.4}$$

mit

$$p = \sigma \pm j\omega_s = -\frac{R + N_1}{2L} \pm \frac{j}{\sqrt{LC}}\sqrt{1 - \frac{\left(R+N_1\right)^2 C}{4L}} \tag{3.5}$$

Nach (3.5) wächst die Oszillation $i(t)$ exponentiell an, wenn

$$\sigma = -\frac{R + N_1}{2L} > 0 \tag{3.6}$$

d.h. wenn $N_1 < -R$ ist.

Die Oszillationsamplitude wird durch die in (3.5) nicht berücksichtigte Nichtlinearität begrenzt. Mit der Lösung (3.5) der linearisierten Gleichung (3.3) kann die Anschwingbedingung analysiert und die Resonanzfrequenz bestimmt werden, die Ermittlung der Amplitude und der harmonischen Anteile erfordert aber eine nichtlineare Analyse.

Die wohl bekannteste analytische Beschreibung eines nichtlinearen Oszillators ist die von van der Pol [1], [2]. Der van der Pol-Oszillator weist ein aktives Element mit der folgenden Charakteristik auf:

$$u = \frac{R_1}{I_0^2} i^3 - R_1 i \tag{3.7}$$

Für den van der Pol-Oszillator existieren Lösungen für den Fall schwacher Nichtlinearität und den Fall hoher Kreisgüte:

$$Q = \frac{\sqrt{L/C}}{R_1} > 4 \tag{3.8}$$

Allerdings ist die van der Pol-Lösung in der Praxis nur von beschränktem Wert, da die Charakteristik der gebräuchlichen aktiven Bauelemente nicht mit genügender Genauigkeit mit (3.7) dargestellt werden kann. Üblicherweise wird das genaue zeitliche Verhalten des nichtlinearen Oszillators mit numerischer Analyse im Zeitbereich (z.B. SPICE) oder mit der Harmonic-Balance-Methode ermittelt.

Wir beschränken uns hier auf die Analyse der Anschwingbedingung und auf eine qualitative Betrachtung der Stabilität der Amplitude. Im Beispiel nach Figur 3.2 kann der Serieschwingkreis als Last $\underline{Z}_L$ zum aktiven Element $\underline{Z}_N$ betrachtet werden. Diese verallgemeinerte Schaltung ist in Figur 3.3 nochmals dargestellt.

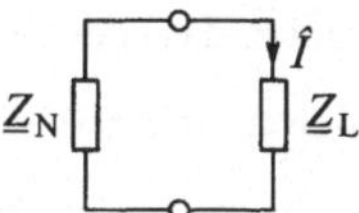

Figur 3.3 Allgemeine Darstellung eines Oszillators als passive Last $\underline{Z}_L$ (Resonator) und aktives nichtlineares Element mit der Impedanz $\underline{Z}_N$.

Die passive Impedanz $\underline{Z}_L$ zeigt als Resonator einen ausgeprägten Frequenzgang, namentlich im Bereich der Resonanzfrequenz.

$$\underline{Z}_L = R_L(\omega) + \mathrm{j}X_L(\omega) \tag{3.9}$$

Die Impedanz des nichtlinearen Elementes $\underline{Z}_N$ dagegen, zeigt im Bereich der Resonator-Resonanzfrequenz einen wenig ausgeprägten Frequenzgang. $\underline{Z}_N$ ist aber markant abhängig von der Stromamplitude $\hat{I}$.

$$\underline{Z}_N \approx R_N(\hat{I}) + \mathrm{j}X_N(\hat{I}) \tag{3.10}$$

Die Schwingbedingung lautet:

$$\underline{Z}_N(\hat{I}) + \underline{Z}_L(\omega) = 0 \tag{3.11}$$

Diese Bedingung ist qualitativ in Figur 3.4 in der komplexen Impedanzebene dargestellt.

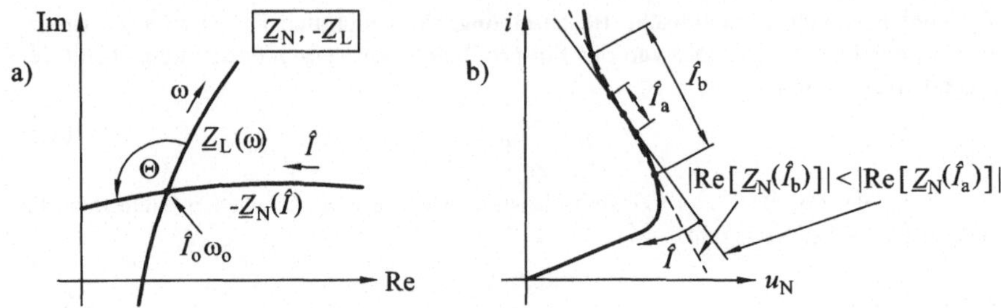

Figur 3.4 Schwingungsbedingung: a) Darstellung der Resonatorimpedanz $\underline{Z}_L$ und der negativen Impedanz $\underline{Z}_N$ des aktiven Elementes.

b) Darstellung der nichtlinearen Charakteristik des aktiven Elementes.

Der Betrag des Realteils von $\underline{Z}_N$ nimmt mit zunehmender Oszillationsamplitude ab. Die Bedingungen für eine stabile Oszillation lauten:

1. $\underline{Z}_L = -\underline{Z}_N$ (3.12)

2. $0 < \Theta < \pi$ (3.13)

Die erste Bedingung geht aus (3.5) hervor; nur mit $\underline{Z}_L = -\underline{Z}_N$ ist eine stabile Oszillation möglich. Die zweite Bedingung bedeutet, dass der Oszillator auf eine Störung stabilisierend wirkt: Wenn die Amplitude durch eine Störung um $\Delta\hat{I}$ reduziert wird, nimmt $\mathrm{Re}[\underline{Z}_N]$ ab. Damit wird $\mathrm{Re}[\underline{Z}_L + \underline{Z}_N] < 0$ und die Oszillationsamplitude $\hat{I}$ steigt wieder an. In gleicher Weise wird die Schwingung gedämpft, wenn $\hat{I}$ durch eine Störung vergrössert wird. Bei $\hat{I} = 0$ wird der Kreis sehr stark entdämpft und der Oszillator kann bei der geringsten Störung anschwingen.

Zum bisher betrachteten Beispiel eines Oszillators nach Figur 3.2 als entdämpfter Serieschwingkreis besteht die duale Schaltung eines entdämpften Parallelschwingkreises. Figur 3.5 und Figur 3.6 zeigen die beiden schwingfähigen Systeme.

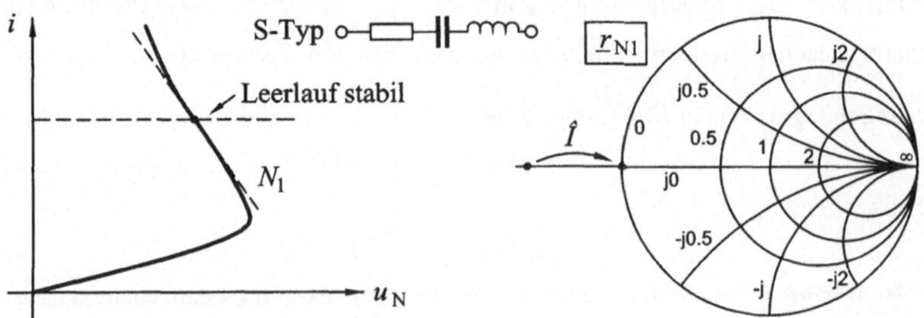

Figur 3.5 Oszillator mit leerlaufstabilem nichtlinearen Element zur Entdämpfung eines Serieschwingkreises.

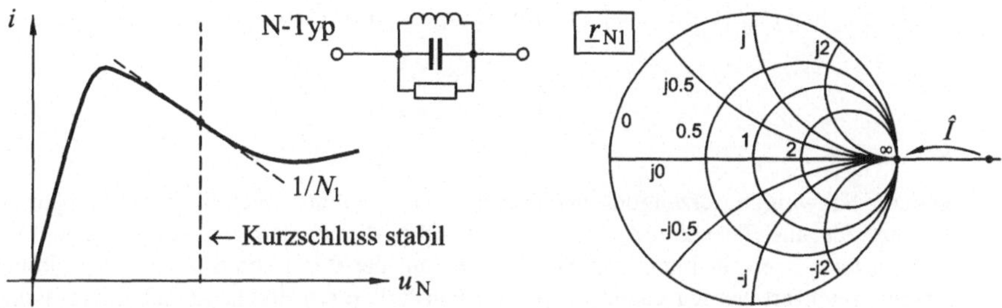

Figur 3.6 Oszillator mit kurzschlussstabilem nichtlinearen Element zur Entdämpfung eines Parallelschwingkreises.

Mit ansteigender Oszillationsamplitude $\hat{I}$ beim Anschwingen des Oszillators nähert sich die resultierende Impedanz des gesamten Seriekreisresonators vom Bereich $\mathrm{Re}[\underline{Z}_L + \underline{Z}_N] < 0$ dem Wert $\mathrm{Re}[\underline{Z}_L + \underline{Z}_N] = 0$ und des gesamten Parallelschwingkreises vom Bereich $\mathrm{Re}[\underline{Z}_L \parallel \underline{Z}_N] < 0$ dem Wert $\mathrm{Re}[\underline{Z}_L \parallel \underline{Z}_N] = \infty$. D.h. während im stabil oszillierenden Zustand der resultierende Dämpfungswiderstand des Serieschwingkreises exakt null sein muss, wird beim Parallelschwingkreis in diesem Zustand ein resultierender Leitwert von null gefordert. Dies bedeutet, dass die nichtlineare Charakteristik des aktiven Elementes beim Parallelschwingkreis eine n-förmige Charakteristik aufweisen muss, d.h. das nichtlineare Element muss kurzschlussstabil sein. Zur Entdämpfung eines Serieresonanzkreises wird, wie ausgeführt, ein aktives Eintor mit einer für ein Durchbruchsverhalten typischen s-förmigen Charakteristik verwendet, wie sie z.B. eine Impattdiode aufweisen würde. Andererseits wird ein Parallelschwingkreis mit einem Element entdämpft, das eine kurzschlussstabile Charakteristik zeigt, wie z.B. eine Tunneldiode.

Wie Figur 3.7 veranschaulicht, kann die Bedingung für eine Oszillation auch mit den Reflexionsfaktoren des aktiven Elementes und des Resonators formuliert werden.

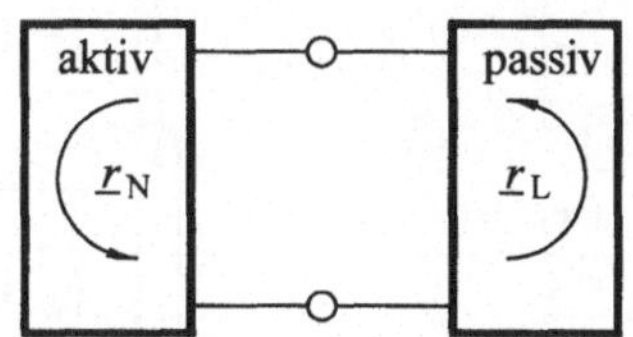

Figur 3.7 Schwingbedingung eines aktiven Eintors, das mit einem passiven frequenzbestimmenden Netzwerk (Resonator) belastet ist.

Die Bedingung $\underline{Z}_N = -\underline{Z}_L$ nach (3.11) ist gleichbedeutend mit

$$\underline{r}_N \cdot \underline{r}_L = 1 \tag{3.14}$$

Dabei sind gemäss Figur 3.7:

$\underline{r}_L$: Reflexionsfaktor des passiven Netzwerkes (Resonator)

$\underline{r}_N$: Reflexionsfaktor des aktiven Elementes

Die Bedingung (3.14) kann auch wie folgt dargestellt werden:

$$\left|\underline{r}_{\mathrm{N}}\right| \cdot \left|\underline{r}_{\mathrm{L}}\right| = 1 \tag{3.15}$$

$$\arg(\underline{r}_{\mathrm{N}} \cdot \underline{r}_{\mathrm{L}}) = 2\pi n \tag{3.16}$$

mit $n = 0, 1, 2, \ldots$

Die zur Schwingungserzeugung geeigneten oben erwähnten nichtlinearen Bauelemente, Impattdiode und Tunneldiode, sind zu exotischen Elementen geworden, die nicht mit Standardprozessen für integrierte Schaltungen auf der Basis von Silizium oder Gallium-Arsenid realisiert werden können. Mikrowellenoszillatoren sind heute Schaltungselemente, die monolithisch integriert werden und daher bevorzugt mit den verstärkenden Dreipolelementen Bipolartransistoren, MESFETs oder HEMTs aufgebaut werden. Im folgenden Abschnitt werden Oszillatoren mit verstärkenden Dreipol-Halbleiterbauelementen beschrieben.

3.2 Oszillatoren mit aktiven Zweitoren

Im Abschnitt 2.2.2 wurde die Stabilität von aktiven Zweitoren betrachtet. Es wurde gezeigt, dass bei einem nach der entsprechenden Definition unstabilen Zweitor durch eine geeignete Beschaltung am Ein- oder Ausgang erreicht werden kann, dass das resultierende Eintor einen Reflexionsfaktor $|\underline{r}| > 1$ aufweist. Damit verhält sich das Bauelement wie ein im obigen Abschnitt beschriebenes aktives Bauelement, das zusammen mit einem Resonator zum Oszillator wird.

Stabile aktive verstärkende Zweitore können mit einer geeigneten reaktiven Rückkopplung unstabil gemacht werden. In Figur 3.8 sind zwei häufig verwendete Rückkopplungen, die Serie-Serie-Rückkopplung und die Parallel-Parallel-Rückkopplung dargestellt.

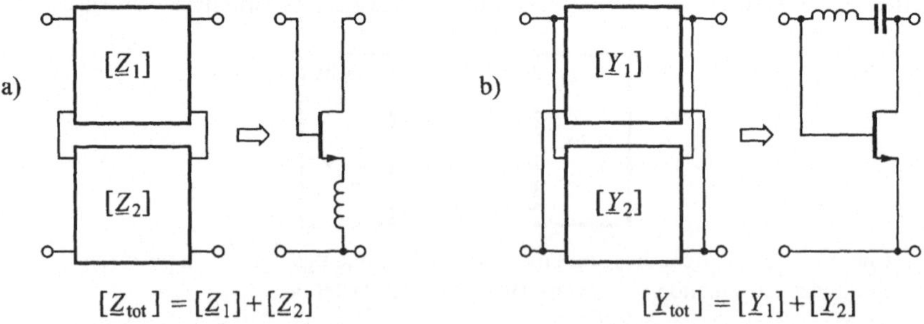

Figur 3.8 Reaktive Rückkopplungen zur Erzielung eines potentiell unstabilen Zweitors. a) Serie-Serie-Rückkopplung, z.B. mit Sourceinduktivität; b) Parallel-Parallel-Rückkopplung, z.B. mit Transimpedanz von Drain auf Gate.

Figur 3.9 zeigt als Beispiel den Effekt einer kapazitiven Rückkopplung auf den Eingangsreflexionsfaktor $\underline{S}_{11}$ eines Gallium-Arsenid-FET. Diese Schaltung ist als Colpitts-Oszillator bekannt. Die Gate-Source-Kapazität ist dabei ein Teil des bei dieser Schaltung eingesetzten kapazitiven Spannungsteilers.

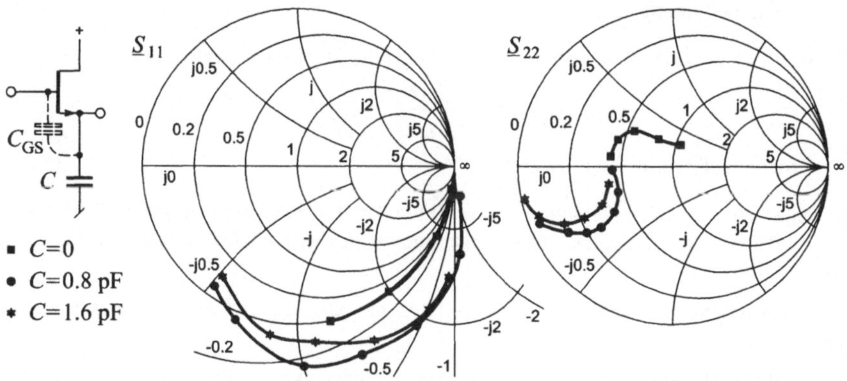

Figur 3.9 Destabilisierung eines GaAs MESFET (NEC 70000) in Sourcefolgerschaltung mit kapazitiver Last. Simulation für den Frequenzbereich 1 ... 20 GHz mit den Lastkapazitäten $C = 0, 0.8, 1.6$ pF.

Die Rückkopplung bewirkt in einem grossen Frequenzbereich eine Destabilisierung der Schaltung mit $|\underline{S}_{11}| > 1$. Durch eine Veränderung der Lastimpedanz kann der Eingangsreflexionsfaktor noch weiter vergrössert werden. Mit der Rückkopplung wird in diesem Fall auf der Ausgangsseite der Reflexionsfaktor $|\underline{S}_{22}|$ wohl markant verändert, aber es gilt immer $|\underline{S}_{22}| < 1$. Wird das potentiell unstabile Zweitor an den Toren mit den Reflexionsfaktoren $\underline{r}_a$ und $\underline{r}_b$ belastet, dann finden wir nach Figur 3.10 die transformierten Reflexionsfaktoren $\underline{r}_1$ am Eingang und $\underline{r}_2$ am Ausgang.

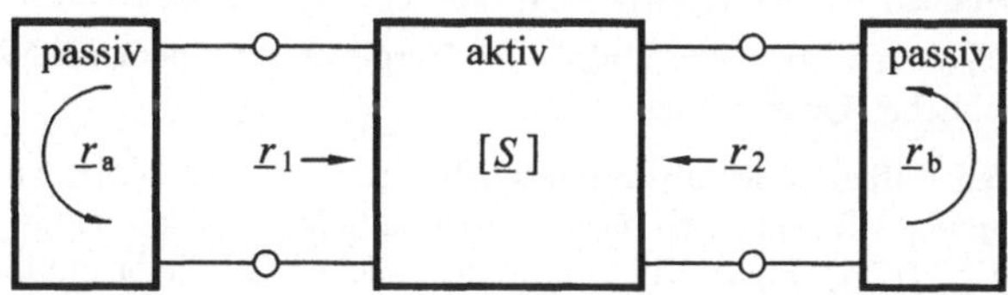

Figur 3.10 Beschaltung des aktiven Zweitors mit passiven Abschlüssen von Reflexionsfaktoren $\underline{r}_a$ und $\underline{r}_b$.

Die Schwingbedingung ist die gleiche wie für das aktive Eintor. Für den eingangsseitigen Reflexionsfaktor gilt:

$$\underline{r}_1 = \underline{S}_{11} + \frac{\underline{S}_{12}\underline{S}_{21}\underline{r}_b}{1-\underline{S}_{22}\underline{r}_b} \tag{3.17}$$

Schwingbedingung $\underline{r}_1 \cdot \underline{r}_a = 1$ (3.18)

Analog zu (3.17) und (3.18) gelten für den ausgangsseitigen Reflexionsfaktor

$$\underline{r}_2 = \underline{S}_{22} + \frac{\underline{S}_{21}\underline{S}_{12}\underline{r}_a}{1-\underline{S}_{11}\underline{r}_a} \tag{3.19}$$

Schwingbedingung $\underline{r}_2 \cdot \underline{r}_b = 1$ (3.20)

Für eine schwingfähige Schaltung muss entweder die Schwingbedingung (3.18) oder (3.20) erfüllt sein. Zum Entwurf von Oszillatoren mit aktiven Zweitoren wird also wie folgt vorgegangen:

1. Ein Resonator mit hinreichend hoher Güte wird als frequenzbestimmendes Element gewählt.

2. Das aktive Bauelement wird mit einer geeigneten reaktiven Rückkopplung in einem grossen Frequenzbereich potentiell unstabil gemacht und mit einer geeigneten Ausgangsimpedanz versehen.

Im Folgenden werden einige gebräuchliche Oszillatortypen vorgestellt. Figur 3.11 zeigt einen einfachen und kostengünstigen Oszillator mit einem Mikrostreifenresonator.

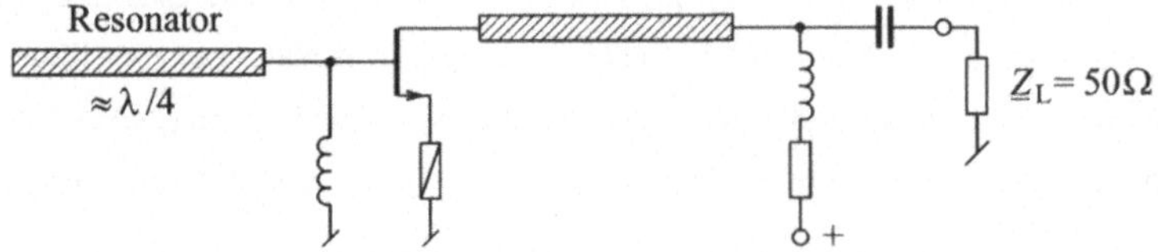

Figur 3.11 Einfacher Oszillator mit Mikrostreifenresonator.

Der Mikrostreifenresonator hat eine beschränkte Güte, mit typischen Werten bis zu $Q = 100$ für Frequenzen $f < 10\,\text{GHz}$ und eine beschränkte Reaktanzsteilheit, was zu einer relativ schlechten Frequenzstabilität im Vergleich zu einem im Niederfrequenzbereich gebräuchlichen Quarzoszillator führt.

Für den hybriden Aufbau in Mikrostreifenschaltungen eignen sich dielektrische Resonatoren hervorragend als Resonatoren hoher Güte und hoher Reaktanzsteilheit, zudem sind sie kostengünstig [3], [4]. Figur 3.12 zeigt einen solchen Oszillator mit einem dielektrischen Resonator. Figur 3.13 veranschaulicht die Ankopplung des dielektrischen Resonators an eine Mikrosteifenleitung

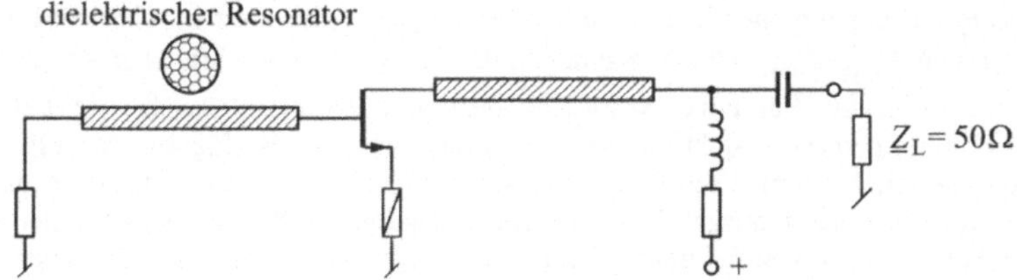

Figur 3.12 Oszillator mit dielektrischem Resonator.

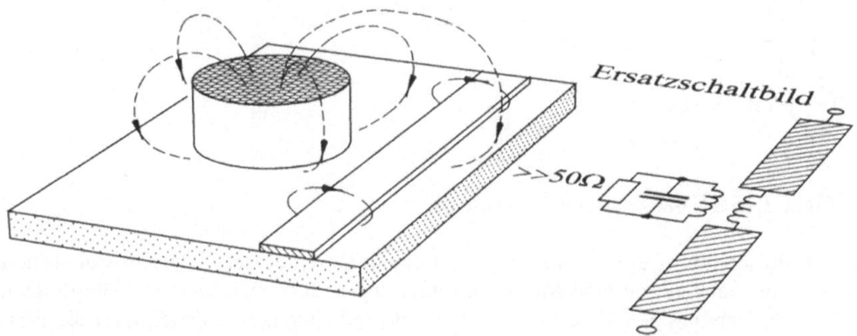

Figur 3.13 Ankopplung und Ersatzschaltung des dielektrischen Resonators.

In der Kommunikationstechnik sind die Ansprüche an die Frequenzgenauigkeit und -stabilität so gross, dass sie nicht mit den bekannten Mikrowellenresonatoren befriedigt werden können. Die Oszillatoren werden dann als VCO (Voltage Controlled Oscillator) ausgebildet, d.h. der verwendete Resonator bestimmt "grob" die Resonanzfrequenz und mit einer elektronisch steuerbaren Reaktanz, in den meisten Fällen ein Varaktor, kann eine Feinabstimmung vorgenommen werden.

Figur 3.14 zeigt einen Oszillator mit einem Mikrostreifenresonator, ähnlich der Schaltung nach Figur 3.11, mit dem Unterschied, dass der Mikrostreifenresonator mit einem Varaktor belastet wird. Mit einer Änderung der Varaktorspannung U_{Varaktor} kann die Oszillatorfrequenz durchgestimmt werden. Varaktorabgestimmte Oszillatoren erlauben typische Abstimmbereiche von ±10 ... 20 %.

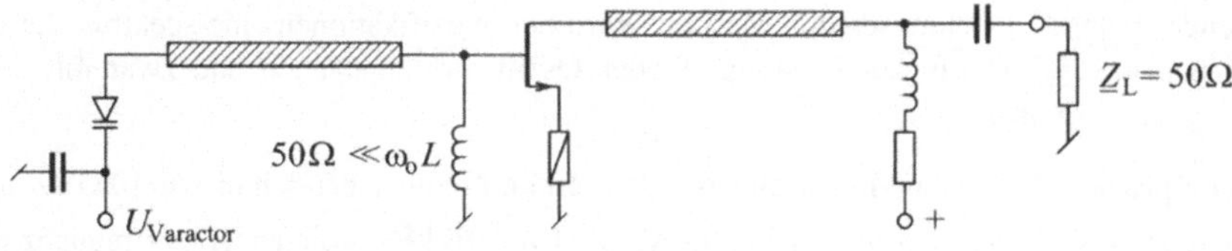

Figur 3.14 Varaktorabgestimmter Oszillator.

Die Varaktoren zeigen namentlich bei hohen Frequenzen einen kleinen relativen Kapazitätsbereich von $C_{max} / C_{min} = 2...4$. Sie lassen damit nur einen beschränkten Abstimmbereich eines VCOs zu. Für hohe Ansprüche bezüglich Abstimmbereich, wie z.B. von Messoszillatoren gefordert, steht ein weiteres Bauelement zur Verfügung, der YIG (Yttrium Iron Garnet, Yttrium-Eisen-Granat) Resonator. YIG ist ein Ferritmaterial, das als kugelförmiger Resonator ausgebildet eine sehr ausgeprägte Resonanz mit hoher Güte zeigt, wobei die Resonanzfrequenz linear vom extern angelegten magnetischen Feld abhängig ist.

Figur 3.15 zeigt schematisch den Aufbau eines YIG-abgestimmten Oszillators.

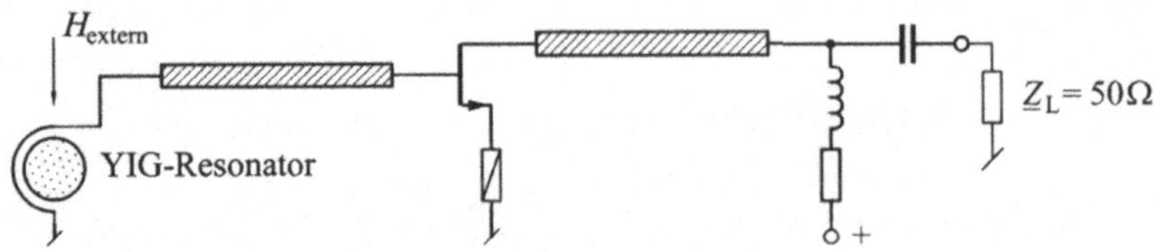

Figur 3.15 YIG-abgestimmter Oszillator.

Der YIG-Resonator ist eine kleine Kugel mit einem Durchmesser in der Grössenordnung mm. Er kann sehr gut an eine Mikrostreifenleitung angekoppelt werden. Allerdings ist das zur Abstimmung benötigte magnetische Feld sehr hoch. Wie erwähnt ist die Resonanzfrequenz f_{res} proportional zur extern angelegten magnetischen Feldstärke H_{extern}:

$$f_{res} = \nu H_{extern} \tag{3.21}$$

mit $\nu = 35.2$ MHz/(kA/m)

Für Resonanzfrequenzen $> 5\text{GHz}$ muss das magnetische Feld mit einem grossen Elektromagneten (typischerweise ein Volumen in der Grösse von 200 cm^3) hergestellt werden.

3.3 Rauschverhalten von Oszillatoren

Bereits in der Einleitung dieses Kapitels wurde darauf hingewiesen, dass Oszillatoren ein Spektrum aufweisen, das stark vom Ideal eines nadelförmigen Spektrums abweichen kann. Typischerweise sehen Spektren von freilaufenden Oszillatoren aus wie in Figur 3.16 dargestellt. Man findet eine mit der Abweichung von der Mittenfrequenz abnehmende spektrale Leistungsdichte. Meistens wird bei Spezifikationen eine spektrale Leistungsdichte S_N relativ zur Leistung P_S des Oszillators angegeben und zwar mit der Dimension dBc/Hz.

Bei typischen Transistor-Mikrowellenoszillatoren im Frequenzbereich bis zu 10 GHz ist die relative spektrale Leistungsdichte im Abstand von 10 kHz von der Trägerfrequenz in der Grösse von ca. −100 dBc/Hz. Dies heisst also, dass bei einer Distanz von 10 kHz von der Mittenfrequenz des Oszillators in einer Bandbreite von 1 Hz eine Leistung von -100 dB relativ zur gesamten Oszillatorleistung gemessen wird.

Häufiger wird die relative spektrale Rauschleistungsdichte mit logarithmischer Frequenzachse gemäss Figur 3.16 dargestellt.

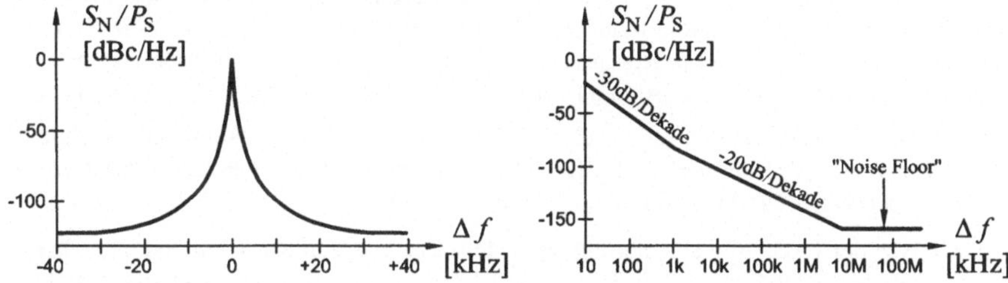

Figur 3.16 Darstellung des Oszillatorrauschens als relative Rauschleistungsdichte S_N / P_S in Funktion des Abstandes Δf von der Oszillatormittenfrequenz f mit linearer und logarithmischer Frequenzachse.

Die Ursache des beschriebenen Rauschverhaltens liegt darin, dass sowohl ein verlustbehafteter Resonator wie auch jede Schaltung mit aktiven Bauelementen Rauschquellen beinhalten. Das nichtlineare Verhalten des Oszillators führt dazu, dass auch niederfrequente Rauschsignale in den Bereich der Oszillationsfrequenz gemischt werden. Zur Erklärung des Oszillatorrauschverhaltens betrachten wir ein ganz einfaches qualitatives Modell, das Leeson-Modell [5] ,[6]. Sowohl bei Oszillatoren mit aktiven Ein- wie auch Zweitoren können wir eine geeignete Schnittstelle zwischen dem frequenzbestimmenden Resonator und dem aktiven Element definieren, das einen negativen differentiellen Widerstand aufweist. Dieses vereinfachte Oszillatormodell ist in Figur 3.17 dargestellt.

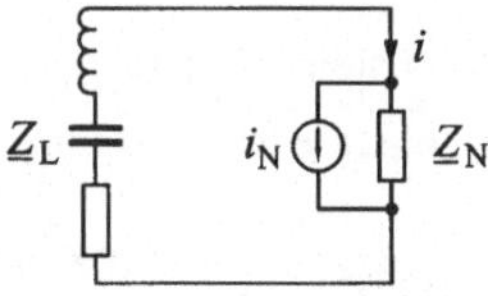

Figur 3.17 Einfaches Oszillatormodell mit nichtlinearer Impedanz $\underline{Z}_N$ und interner Rauschstromquelle i_N.

Die Impedanz $\underline{Z}_N$ könnte dabei die Impedanz einer rückgekoppelten Transistorstufe darstellen. Als Rauschstromquelle betrachten wir eine Rauschquelle im Niederfrequenzgebiet. Der Rauschstrom ist dabei dem Vorstrom des nichtlinearen Bauelementes überlagert und bewirkt, dass der Arbeitspunkt dieses Elementes ständig verändert wird. Durch diesen sich verändernden Arbeitspunkt werden die Oszillationsbedingungen laufend verändert und der Oszillator reagiert mit einer sich anpassenden Amplitude und Phase

Das Oszillatorsignal kann wie folgt dargestellt werden:

$$i(t) = (\hat{I} + \Delta I(t))\cos(\omega_o t + \Theta(t)) \tag{3.22}$$

mit $\Delta I(t)$: Rauschkomponente der Amplitude (AM-Rauschen)

$\Theta(t)$: Rauschkomponente der Phase (FM-Rauschen)

Bei den meisten Oszillatoren wird die Amplitude durch Nichtlinearitäten begrenzt; das Amplitudenrauschen wird damit reduziert. Das Phasenrauschen erfährt durch die Nichtlinearitäten nur eine sehr kleine Kompression. Typischerweise ist die Rauschleistung des Amplitudenrauschens um 20 dB unter der Rauschleistung des Phasenrauschens. In der Anwendung der Oszillatoren ist es zudem möglich, geeignete Schaltungsmassnahmen gegen das Amplitudenrauschen zu treffen. Die weiteren Betrachtungen am Oszillatorrauschen werden daher auf das Phasenrauschen konzentriert.

Zur Analyse der Oszillationsbedingung unter dem Einfluss von Rauschquellen, benützen wir die gleiche Darstellung wie in Figur 3.4. Wir betrachten die Charakteristik des aktiven Elementes für den ungestörten Fall, d.h. für den Fall, dass der Rauschstrom I_N den Momentanwert $I_N = 0$ zeigt und einen zweiten Fall mit dem Momentanwert $I_N = I_{N1}$. Der Strom I_{N1} bewirkt eine Verschiebung des Arbeitspunktes und damit eine Veränderung der Ortskurve von $\underline{Z}_N(\hat{I})$, wie in Figur 3.18 dargestellt.

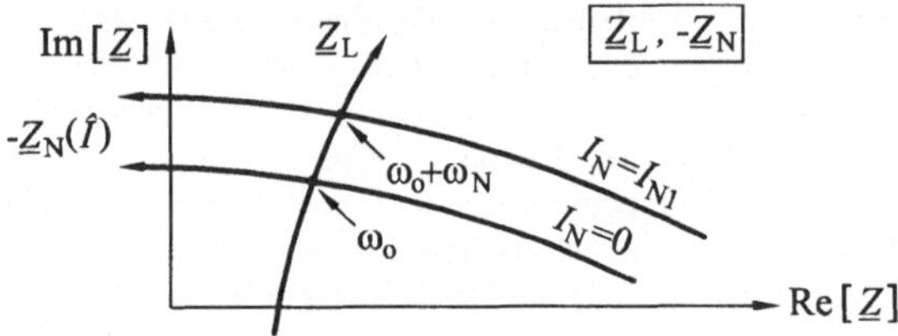

Figur 3.18 Ortskurven der Resonatorimpedanz $\underline{Z}_L$ und der Impedanz des aktiven Elementes $\underline{Z}_N$ für zwei verschiedene Rauschströme I_N.

Unter dem Einfluss des Rauschstromes I_{N1} hat sich der Kreuzungspunkt der $\underline{Z}_L(\omega)$ und der $\underline{Z}_N(\hat{I})$-Charakteristiken zu einer um ω_N höheren Frequenz verschoben. Eine langsame Veränderung des Rauschstromes I_N bewirkt also eine Veränderung der $\underline{Z}_N(\hat{I})$-Charakteristik und damit eine Verschiebung der Oszillationsfrequenz. Die Oszillatorfrequenz kann dem sich ändernden Strom I_N folgen, wenn die Änderung genügend langsam erfolgt. Die Reaktionsgeschwindigkeit des Oszillators wird durch die Bandbreite des Resonators begrenzt.

Eine spektrale Rauschstromkomponente mit dem Maximalwert I_{N0} und der Kreisfrequenz Ω bewirkt eine Abweichung der Oszillatorfrequenz um ω_N:

$$\omega_N = \omega_{N0} \sin(\Omega t) \tag{3.23}$$

Die zugehörige Phasenabweichung Θ_N der Oszillatorphase ist

$$\Theta_N = \int \omega_N \mathrm{d}t = \frac{-\omega_{N0}}{\Omega} \cos(\Omega t) \tag{3.24}$$

(3.24) in (3.22) eingesetzt und $\Delta I(t)$ vernachlässigt, liefert

$$i(t) = \hat{I} \cos\left(\omega_o t - \frac{\omega_{N0}}{\Omega} \cos(\Omega t) \right) \tag{3.25}$$

Für $(\omega_{N0}/\Omega) \ll 1$ kann (3.25) für relativ kleine Phasenabweichungen umgeformt werden:

$$i(t) \approx \hat{I} \cos(\omega_o t) + \hat{I} \frac{\omega_{N0}}{\Omega} \sin(\omega_o t) \cos(\Omega t) \tag{3.26}$$

Der Term $\sin(\omega_o t)\cos(\Omega t)$ wird mit einer Summe und einer Differenz der Frequenzen ausgedrückt:

$$i(t) = \hat{I} \cos(\omega_o t) + \hat{I} \frac{\omega_{N0}}{2\Omega} \left(\sin((\omega_o - \Omega)t) + \cos((\omega_o + \Omega)t) \right) \tag{3.27}$$

(3.27) stellt ein frequenzmoduliertes Signal mit kleinem Phasenhub $(\omega_{N0} \ll \Omega)$ dar.

Das Spektrum $i(\omega_o \pm \Omega)$ ist in Figur 3.19 dargestellt.

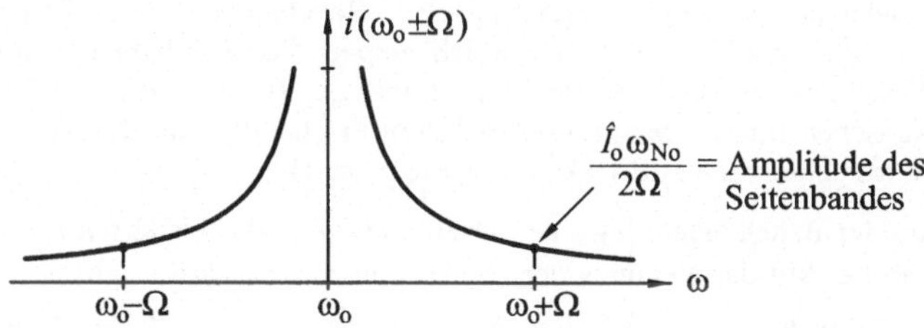

Figur 3.19 Spektrum des Oszillatorstromes $i(\omega_o \pm \Omega)$ unter Einfluss eines Rauschstromes, der die Impedanz des aktiven Elementes moduliert.

Das Resultat dieser qualitativen Betrachtung ist:

Ein weisser Rauschstrom $I_N(\Omega)$ bewirkt ein frequenzmoduliertes Oszillatorsignal mit einer Leistungsdichte $i^2(f)$, die mit zunehmendem Abstand Ω von der Oszillatormittenfrequenz ω_o abnimmt:

$$i^2(i(\omega_o \pm \Omega)) \sim \left(\frac{\hat{I}_0 \omega_{N0}}{2\Omega}\right)^2 \sim \frac{1}{\Omega^2} \tag{3.28}$$

Das Spektrum des Phasenrauschens des Oszillators mit weissen Rauschquellen ist in Figur 3.20 als Beispiel dargestellt.

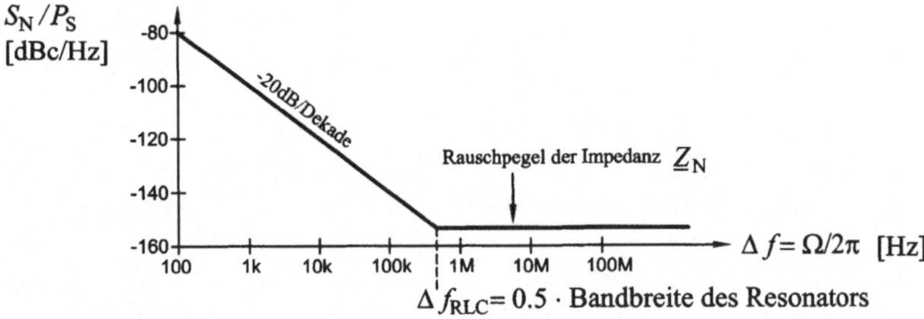

Figur 3.20 Beispiel eines Spektrums des Phasenrauschens eines Oszillators mit weissen Rauschquellen.

In der obigen Betrachtung ist gezeigt worden, dass sich das niederfrequente Rauschen von aktiven Bauelementen im Spektrum nahe der Oszillationsfrequenz bemerkbar macht: Durch das nichtlineare Verhalten des Oszillators wird das Niederfrequenzrauschen hochgemischt. Bekanntlich zeigen elektronische Bauelemente das Phänomen des $1/f$-Rauschens, d.h. im Hz und kHz-Bereich zeigen die Bauelemente an den Toren spektrale Rauschleistungsdichten, die proportional zu $1/f$ sind. Figur 3.21 zeigt, wie dieses $1/f$-Rauschen im Oszillatorrauschspektrum erscheint; nahe dem Träger fällt die Rauschleistungsdichte mit 30 dB/Dekade der Frequenz ab.

Bei der Wahl der Bauelemente für einen Oszillator spielt das niederfrequente Rauschen eine grosse Rolle. Mit der Kenntnis der Grenzfrequenz des $1/f$-Rauschens $f_{1/f}$ und der halben Resonatorbandbreite $f/2Q$ ist das Oszillatorrauschen nach dem Leeson-Modell bis auf den "Noise Floor", d.h. den Rauschpegel P_{N0} bei grosser Frequenzabweichung von der Oszillatormittenfrequenz ($\Delta f \gg f/2Q$) beschrieben. P_{N0} wird nachfolgend abgeschätzt. Für $\Delta f \gg f/2Q$ zeigt das aktive Bauelement näherungsweise das bekannte Rauschverhalten wie ein Kleinsignalverstärker mit einer äquivalenten spektralen Eingangsrauschleistungsdichte $F\,kT$.

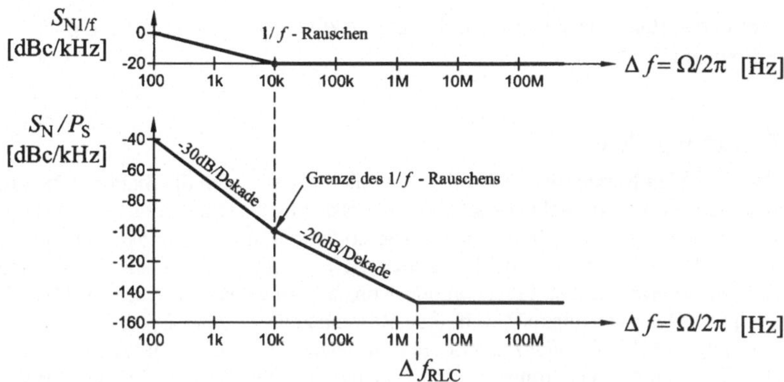

Figur 3.21 Einfluss des 1/*f*-Rauschens der Oszillatorbauelemente auf das Oszillatorrauschspektrum; nahe dem Träger fällt die spektrale Rauschleistungsdichte mit –30 dB/Dekade ab.

Auf der Ausgangsseite des Oszillators erscheint diese Rauschleistung um den Faktor G verstärkt. Im Falle einer reinen Kleinsignalaussteuerung würde G der Kleinsignalverstärkung entsprechen; beim Oszillator ist G reduziert. Der genaue Wert von G kann nur mit einer Messung ermittelt werden. Die gesuchte totale spektrale Rauschleistungsdichte ausserhalb der Resonatorbandbreite ist somit $G F \mathrm{k} T$. Diese totale Rauschleistung ist die Summe der Leistungen des Phasenrauschens und des Amplitudenrauschens. Für unsere Betrachtung ist nur das Phasenrauschen von Bedeutung und nach dem Gleichverteilungstheorem der Thermodynamik ist die Rauschleistungsdichte des Phasenrauschens P_{N0} :

$$P_{N0} = \frac{1}{2} G F \mathrm{k} T \tag{3.29}$$

Die relative Rauschleistungsdichte $L(\Delta f)$ nach Leeson [5] wird somit mit (3.30) beschrieben und ist in Figur 3.16 dargestellt.

$$L(\Delta f) = 10 \log \left[\frac{P_N(\Delta f)}{P_S} \right] = 10 \log \left[\frac{G F \mathrm{k} T}{2 P_S} \left(1 + \left(\frac{f_o}{2 Q \Delta f} \right)^2 \right) \left(1 + \frac{f_{1/f}}{\Delta f} \right) \right] \tag{3.30}$$

mit

Δf : Frequenzabweichung von der Oszillatormittenfrequenz f_o

f_o : Oszillatormittenfrequenz

P_S : Leistung des Trägers

P_N : thermische Rauschleistungsdichte, $P_N = \mathrm{k} T$

Q : Güte des Resonators, $\frac{f_o}{2Q} = \Delta f_{RLC}$

$f_{1/f}$: Grenzfrequenz des 1/*f*-Rauschens

F : Rauschzahl des nicht ausgesteuerten aktiven Bauelementes bei der Frequenz f

G : effektive Rauschleistungsverstärkung des aktiven Bauelementes bei der Frequenz f

3.4 Phasenregelkreise

Im vorhergehenden Kapitel wurde gezeigt, dass die Präzision und die Stabilität der Oszillationsfrequenz von Mikrowellenoszillatoren hauptsächlich von der Güte der verfügbaren Resonatoren abhängt. Die gebräuchlichsten Resonatoren sind Leitungsresonatoren und dielektrische Resonatoren. Mit beiden Typen ist es nicht möglich, die in Kommunikationssystemen erforderliche Präzision und Konstanz zu erreichen. Auch im Mikrowellenbereich ist "Quarzgenauigkeit" d. h. eine Resonanzgüte in ppm-Bereich gefordert. In diesem Kapitel werden Frequenzgeneratoren vorgestellt, die mit hochpräzisen niederfrequenten Generatoren synchronisiert sind und damit die geforderte Frequenzpräzision auch bei höheren Frequenzen erreichen.

Die Theorie solcher Frequenzgeneratoren mit Phasenregelkreis (PLL: Phase Locked Loop) ist sehr weit entwickelt [7], [8], [9]. Als einführendes Beispiel zum Konzept des Phasenregelkreises betrachten wir die Aufgabe, einen Oszillator mit einer gewünschten Oszillationsfrequenz von 3.2 GHz über einen hochstabilen Quarzoszillator mit einer Frequenz von 100 MHz zu stabilisieren. In Figur 3.22 ist das Konzept dargestellt.

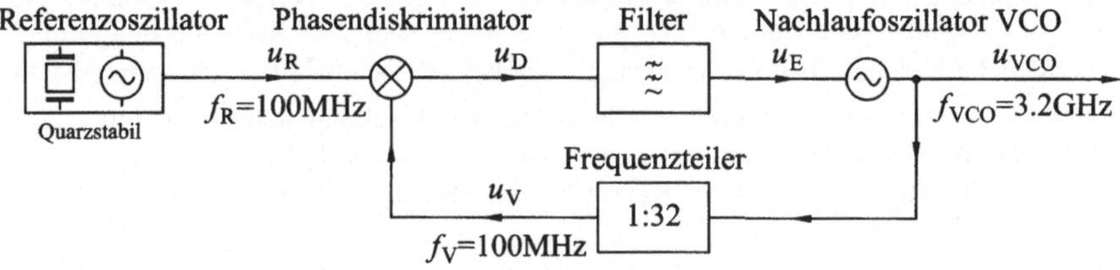

Figur 3.22 Beispiel eines Phasenregelkreises.

Als Mikrowellenoszillator wird ein VCO (Voltage Controlled Oscillator) verwendet. Die Ausgangsfrequenz des VCO wird mit einem Frequenzteiler durch den Faktor 32 geteilt und die Phase des Signals wird im Phasendiskriminator mit der Phase des Referenzsignals von 100 MHz des Quarzoszillators verglichen. Ein idealer Phasendiskriminator liefert eine Ausgangsspannung, die proportional zur Phasendifferenz der Eingangssignale ist. Das Ausgangssignal des Phasendiskriminators wird über ein Regelfilter als Steuerspannung an den VCO angelegt. Wenn der Phasenregelkreis eingerastet ist, dann liefert der Phasendiskriminator eine Gleichspannung, die der Phase zwischen dem Quarzoszillatorsignal und der auf 100 MHz geteilten Frequenz des VCO entspricht. Sollte der VCO durch eine Störung eine Phasenabweichung aufweisen, so wird diese über den Regelkreis korrigiert. Der Phasenregelkreis weist also die Elemente Referenzoszillator, Phasendiskriminator, Regelfilter, Nachlaufoszillator (VCO) und Frequenzteiler auf. Wir betrachten vorerst die Elemente VCO, Phasendiskriminator, Filter und Frequenzteiler und analysieren dann den Regelkreis und die Eigenschaften der Phasenregelung.

Der *spannungsgesteuerte Oszillator VCO* wurde im Abschnitt 3.2 eingeführt. Die meisten heute verwendeten VCOs sind Varaktor-abgestimmt. Die Abstimmsteilheit K_v ist definiert mit

$$K_v = \frac{d\omega_{VCO}}{du_E} \tag{3.31}$$

mit ω_{VCO} : Oszillatorkreisfrequenz

u_E : Abstimmspannung

Die Abstimmcharakteristik weicht meist erheblich von einer linearen Charakteristik ab. Die Abstimmsteilheit K_v kann über den spezifizierten Bereich bis zu einem Faktor 2 variieren. Der ideale *Phasendiskriminator* erzeugt eine Ausgangsspannung, die proportional zur Phasendifferenz und unabhängig von der Amplitude der Eingangssignale ist. Dieser ideale Phasendiskriminator existiert nicht. Dagegen erfüllen Mischer die Aufgabe des Diskriminators zu einem gewissen Grad. Namentlich der Ringmischer, der ein fast idealer Signalmultiplizierer ist, kommt in Kombination mit einem Tiefpassfilter der gewünschten Funktion nahe.

Nach Figur 3.22 sind die Eingangssignale zum Ringmischer

$$u_R = \hat{U}_R \cos(\omega_R t + \Delta\varphi) \tag{3.32}$$

$$u_V = \hat{U}_V \sin(\omega_V t) \tag{3.33}$$

mit u_R : Referenzspannung (Sollwert)

u_V : Vergleichsspannung (Istwert)

ω_R , ω_V : entsprechende Kreisfrequenzen

$\Delta\varphi$: Phasendifferenz zwischen u_R und u_V

Der Ringmischer liefert die Ausgangsspannung u_D mit dem Mischprodukt:

$$u_D = \frac{u_R u_V}{U_0} \tag{3.34}$$

mit U_0: Mischer-spezifische Konstante.

(3.32) und (3.33) in (3.34) eingesetzt, liefern

$$u_D = \frac{\hat{U}_R \hat{U}_V}{2U_0}\Big(\sin\big((\omega_R - \omega_V)t + \Delta\varphi\big) + \sin\big((\omega_R + \omega_V)t + \Delta\varphi\big)\Big) \tag{3.35}$$

Mit dem Tiefpassfilter kann der 2. Term mit der Summenfrequenz $\omega_R + \omega_V$ unterdrückt werden. Damit ist die gefilterte Diskriminator-Ausgangsspannung, die Regelabweichung (error voltage) u_E :

$$u_E = \frac{\hat{U}_R \hat{U}_V}{2U_0} \sin\big((\omega_R - \omega_V)t + \Delta\varphi\big) \tag{3.36}$$

Figur 3.23 zeigt die sinusförmige Diskriminatorcharakteristik $u_E(\Delta\varphi)$ für $\omega_R = \omega_V$, die offensichtlich nur für kleine Phasendifferenzen $\Delta\varphi$ annähernd linear ist.

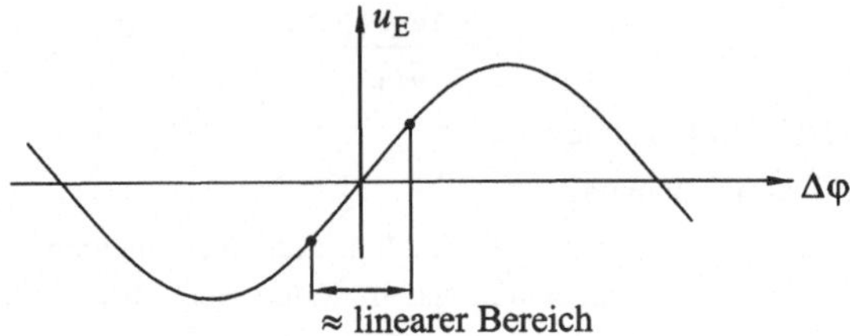

Figur 3.23 Diskriminatorcharakteristik des Ringmischers.

Nach (3.36) und Figur 3.23 liefert der Ringmischer bei identischen Frequenzen $\omega_R = \omega_V$ und kleiner Phasendifferenz $\Delta\varphi$ ein zu $\Delta\varphi$ proportionales Ausgangssignal. Eine Abtastschaltung (Sampling Gate) arbeitet auch als Phasendiskriminator, wenn die Abtastfrequenz eine Subharmonische des Signals ist; die Signalfrequenz f_V kann ein ganzzahliges Vielfaches der Abtastfrequenz sein.

Figur 3.24 zeigt eine typische Abtastschaltung für hohe Frequenzen.

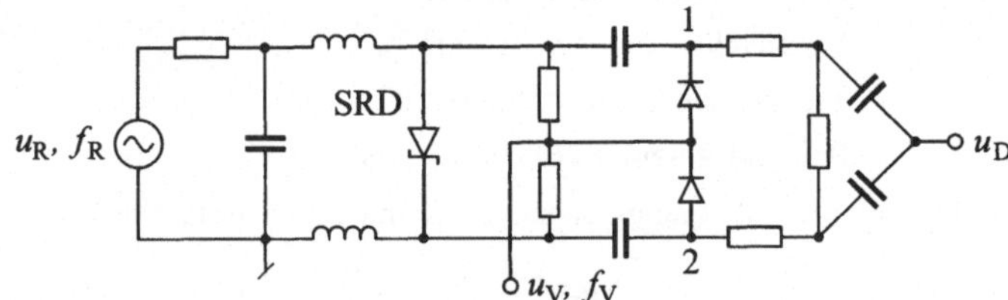

Figur 3.24 Abtastschaltung (Sampling Gate) mit Step Recovery Diode.

Die Abtastschaltung nach Figur 3.24 arbeitet mit einer Step Recovery Diode, welche die zur Abtastung von Hochfrequenzsignalen benötigten extrem kurzen Spannungsimpulse erzeugt. Die Referenzwechselspannung u_R bewirkt über der Step Recovery Diode einen abrupten Zusammenbruch des Stromes. In diesem Moment werden über den Induktivitäten kurzzeitig hohe Spannungen aufgebaut, die kapazitiv die beiden Schottky-Dioden in Flussrichtung aussteuern und damit die Eingangsspannung u_V mit dem Ausgangsknoten verbinden. Figur 3.25 zeigt als Beispiel den Abtastvorgang für den Fall mit $f_V = 3f_R$.

Die abgetastete Spannung u_D ist dabei, wie im Fall des Ringmischers

$$u_D = \hat{U}_V \sin(\Delta\varphi) \tag{3.37}$$

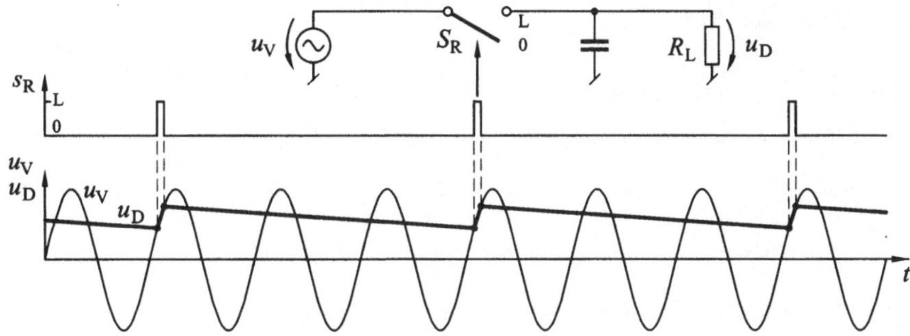

Figur 3.25 Funktion der Abtastschaltung für den Fall $f_V = 3f_R$.

Als *Frequenzteiler* für Signale im Mikrowellenbereich werden in erster Linie statische Teiler, d.h. eine Kette von Flip-Flops eingesetzt. Diese Flip-Flopschaltungen sind wenig komplexe aber extrem schnelle digitale Schaltungen in Bipolar- oder GaAs-Technologie. In der Analyse des Phasenregelkreises beginnen wir mit einem einfachen Regelkreis ohne Frequenzteiler nach Figur 3.26.

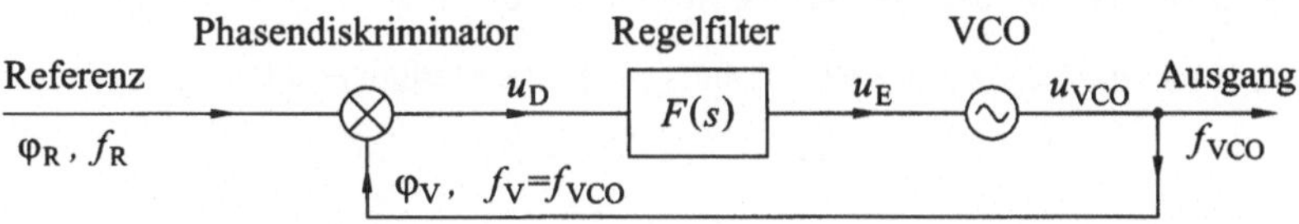

Figur 3.26 Einfacher Phasenregelkreis

Im nicht eingerasteten Zustand ist die Referenzfrequenz f_R nicht gleich der VCO-Ausgangsfrequenz f_V . Im eingerasteten Zustand gilt $f_R = f_V$. Wir betrachten den eingerasteten Zustand. Der Einrastvorgang ist ein komplizierter nichtlinearer Vorgang, der in der Praxis mit einer numerischen Simulation untersucht werden muss. Wir können aber mit einer Betrachtung des linearisierten Systems im eingerasteten Zustand das Verständnis für die Funktionsweise gewinnen. Die linearisierten Übertragungsfunktionen der einzelnen Komponenten sind:

1. Die Diskriminatorcharakteristik:

$$u_D = K_D \left(\varphi_R - \varphi_V \right) \tag{3.38}$$

mit K_D : Diskriminatorkonstante $\left[K_D \right] = \text{V/rad}$

2. Das Regelfilter: ein Tiefpassfilter mit der Übertragungsfunktion

$$\frac{\tilde{U}_E}{\tilde{U}_D} = F(s) \tag{3.39}$$

3. Der Oszillator (VCO)

$$\Delta\omega_V = K_V\, u_E \tag{3.40}$$

mit K_V : Abstimmsteilheit, $\left[K_V\right] = \text{rad/Vs}$,

$\Delta\omega_V$: Frequenzabweichung gegenüber der Mittenfrequenz für $u_E = 0$.

$$\Delta\omega_V = \frac{d\varphi_V}{dt} \tag{3.41}$$

φ_V : Phasenabweichung gegenüber der Oszillatorphase für $u_E = 0$.

Die Oszillatorfrequenzabweichung $\Delta\omega_V$ im Laplace-Bereich ist

$$\Delta\tilde{\omega}_V = s\,\tilde{\varphi}_V(s) = K_V\, \tilde{U}_E(s) = K_D\left(\tilde{\varphi}_R(s) - \tilde{\varphi}_V(s)\right) F(s) K_V \tag{3.42}$$

Oder:

$$\tilde{\varphi}_V(s) = K_V\, K_D \frac{F(s)}{s}\left(\tilde{\varphi}_R(s) - \tilde{\varphi}_V(s)\right) \tag{3.43}$$

Der Faktor $K_V\, K_D \dfrac{F(s)}{s}$ ist die Verstärkung $\tilde{V}(s)$ des offenen Regelkreises.

An den Regelkreis werden die üblichen Ansprüche gestellt:

1. Stabilität: die Verstärkung $\tilde{V}(j\omega)$ muss das Bodekriterium erfüllen:

$$\left|\tilde{V}(j\omega)\right| < 1 \quad \text{bei} \quad \angle\left(\tilde{V}(j\omega)\right) = -\pi\,.$$

2. Die Regelung auf eine Phasenänderung $\Delta\varphi_V$ soll möglichst schnell erfolgen. Ein einfaches, zweckmässiges Regelfilter, das diesen Ansprüchen zu genügen vermag, ist das Filter eines PI-Reglers mit der Übertragungsfunktion $F(s)$:

$$F(s) = \frac{1 + s\tau_2}{s\tau_1} \tag{3.44}$$

Es kann gemäss Figur 3.27 als aktives Filter realisiert werden.

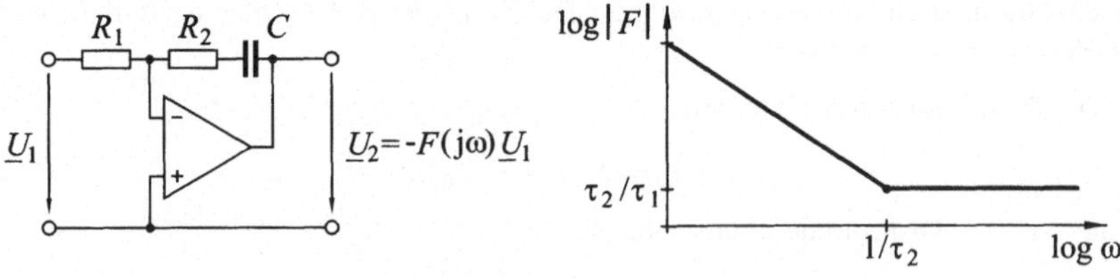

Figur 3.27 Aktives Regelfilter mit zugehöriger Übertragungsfunktion.

Für die VCO-Phase φ_V folgt aus (3.43)

$$\tilde{\varphi}_V(s) = \frac{\tilde{V}(s)}{1+\tilde{V}(s)}\tilde{\varphi}_R(s) \qquad (3.45)$$

und für den Phasenfehler $\varphi_E = \varphi_R - \varphi_V$ gilt nach (3.44) und (3.45):

$$\tilde{\varphi}_E(s) = \frac{\tilde{\varphi}_R(s)}{1+\tilde{V}(s)} = \frac{\left(\frac{s}{\Omega}\right)^2 \tilde{\varphi}_R(s)}{\left(\frac{s}{\Omega}\right)^2 + 2\xi\frac{s}{\Omega} + 1} \qquad (3.46)$$

$\varphi_E(s)$ ist also eine Übertragungsfunktion 2. Ordnung mit der Grenzfrequenz Ω und der Dämpfungskonstanten ξ:

$$\Omega = \sqrt{\frac{K_D K_V}{\tau_1}}\,; \qquad \xi = \frac{\tau_2}{2}\sqrt{\frac{K_D K_V}{\tau_1}} \qquad (3.47)$$

Der Regelkreis sollte kritisch gedämpft sein, d.h. $\xi = 1/\sqrt{2}$.

Figur 3.28 zeigt die Übertragungsfunktion $\frac{\varphi_E}{\varphi_R}\left(\frac{\omega}{\Omega}\right)$.

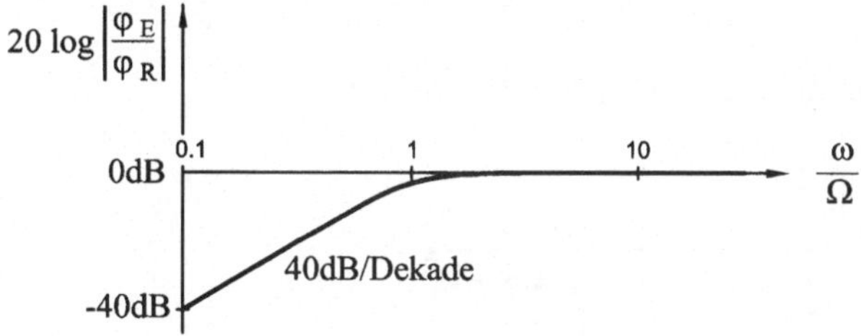

Figur 3.28 Übertragungsfunktion $\frac{\varphi_E}{\varphi_R}\left(\frac{\omega}{\Omega}\right)$ für $\xi = 1/\sqrt{2}$.

Der Regler mit der Übertragungsfunktion (3.46) zeigt die folgenden Reglereigenschaften:

1. Ein Frequenzsprung $\Delta\omega_R$ wird nach langer Zeit vollständig ausgeregelt: der Regler ist bezüglich der Frequenz ein Integralregler.

2. Ein Phasensprung $\Delta\varphi_R$ wird mit einem idealen Operationsverstärker im Regelfilter (Verstärkung = ∞ für $\omega = 0$) ebenfalls vollständig ausgeregelt.

3. Einfangbereich: Im ausgerasteten Zustand kann der Regler nur bei kleinen Differenzen von $\Delta\omega = \omega_R - \omega_V$ einrasten. Im Folgenden wird gezeigt, dass ein Einrasten stattfinden kann, wenn $\Delta\omega < 1/\tau_2$ ist.

Zum Problem des Einfangbereichs kann, obwohl der Einrastvorgang nichtlinear ist, eine Abschätzung mit einer stückweise linearen Charakteristik des Diskriminators gemacht werden. Ausgehend vom stabil eingerasteten Zustand, wird die Referenzfrequenz ω_R abrupt um $\Delta\omega_{RS}$ erhöht. Der PLL kann diese Frequenzänderung ausregeln, wenn der Phasendiskriminator nicht übersteuert wird, d.h. wenn die Regelabweichung $|\varphi_E|$ klein bleibt. Für die Charakteristik des Phasendiskriminators wird eine stückweise lineare Näherung gemäss Figur 3.29 verwendet.

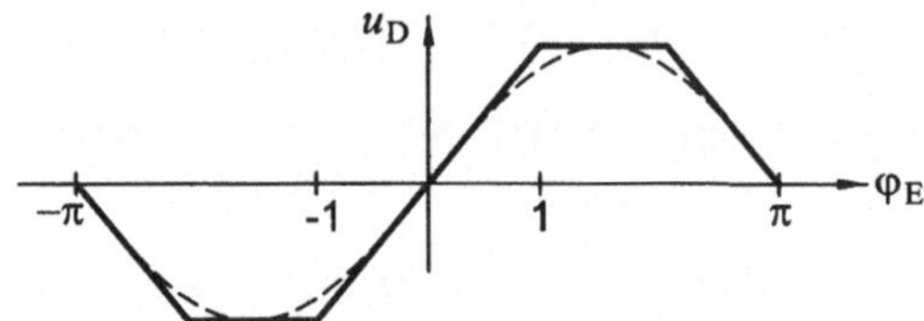

Figur 3.29 Stückweise lineare Näherung der Diskriminatorcharakteristik.

Mit einer schrittförmig angelegten Frequenzabweichung $\Delta\omega_{RS}$ nimmt die Phase φ_R gegenüber dem ungestörten Zustand linear zu:

$$\varphi_R(t) = \Delta\omega_{RS}\, t \qquad \tilde{\varphi}_R(s) = \Delta\omega_{RS} / s^2 \tag{3.48}$$

Die Regelabweichung $\tilde{\varphi}_E$ im Laplace-Bereich ist mit (3.46)

$$\tilde{\varphi}_E(s) = \frac{\left(\frac{s}{\Omega}\right)^2 \frac{\Delta\omega_{RS}}{s^2}}{\left(\frac{s}{\Omega}\right)^2 + 2\xi\frac{s}{\Omega} + 1} = \frac{\Delta\omega_{RS}}{s^2 + 2\xi\Omega s + \Omega^2}$$

$$= \frac{\Delta\omega_{RS}}{(s+\xi\Omega)^2 + \Omega^2(1-\xi^2)} = \frac{\Delta\omega_{RS}}{\Omega\sqrt{1-\xi^2}} \cdot \frac{\Omega\sqrt{1-\xi^2}}{(s+\xi\Omega)^2 + \Omega^2(1-\xi^2)} \tag{3.49}$$

Für die Rücktransformation in den Zeitbereich verwenden wir folgende Beziehung:

$$\frac{a}{(s-b)^2 + a^2} \Leftrightarrow e^{bt} \cdot \sin(at) \tag{3.50}$$

Die Regelabweichung $\varphi_E(t)$ ist damit:

$$\varphi_E(t) = \frac{\Delta\omega_{RS}}{\Omega\sqrt{1-\xi^2}} \cdot e^{-\xi\Omega t} \sin\left((\Omega\sqrt{1-\xi^2})t\right) \tag{3.51}$$

Diese Regelabweichung bleibt minimal, wenn der Regelkreis kritisch gedämpft wird.

Mit $\xi=1/\sqrt{2}$ und damit $\Omega=\sqrt{2}/\tau_2$ wird (3.51) zu

$$\varphi_E\left(t,\xi=1/\sqrt{2}\right)=\frac{\Delta\omega_{RS}}{\Omega}\sqrt{2}\cdot e^{-\Omega t/\sqrt{2}}\sin\left(\frac{\Omega t}{\sqrt{2}}\right) \quad (3.52)$$

Diese Funktion hat für $\frac{\Omega t}{\sqrt{2}}=\frac{\pi}{4}$ ein erstes Extremum mit dem Wert

$$\varphi_{Emax}=\frac{\Delta\omega_{RS}}{\Omega}\cdot e^{-\pi/4} \quad (3.53)$$

Der Phasendiskriminator ist in der Approximation nach Figur 3.29 für $\varphi_{Emax}<1$ im linearen Bereich. Die Bedingung für die Frequenzabweichung $\Delta\omega_{RS}$ ist damit

$$\Delta\omega_{RS}<\Omega e^{\pi/4}=\frac{\sqrt{2}}{\tau_2}e^{\pi/4}\approx\frac{3.1}{\tau_2} \quad (3.54)$$

Da die Resonanzfrequenz des Regelkreises Ω eine Funktion der Diskriminatorkonstante K_D ist und damit von der Aussteuerung des Diskriminators abhängt ist, ist das Resultat nach (3.54) auf der optimistischen Seite.

Als Grössenordnung finden wir also:

$$\Delta\omega_{RS}<\frac{1}{\tau_2} \quad (3.55)$$

In der Praxis kann aber ein PLL auch bei grösseren Frequenzabweichungen $\Delta\omega_{RS}$ relativ langsam einrasten, da, wegen des nichtlinearen Verhaltens des Phasendiskriminators, die Ausgangsspannung u_D bei unterschiedlichen Eingangsfrequenzen ω_R und ω_V einen Gleichspannungsanteil beinhaltet. Im Regelfilter wird dieser integriert, der VCO wird kontinuierlich durchgestimmt und der Regelkreis kann schlussendlich einrasten. Allerdings ist dieser Prozess relativ langsam und unzuverlässig.

Ein grosser und stabiler Einfangbereich kann nur mit einem Phasendiskriminator erzielt werden, der gleichzeitig auch Frequenzdifferenzen detektieren kann, also ein Phasen-Frequenzdiskriminator ist.

3.4.1 Phasen-Frequenzdiskriminatoren

Phasen-Frequenzdiskriminatoren (PFD) liefern sowohl für Phasen- als auch für Frequenzdifferenzen ein Gleichspannungssignal.

Ein einfacher digitaler Frequenzdiskriminator ist das flankengesteuerte J-K Master-Slave-Flip-Flop nach Figur 3.30. Das Flip-Flop wird jeweils mit den negativen Flanken der rechteckförmigen Eingangssignale u_R und u_V angesteuert: Eine negative Flanke von u_R setzt den Ausgang Q des Flip-Flops auf logisch 1 und eine negative Flanke von u_V setzt es zurück auf $Q=0$.

Wenn $f_R > f_V$ ist, dann ist Q zum grösseren Teil der Zeit auf $Q = 1$. Der Mittelwert $\langle Q - \bar{Q} \rangle$ ist dann > 0. Dieser Mittelwert wird dem VCO über das integrierende Regelfilter als Steuersignal zugeführt.

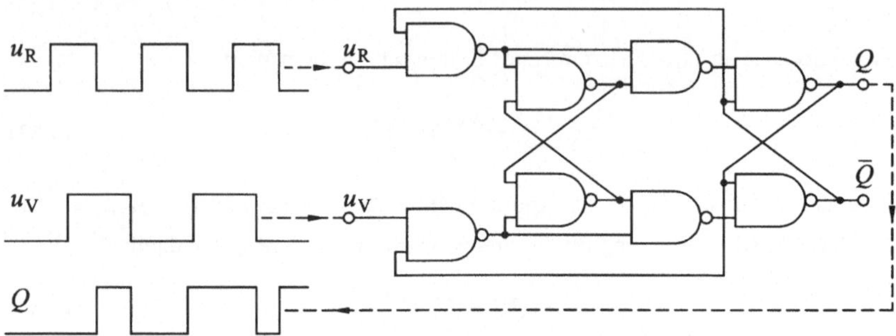

Figur 3.30 Das flankengesteuerte J-K-Master-Slave-Flip-Flop als Frequenzdiskriminator.

Das J-K-Master-Slave-Flip-Flop ist ein einfacher und guter Frequenzdiskriminator. Bei sehr kleinen Frequenzunterschieden $f_R - f_V$ ist aber der Mittelwert $\langle Q - \bar{Q} \rangle$ schlecht definiert und muss über eine sehr lange Zeit integriert werden. Es wäre vorteilhaft, für die beiden Fälle $\varphi_R > \varphi_V$ und $\varphi_R < \varphi_V$ ein eindeutiges Signal zu haben.

Diese beiden Fälle werden mit dem *digitalen Phasen-Frequenzdiskriminator* nach Figur 3.31 eindeutig detektiert.

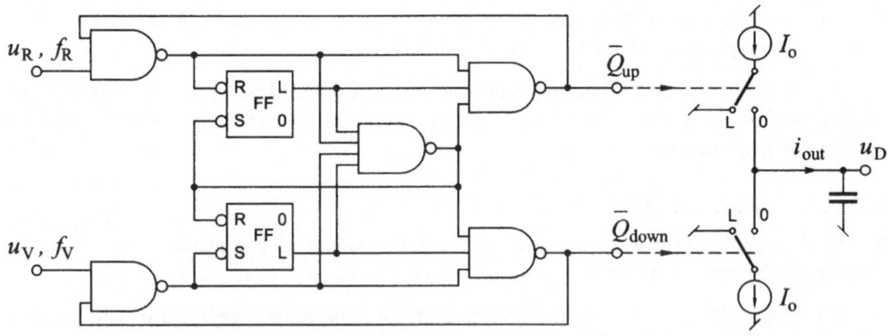

Figur 3.31 Digitaler Phasen-Frequenzdiskriminator.

Die Verläufe der Signale des digitalen Phasen-Frequenzdiskriminators in Figur 3.32 zeigen, dass jeweils nur eine der "Ladungspumpen" Q_{up} oder Q_{down} aktiv ist und damit eine eindeutige Zunahme oder Abnahme der VCO-Steuerspannung u_D bewirkt.

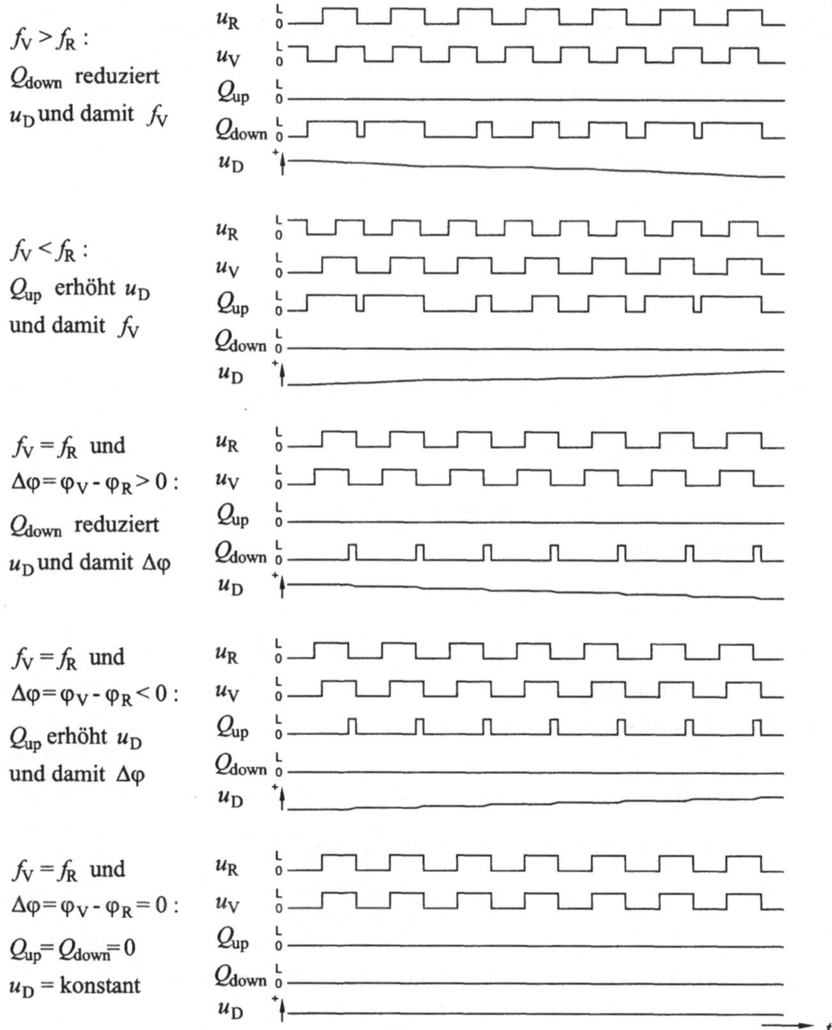

Figur 3.32 Eingangs- und Ausgangssignale des digitalen Phasen-Frequenz-Diskriminators für die Fälle $f_R > f_V$, $f_R < f_V$, $f_R = f_V$ mit $\varphi_V > \varphi_R$, $\varphi_V < \varphi_R$ und $\varphi_V = \varphi_R$ (Frequenzregelung eingerastet)

Im eingerastetem Zustand ist die Phasendiskriminatorkonstante K_D

$$K_D = \frac{i_{out}}{\Delta\varphi} = \frac{I_o}{2\pi} \tag{3.56}$$

3.4.2 Phasenregelkreis mit digitalem Phasen-Frequenzdiskriminator

Figur 3.33 zeigt einen Phasenregelkreis mit einem Phasen-Frequenzdiskriminator sowie einem Frequenzteiler. Wir betrachten hier den Pull-In-Vorgang, d.h. das Verhalten des PLL bei einem grossen Frequenzunterschied $f_R - f_V$.

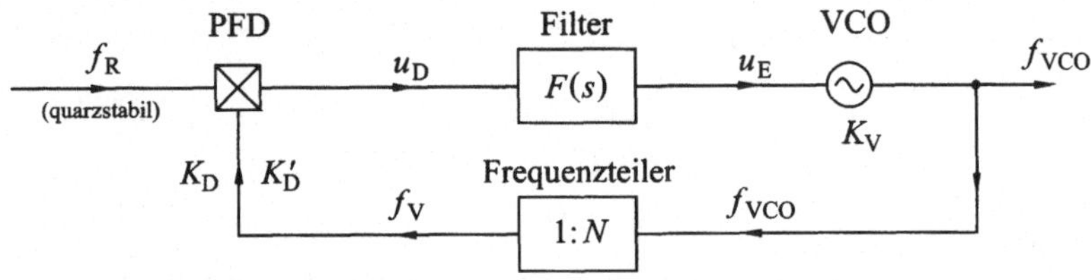

Figur 3.33 Phasenregelkreis mit Phasen-Frequenzdiskriminator und Frequenzteiler.

Zu Beginn sind die Frequenzen

$$\omega_R = \omega_o + \Delta\omega_R \tag{3.57}$$

$$\omega_{VCO} = N\,\omega_o + \Delta\omega_{VCO} \tag{3.58}$$

Die Frequenzabweichung ω_E ist

$$\omega_E = \omega_R - \omega_V = \Delta\omega_R - \frac{\Delta\omega_{VCO}}{N} \tag{3.59}$$

Im ausgerasteten Zustand ist der PFD-Übertragungsfaktor K'_D (Frequenzdiskriminatorkonstante) eine nichtlineare Funktion der Frequenzabweichung ω_E. Vereinfachend setzen wir eine linearisierte Charakteristik voraus

$$u_D = K'_D\,\omega_E \tag{3.60}$$

mit K'_D = PFD-Übertragungsfaktor im ausgerasteten Zustand, $[K'_D] = \mathrm{Vs}$

Im Laplace-Bereich ist die Frequenzabweichung $\tilde{\omega}_E(s)$

$$\tilde{\omega}_E(s) = \frac{\Delta\tilde{\omega}_R(s)}{1 + \frac{K_V K'_D F(s)}{N}} \tag{3.61}$$

Als Regelfilter wird wieder das aktive PI-Filter nach (3.44) verwendet:

$$F(s) = \frac{1 + s\tau_2}{s\tau_1} \tag{3.62}$$

Der Pull-In-Vorgang entspricht der Schrittantwort der Referenzfrequenz $\Delta\omega_R$:

$$\Delta\tilde{\omega}_R(s) = \frac{\Delta\omega_{RS}}{s} \tag{3.63}$$

(3.61) wird mit (3.62) und (3.63) zu

$$\omega_E(s) = \frac{\frac{N\tau_1}{K_V K_D'} \Delta\omega_{RS}}{1 + s\left(\tau_2 + \frac{N\tau_1}{K_V K_D'}\right)} \tag{3.64}$$

(3.64) stellt die Laplace-Transformierte einer exponentiell abklingenden Funktion dar.

$$\omega_E(t) = K\,e^{-t/\tau_p} \tag{3.65}$$

mit der Pull-In-Zeitkonstanten τ_p

$$\tau_p = \tau_2 + \frac{N\tau_1}{K_V K_D'} \tag{3.66}$$

> Der PLL mit digitalem PFD rastet bei grosser Frequenzabweichung mit der Pull-In-Zeitkonstanten τ_p ein: $\tau_p = \tau_2 + \frac{N\tau_1}{K_V K_D'}$

Für die Pull-In-Zeitkonstante τ_p wie auch für die Zeitkonstante τ_2 gilt: $\tau_p, \tau_2 > 1/\omega_R$, da im Phasen-Frequenzdiskriminator und im Regelfilter die VCO-Steuerspannung über einige Perioden des Referenzsignals gemittelt werden muss.

Im eingerasteten Zustand verhält sich der digitale PFD wie ein reiner Phasendiskriminator. Für kritische Dämpfung gilt:

$$\xi = \tau_2 \sqrt{\frac{K_V K_D}{N\tau_1}} = \sqrt{2} \tag{3.67}$$

Gegenüber der Gleichung (3.47) tritt in (3.67) der Frequenzteilfaktor N auf.

3.5 Rauschverhalten von PLL-stabilisierten Oszillatoren

Mit einem Phasenregelkreis PLL wird das Rauschverhalten von Mikrowellenoszillatoren wesentlich beeinflusst. In Figur 3.34 sind verschiedene Fälle schematisch dargestellt. Gemäss dem Leeson-Modell des Oszillatorrauschens zeigt der frei laufende VCO eine Rauschbandbreite entsprechend der Resonatorbandbreite Δf_R. Wird die Phase des VCO geregelt, kann innerhalb der Reglerbandbreite das VCO-Rauschen im Idealfall bei sehr grosser Regelverstärkung weitgehend unterdrückt werden. Figur 3.34b zeigt diesen Fall, wobei die Regelbandbreite f_{PLL} kleiner ist als die halbe Resonatorbandbreite Δf_R. Es zeigt sich dann die für PLL übliche Überhöhung der Rauschleistungsdichte im Bereich von f_{PLL} bis $\Delta f_R/2$.

Auch ein rauscharmer Referenzoszillator, wie z.B. ein Quarzoszillator weist ein Oszillatorrauschen auf, allerdings mit einer viel kleineren Bandbreite als ein typischer VCO im Mikrowellenbereich. In Figur 3.34c ist der Fall mit einem rauscharmen Referenzoszillator dargestellt, wobei die Referenzfrequenz der VCO-Frequenz entspricht. Bei diesem etwas hypothetischen Fall ist das Rauschen des Referenzoszillators mit der Rauschbandbreite Δf_N unverändert am Ausgang des PLL-stabilisierten VCO sichtbar. Mit dem in praktischen Schaltungen immer vorhandenen Frequenzteiler im Regelkreis wird die VCO-Frequenz durch den Faktor N geteilt.

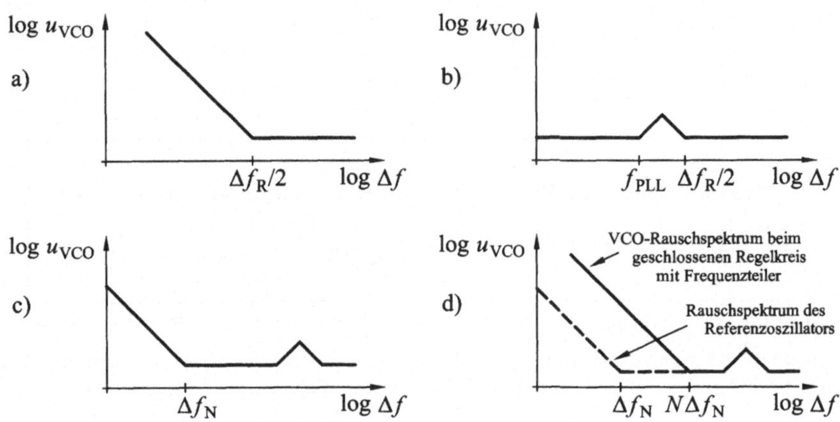

Figur 3.34 Rauschverhalten des PLL-Synthesizers. a) Rauschen des unstabilisierten VCO; b) Rauschen des PLL-Synthesizers mit idealem rauschfreien Referenzoszillator; c) Rauschen des PLL-Synthesizers mit rauschendem Referenzoszillator, ohne Frequenzteilung; d) Rauschen des PLL-Synthesizers mit rauschendem Referenzoszillator und Frequenzteilung um den Faktor N.

Mit der durch diesen Teilfaktor bestimmten Frequenzvervielfachung von der Referenzfrequenz auf die VCO-Frequenz werden auch Phasenabweichungen des Referenzoszillators mit dem Faktor N multipliziert. Jede vom Referenzoszillator über den Regelkreis verursachte Frequenzabweichung des VCO wird ebenfalls durch diesen Faktor geteilt.

In Figur 3.34d ist das Spektrum des VCO mit Frequenzteilung dargestellt. Ganz offensichtlich wird durch die Frequenzteilung die totale vom Referenzoszillator verursachte Rauschleistung mit dem Faktor N^2 multipliziert. Aus diesem Grund ist es also vorteilhaft, jeden PLL-stabilisierten VCO mit einer möglichst hohen Referenzfrequenz zu betreiben.

3.6 Verschiedene Synthesizertypen

In der Praxis wird häufig die Aufgabe gestellt, mit einem Synthesizer in einem Mikrowellenband ein feines Frequenzraster herzustellen. Nach den bisherigen Ausführungen müsste ein solcher Synthesizer nach dem in Figur 3.35 dargestellten Beispiel realisiert werden.

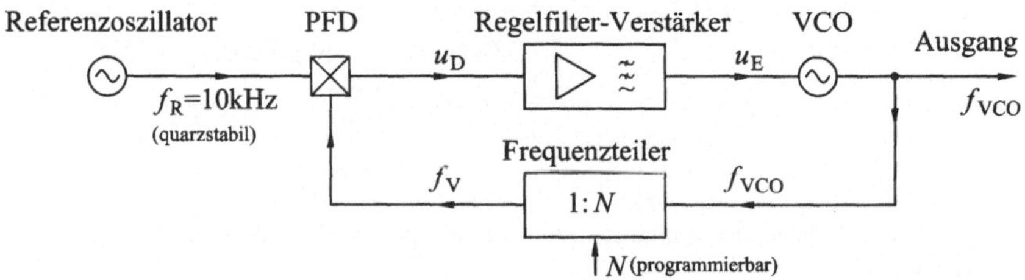

Figur 3.35 Beispiel eines PLL-stabilisierten VCO mit einer VCO-Frequenz von 2 GHz und einem einstellbaren Frequenzraster von 10 kHz.

Bei einem gegebenen Frequenzraster von 10 kHz und einer VCO-Mittenfrequenz von 2 GHz müsste also eine Referenzfrequenz von 10 kHz mit einem programmierbaren ganzzahligen Frequenzteiler mit Teilfaktoren im Bereich von $2 \cdot 10^5$ gewählt werden. Diese Lösung hat folgende Nachteile:

1. Eine niedrige Referenzfrequenz verlangt eine niedrige PLL Regelbandbreite, was eine hohe Frequenzakquisitionszeit zur Folge hat.

2. Mit der niedrigen Regelbandbreite kann das Rauschen des frei laufenden VCO nur zu einem kleinen Teil unterdrückt werden.

3. Die Rauschleistung des Referenzoszillators wird um den grossen Faktor $N^2 = 4 \cdot 10^{10}$ verstärkt.

4. Ein voll programmierbarer Teiler mit einer Eingangsfrequenz von 2 GHz ist schwer herzustellen. Teiler mit nur einem oder wenigen umstellbaren Teilverhältnissen könnten aber auch noch bei höheren Frequenzen realisiert werden.

Aus diesen Gründen muss, je nach Anwendung des PLL, vom einfachsten Konzept nach Figur 3.35 abgewichen werden.

3.6.1 Nichtganzzahlige Frequenzteilung mit umschaltbarem Vorteiler

Das Problem der niedrigen Referenzfrequenz kann mit der nichtganzzahligen Frequenzteilung (Fractional N Synthesizer with Dual Modulus Prescaler) gelöst werden. Figur 3.36 zeigt das Blockschaltbild dieses Synthesizers. Das Schlüsselelement stellt dabei der umschaltbare Vorteiler dar, ein digitaler Frequenzteiler, der zwischen den Teilverhältnissen N und $N+1$ umgeschaltet werden kann.

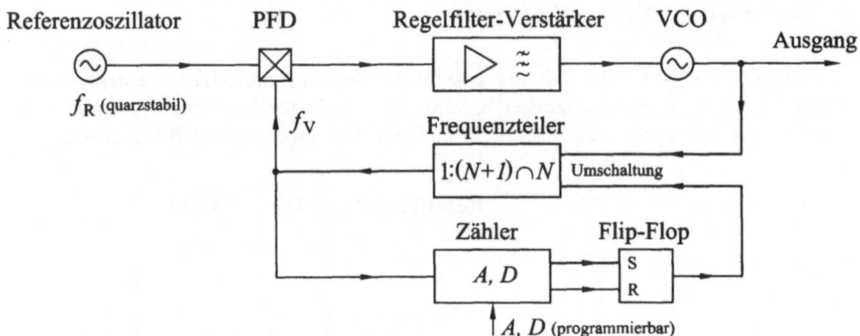

Figur 3.36 Synthesizer mit nichtganzzahliger Frequenzteilung und umschaltbarem Vorteiler.

Die Funktionsweise des Synthesizers ist wie folgt:

1. Start des Teilers mit dem Teilfaktor $N+1$.

2. Der programmierbare Zähler mit einem maximalen Zählbereich von D zählt von 0 bis A und setzt beim Stand A das Flip-Flop. Mit dem Flip-Flop wird der Vorteiler auf das Teilverhältnis N gesetzt.

3. Der Zähler zählt weiter von A bis D und stellt beim Stand D über das Flip-Flop den Vorteiler auf das Teilverhältnis $N+1$ sowie den eigenen Zählerstand auf 0.

Ein voller Zyklus von T Eingangsimpulsen setzt sich wie folgt zusammen:

$$T=(N+1)A+N(D-A)=A+DN \tag{3.68}$$

Der volle Zyklus liefert an den PFD D Ausgangsimpulse. Das mittlere Teilverhältnis F ist also:

$$F=\frac{T}{D}=N+\frac{A}{D} \tag{3.69}$$

Mit $N=10$, $D=100$ und $A=1...100$ können z.B. alle dekadischen Teilverhältnisse von F = 10.01 bis 11.00 in Schritten von 0.01 hergestellt werden.

Dieser Teiler erlaubt also nichtganzzahlige Teilverhältnisse und zudem braucht nur der Vorteiler bei der maximalen Frequenz, der VCO-Frequenz zu arbeiten; die Eingangsfrequenz des programmierbaren Zählers ist um den Faktor des Vorteilers reduziert. Der Zähler kann z.B. mit einer kostengünstigen CMOS-Technologie realisiert werden.

Der einzige Nachteil dieses Synthesizers besteht darin, dass die Frequenz f_V der Ausgangsimpulse über den Zyklus T variiert, da das Teilverhältnis zwischen N und $N+1$ umgeschaltet wird. Bei einer sehr schnellen Regelung wird also der VCO zwischen zwei Frequenzen umgeschaltet und nur die mittlere Frequenz entspricht der gewünschten. Eine Reduktion der Regelbandbreite wäre keine geeignete Massnahme.

Es gibt zwei bekannte Modifikationen zur Lösung des Problems:

1. Nach der beschriebenen Funktionsweise akkumuliert der VCO über eine Periode von T Impulsen des VCO einen Phasenfehler, wie in Figur 3.37 dargestellt.
Da zu jedem Zeitpunkt der Phasenfehler bekannt ist und aus dem Zählerstand ermittelt werden kann, kann im PLL-Kreis vor dem VCO eine analoge Korrekturspannung addiert werden. Diese Korrekturspannung muss "Open Loop" mit hoher Präzision hergestellt werden und verlangt einen gewissen analogen Schaltungsaufwand.

2. Der maximale Phasenfehler nach Figur 3.37 kann kleiner gehalten werden, wenn innerhalb des Zyklus von T Eingangsimpulsen der Vorteiler häufiger umgeschaltet würde. Mit geeigneten Algorithmen für die Umschaltung des Vorteilers wird in neuesten Fractional N-Synthesizern erreicht, dass das zusätzliche Phasenrauschen in Trägernähe unterdrückt wird ($\Sigma\Delta$ -Fractional N Synthesizer).

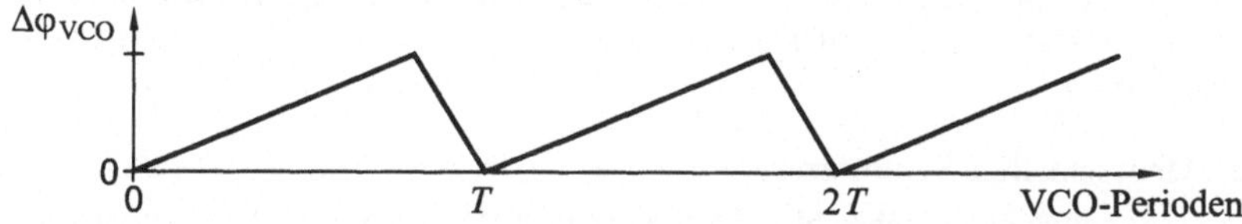

Figur 3.37 Phasenfehler des Synthesizers mit nichtganzzahliger Frequenzteilung.

3.6.2 Ganzzahlige programmierbare Frequenzteilung mit umschaltbarem Vorteiler

Der Dual-Modulus Prescaler kann auch eingesetzt werden, um bei ganzzahligen Teilern den programmierbaren Teil nur auf langsame niederfrequente Impulsfolgen zu beschränken. Figur 3.38 zeigt den Synthesizer mit ganzzahliger Teilung und Prescaler.

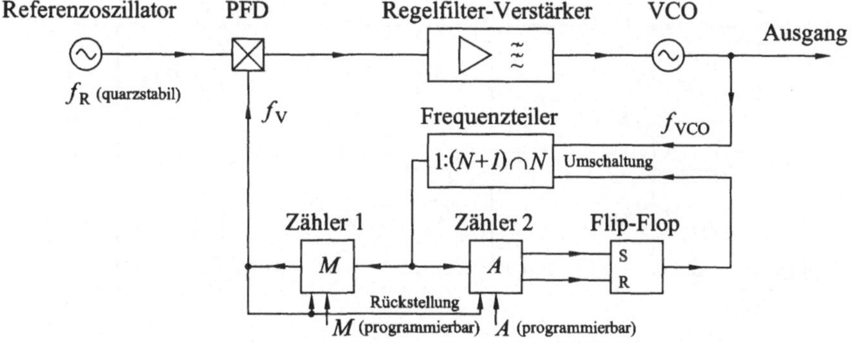

Figur 3.38 Synthesizer mit ganzzahliger Frequenzteilung und Dual-Modulus Prescaler.

Die Funktionsweise ist wie folgt:

1. Der Vorteiler startet mit dem Teilverhältnis $N+1$.

2. Der Zähler 2 zählt von 0 bis A und stellt beim Stand A den Vorteiler auf den Teilfaktor N.

3. Der Zähler 1 zählt bis M, stellt den Teiler auf den Teilfaktor $N+1$ und setzt beide Zähler 1 und 2 auf 0.

Ein ganzer Zyklus umfasst die folgende Anzahl Eingangsimpulse T:

$$T=(M-A)N+A(N+1)=MN+A \tag{3.70}$$

Mit beispielsweise $N=10$, $M=100$ und $A=1...100$ wird $T=$ 1001...1100.

Mit diesem Synthesizer können lückenlose ganzzahlige Teilverhältnisse realisiert werden und die programmierbaren Zähler brauchen nur Signale niedriger Frequenzen zu verarbeiten. In den kommerziell verfügbaren Dual Modulus Prescaler ist N ein Potenz von 2 (8, 16, 32 usw.)

3.6.3 Mehrschleifige Synthesizer

Der relativ aufwändige mehrschleifige Synthesizer (Multiloop Synthesizer) ist für sehr hohe Ansprüche an Rasterfeinheit, Rauschen und Umschaltgeschwindigkeit geeignet. Bei diesem Synthesizer wird ein grosser Frequenzbereich mit feinem Raster durch eine mehrstufige Frequenzsynthese mit Frequenzteilung zwischen den Stufen erreicht.
Das Prinzip des mehrschleifigen Synthesizers ist in Figur 3.39 anhand eines Beispiels dargestellt.

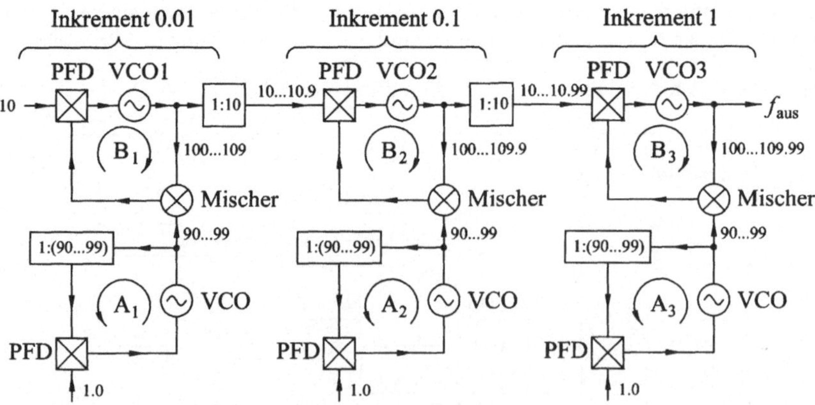

Figur 3.39 Mehrschleifiger dekadischer Synthesizer mit programmierbaren Schleifen $A_{1..3}$ und Nachlaufschleifen $B_{1..3}$.

Die einzelnen Stufen des Synthesizers bestehen aus je einer programmierbaren Schleife (Programable Loop) und einer Nachlaufschleife (Tracking Loop).

Die Frequenzen sind jeweils dimensionslos angegeben; sie könnten als Beispiel mit der Dimension MHz versehen sein. Nach Figur 3.39 wird mit der programmierbaren Schleife A_1 der untersten Stufe der Frequenzbereich 90...99 in Schritten von 1 hergestellt. In der Nachlaufschleife B_1 wird dieser Frequenzbereich der Eingangsfrequenz 10 mittels einem PLL addiert. Die Ausgangsfrequenz der Nachlaufschleife B_1 wird durch den Faktor 10 geteilt und der resultierende Bereich von 10...10.9 wird der Nachlaufschleife B_2 der mittleren Stufe zugeführt. Die mittlere Stufe weist die gleiche programmierbare Schleife A_2 auf und in der Nachlaufschleife der mittleren Stufe B_2 werden die beiden Frequenzraster 10...10.9 und 90...99 addiert und über einen weiteren Teiler durch den Faktor 10 der nächsten Stufe übergeben, wo die dritte Dekade des Frequenzrasters zugefügt wird.

Die Vorteile dieses mehrschleifigen Synthesizers sind:

1. Die Schaltung ist aus nur zwei Typen von PLLs aufgebaut: Nachlaufschleife und programmierbare Schleife.

2. Das Rauschspektrum wird praktisch nur von der programmierbaren Schleife der Ausgangsstufe mit dem relativ kleinen Frequenzmultiplikationsfaktor 100 bestimmt.

3. In den einzelnen Stufen ist der Frequenzmultiplikationsfaktor relativ niedrig und die Referenzfrequenz hoch. Die Einrastzeit bei Frequenzwechsel ist damit entsprechend kurz.

Ein Problem der Nachlaufschleife ist in der Schaltung nach Figur 3.40 allerdings noch nicht angesprochen und nicht gelöst: In den Nachlaufschleifen wird jeweils vorausgesetzt, dass die von der programmierbaren Schleife gelieferte Frequenz um 10 unter der VCO-Frequenz der Nachlaufschleife liegt.

Die Nachlaufschleife könnte aber auch bei einer Frequenzdifferenz von –10 einrasten. Um dieses Einrasten auf der "falschen Seite" zu verhindern, wird beim Mischer der Nachlaufschleife ein Hilfsfrequenzdetektor nach Figur 3.40 eingesetzt.

Dieser Detektor öffnet bei falschem Vorzeichen der Frequenzdifferenz beim Mischer den Schalter S. Damit kann die Nachlaufschleife nur einrasten, wenn die Frequenzdifferenz das richtige Vorzeichen aufweist.

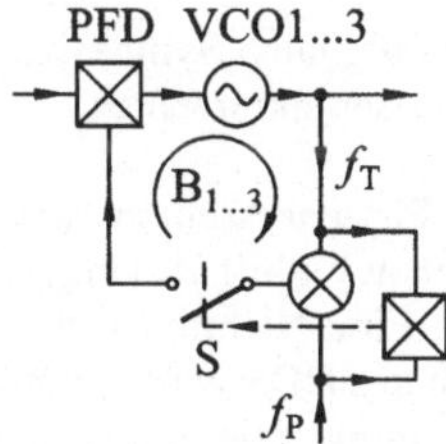

Figur 3.40 Hilfsfrequenzdetektor in der Nachlaufschleife verhindert das unerwünschte Einrasten der Nachlaufschleife auf der Seite der Spiegelfrequenz.

3.6.4 Digitale Synthesizer

Zuletzt soll der Synthesizer modernster Bauform, der digitale Synthesizer (DDS: Direct Digital Synthesizer) [10] beschrieben werden. Mit den Fortschritten auf dem Gebiet der digitale Signalprozessierung ist es möglich geworden, Signale grosser Bandbreiten digital zu synthetisieren. Mit Signalprozessoren, die Taktraten aufweisen, die wesentlich grösser sind als die Breiten der gewünschten Frequenzraster, lassen sich Synthesizer voll digital herstellen. Die DDS sind sowohl bezüglich des Phasenrauschens wie auch der Frequenzumschaltzeit dem mehrschleifigen Synthesizer überlegen. Figur 3.41 zeigt das Blockschaltbild des digitalen Synthesizers.

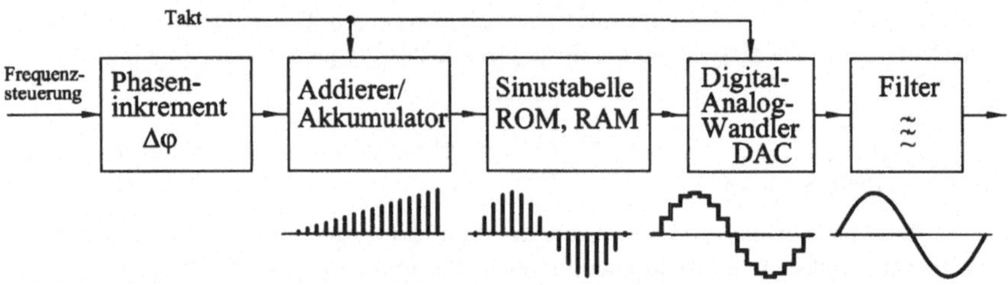

Figur 3.41 Blockschaltbild des digitalen Synthesizers.

In einem Register wird das Phaseninkrement gespeichert und mit jedem Takt im Addierer/Akkumulator addiert. Mit dem Ausgang des Akkumulators wird eine Sinustabelle ausgelesen und der entsprechende Wert mit einem DAC (Digital-Analog-Wandler) in ein analoges Signal konvertiert, das mit einem Tiefpassfilter "geglättet" wird.
Im DDS erfolgt eine Frequenzänderung mit minimal möglicher Verzögerung, wie dies im Beispiel nach Figur 3.42 dargestellt ist.

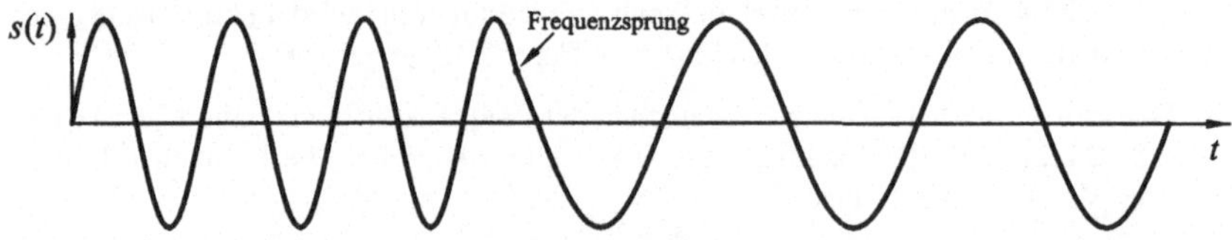

Figur 3.42 Ausgangssignal des digitalen Synthesizers bei einem abrupten Frequenzsprung durch Änderung des Phaseninkrementes.

Mit einem prozessorgesteuerten Phaseninkrement können die Modulationsarten PSK (Phase Shift Keying), FSK (Frequency Shift Keying), Chirp etc. realisiert werden. Der DDS verlangt hochpräzise DACs. Eine Nichtlinearität des DAC führt zu harmonischen Nebenwellen. Das Phasenrauschen des DDS wird hauptsächlich vom Phasenrauschen des Taktgenerators (Phase Jitter) bestimmt. Die Rauschbandbreite des Taktgenerators erscheint am DDS-Ausgang um den Faktor N_s reduziert, wobei N_s die Anzahl Abtastpunkte pro Periode des Ausgangssignals ist. Zur Zeit sind DDS erhältlich mit maximalen Signalfrequenzen von 600 MHz. Ein

DDS-erzeugtes Signal lässt sich nach Figur 3.43 mit einem PLL in den Mikrowellenbereich verschieben.

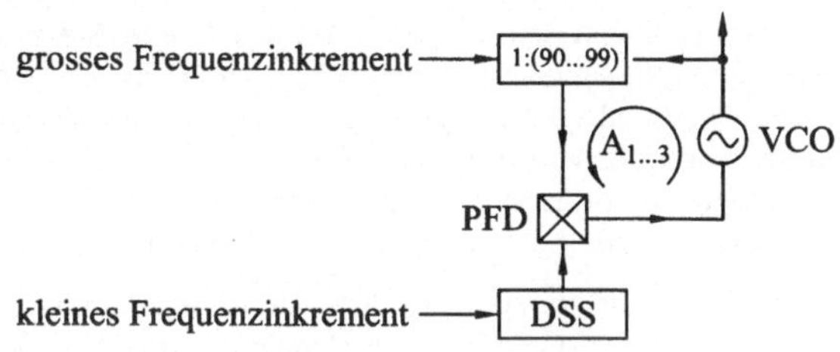

Figur 3.43 Konversion des DDS-Signals in den Mikrowellenbereich.

Literatur

[1] B. van der Pol: Proc. IRE, vol 22, pp. 1051, 1934.

[2] F.K. Kneubühl: *Oscillations and Waves*, Springer, Berlin, 1997, ISBN 3-540-62001-X.

[3] W. Bächtold: *Mikrowellentechnik*, Vieweg, uni-script, Braunschweig/Wiesbaden, 1999, ISBN 3-528-07438-8.

[4] D. Kajfez, P. Guillon: *Dielectric Resonators*, Artech House, Dedham, 1986.

[5] D.B. Leeson, "A simple model of feedback oscillator noise spectrum", Proc. IEEE, vol. 54(2), No. 2, pp 329-330, 1966.

[6] T.H. Lee, "Oscillator phase noise: a tutorial", IEEE Journal of Solid State Circuits, vol. 35, no. 3, pp 326 – 336, 2000.

[7] R. Best: *Theorie und Praxis des Phase Locked Loop*, Fachschriftenverlag Aargauer Tagblatt AG, Aarau, 1993.

[8] U.L. Rohde: *Microwave and Wireless Synthesizers: Theory and Design*, Wiley, New York, 1997, ISBN 0471-52019-5.

[9] R.C. Stirling: *Microwave Frequency Synthesizers*, Prentice-Hall, Inc., Englewood Cliffs, NJ, 1987.

[10] V.F. Kroupa: *Direct Digital Frequency Synthesizers*, IEEE Press, New York, 1999, ISBN 0-7803-3438-8.

[11] A. Hajimiri, T.H. Lee: *The Design of Low Noise Oscillators*, Kluwer Academic Publisher, Boston, 1999, ISBN 0-7923-8455-5.

4 Monolithisch integrierte Mikrowellenschaltungen

Die Mikrowellenelektronik macht seit ihrem Eindringen in den Massenmarkt mit den Anwendungen Mobilkommunikation, Satellitenfernsehen, GPS usw. den Trend der Elektronik mit ständig wachsender Leistungsfähigkeit bei abnehmendem Preis, Volumen und Verlustleistung in vorbildlicher Weise mit. Während die III-V-er Technologien zu immer höheren Frequenzen vordringen, stossen die Silizium-Bipolar- und CMOS-Technologien in die kommerziell interessanten Bänder im unteren GHz-Bereich nach.

Seit Beginn der 80er Jahre sind monolithisch integrierte Schaltungselemente (MMIC: Microwave Monolithic Integrated Circuits), wie Verstärker, Mischer, Schalter in Gallium-Arsenid-Technologie auf dem Markt. In den 90er Jahren hat auch die Siliziumtechnologie den Schritt in den Mikrowellenbereich ($f > 1\text{GHz}$) geschafft und heute sind monolithische Bauelemente auf der Basis von Silizium und Silizium-Germanium-Bipolar-Technologie sowie auch in zunehmendem Mass in Silizium-CMOS-Technologie erhältlich. Die Halbleiterkomponenten werden auf Mikrostreifensubstraten zu Systemen aufgebaut, die passive Mikrostreifenschaltungen, wie Filter und Koppler enthalten. Diese hybride Technologie, die Kombination von monolithisch integrierten Komponenten und passiven verteilten und konzentrierten Elementen auf Polymer- oder Keramiksubstraten, ist heute noch die dominierende Technologie der Mikrowellenelektronik. Der Trend geht aber eindeutig in Richtung höherer monolithischer Integration von ganzen Mikrowellensystemen auf der Basis der Silizium- oder Gallium-Arsenid-Technologie.

Die Vorteile der höheren Integration sind offensichtlich:

- Mit wenigen oder einer einzigen MMIC-Schaltung werden, bei Beherrschung der Halbleiterprozesse und genügend hoher Ausbeute, die Kosten gesenkt, da sich der Aufwand für das Packaging reduziert.

- Indem in einer monolithischen Schaltung die Verbindungen zwischen einzelnen Schaltungen auf dem gleichen Chip sehr kurz und mit gut definierter Geometrie gehalten werden können, müssen diese Verbindungen nicht in der für hybride Schaltungen üblichen 50Ω-Technik ausgeführt werden. Damit können Einsparungen in der Anzahl Elemente und in der Verlustleistung erzielt werden.

- Mit der miniaturisierten Bauweise auf dem Chip können breitbandigere Systeme als mit der hybriden Bauweise realisiert werden.
- Die auf den Mikrometerbereich skalierten Leiterstrukturen auf einem MMIC lösen das Problem der elektromagnetischen Kopplungen in einer Schaltung in einem grossen Frequenzbereich.

- Beim Entwurf von komplexeren Schaltungen auf einem Chip kann vom Tracking-Verhalten der Bauelemente Nutzen gezogen werden, d.h. von der Tatsache, dass sich die Parameter von benachbarten Bauelementen nur wenig unterscheiden, auch wenn sie vom Nominalwert abweichen.

Diesen genannten Vorteilen der MMIC-Technik stehen auch Nachteile gegenüber, die den Schaltungsentwerfer vor neue Probleme stellen:

- Die miniaturisierten Onchip-Leitungen zeigen grössere Dämpfungen als die Leitungen üblicher Dimensionen auf Polymer- und Keramiksubstraten. Onchip-Leitungselemente und Spiralinduktivitäten zeigen daher nur bescheidene Güten.

- Auf Halbleitersubstraten lassen sich die Hochfrequenzfilter hoher Güte (keramische und SAW-Filter) nicht monolithisch integrieren. Auch in den modernsten Mikrowellenschaltungen müssen Filter in hybrider Bauweise mit MMICs kombiniert werden.

- Während das isolierende GaAs-Grundmaterial der monolithischen Gallium-Arsenid-Technologie ein hochwertiges Substrat bezüglich Hochfrequenzeigenschaften darstellt, ist das Substrat von Silizium-basierten MMICs stark verlustbehaftet und verlangt im Schaltungsentwurf besondere Aufmerksamkeit.

- Die Chipfläche ist teurer als die Substratfläche eines Polymer- oder Keramiksubstrates. Der Platzbedarf vieler Mikrowellenschaltungen wird von den passiven Elementen bestimmt. Ausgesprochen kostenintensiv sind Spiralinduktivitäten und verteilte Elemente wie Sektorleitungen, Parallelleitungskoppler, Sprossenkoppler usw.

- Die Integration grösserer Schaltungen auf einem Chip verlangt neue Testmethoden und -strategien.

Der typische Ablauf des Entwurfs und der Realisierung von MMICs ist in Figur 4.1 dargestellt.

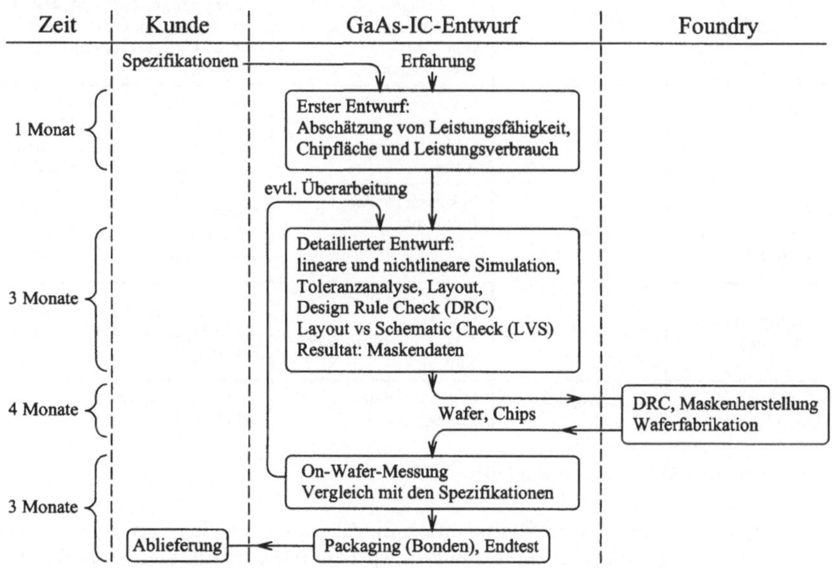

Figur 4.1 Ablauf des Entwurfs und der Realisierung von MMICs.

Die Entwicklung und der Entwurf von MMIC ist heute noch ein aufwändiger kostenintensiver Prozess, der vom Schaltungsentwerfer wesentlich mehr Kenntnisse auf der Stufe der Bauelemente verlangt als z.B. der Entwurf von digitalen CMOS-Schaltungen. Dabei bleibt aber die Komplexität, d.h. die Anzahl der Bauelemente eines MMICs um Grössenordnungen unterhalb derjenigen von Digitalschaltungen.

Die Tabelle 4.1 zeigt die heute (2002) zur Verfügung stehenden MMIC-Technologien.

Technologie	Einsatzbereich	Stand	Bemerkungen
Silizium-Bipolar und CMOS	≦ 6 GHz	Sehr ausgereift, kommerziell verfügbar, gute CAD-Unterstützung.	BJT: hohe Verstärkung, kleine Toleranzen, Si-Substrat: stark verlustbehaftetes Dielektrikum. Sehr hohe Maskenkosten für kundenspezifische MMICs. Geeignet für gemischt analog/digitale Schaltungen
Silizium-Germanium-Bipolar (SiGe)	≦ 10 GHz	In kurzer Zeit auf hohen Stand entwickelt. CAD-Unterstützung im Aufbau.	Sehr teuer. Geeignet für gemischt analog/digitale Schaltungen.
GaAs-MESFET	≦ 10 GHz	Ausgereift, kommerziell gut verfügbar für kundenspezifische MMICs. Gute CAD-Unterstützung.	Einfache Technologie: kostengünstig für kundenspezifische Schaltungen mit kleinen Stückzahlen. Geeignet für Leistungsverstärker
GaAs-HEMT	≦ 60 GHz	In kommerzieller Einführung. CAD-Unterstützung im Aufbau.	Teurer Prozess. GaAs HEMT: sehr gute Verstärkungs- und Rauscheigenschaften; geeignet für Leistungsverstärker.
GaAs-HeteroBipolartransistoren (HBT)	≦ 20 GHz	In kommerzieller Einführung. CAD-Unterstützung im Aufbau.	Geeignet für schnellste Digitalschaltungen, Oszillatoren und Leistungsverstärker.
Indium-Phosphid-HEMT (InP)	≦ 100 GHz	In kommerzieller Einführung. CAD-Unterstützung im Aufbau.	InP-HEMT: beste mm-Wellen-Kleinsignal- und Rauscheigenschaften.
Indium-Phosphid-HBT (InP)	≦ 50 GHz	In kommerzieller Einführung.	Geeignet für schnellste Digitalschaltungen.

Tabelle 4.1 MMIC-Technologien.

In diesem Kapitel wird eine Einführung in die Eigenschaften und den Entwurf von monolithisch integrierten Mikrowellenschaltungen gegeben. Für eine Einführung in die Technologie von MMICs wird auf die Literatur [2] verwiesen.

4.1 Gallium-Arsenid-MESFET-Technologie

Die Gallium-Arsenid-MESFET-Technologie ist zur Zeit die meistverwendete MMIC-Technologie. Figur 4.2 zeigt als Beispiel den Querschnitt durch eine moderne, relativ kostengünstige GaAs-MESFET-MMIC-Struktur [1], die Struktur des TQTRx-Prozesses von TriQuint Semiconductor, Inc., Beaverton OR, USA. Diese MESFET-Technologie basiert auf einem Prozess mit implantierten Kanälen. Die MESFETs weisen eine Gatelänge von 0.6 μm auf, eine im Vergleich mit modernen CMOS-Prozessen konservative und kostengünstige Lithographie. Zur Herstellung der MESFET-Kanäle werden zwei Ionenimplantierungen vorgenommen. Indem die beiden Implantierungen auch kombiniert werden können, können drei verschiedene Dosen und damit drei unterschiedliche MESFET-Schwellenspannungen hergestellt werden. Die verschiedenen MESFET-Typen werden als E-FET (enhancement FET) D-FET (depletion FET) und G-FET (deep depletion FET) bezeichnet.

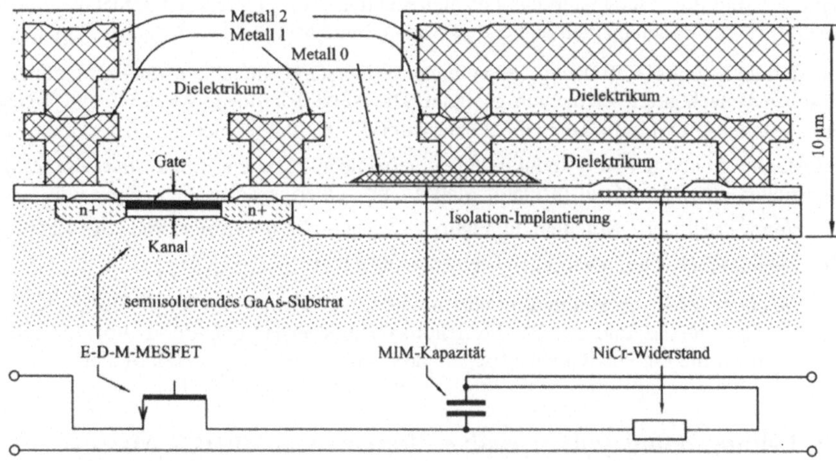

Figur 4.2 Querschnitt durch eine GaAs-MESFET-MMIC-Struktur.

Die entsprechenden Schwellenspannungen und Steilheiten sind in der Tabelle 4.2 angegeben.

MESFET-Typ	Schwellenspannung	Steilheit g_m pro Gatebreite
E-FET	+0.15 V	225 mS/mm
D-FET	-0.6 V	200 mS/mm
G-FET	-2.2 V	270 mS/mm

Tabelle 4.2 Elektrische Daten der verschiedenen MESFET-Typen.

Die Transitfrequenz der MESFETs liegt bei $f_T = 20\,\text{GHz}$, die maximale Oszillationsfrequenz bei $f_{max} = 40\,\text{GHz}$. Der E-FET mit einer Schwellenspannung von $+0.15\,\text{V}$ erlaubt nur einen kleinen Aussteuerbereich; liegt doch die maximale Gatespannung bei ca. $+0.7\,\text{V}$. Er ist damit für Schaltungen mit niedrigem Signalpegel geeignet. Der Vorteil der E-FET Schaltungen ist, dass sie mit nur einer positiven Spannungsquelle und relativ geringem Strom betrieben werden können. G-FETs sind wegen des hohen Aussteuerbereiches der Gatespannung für Leistungsstufen geeignet. Die GaAs-MESFET-Technologie liefert ohne zusätzlichen Aufwand eine sehr hochwertige Diode, die Schottky-Diode. Dazu wird der Schottky-Kontakt des Gate-Kanalübergangs verwendet; d.h. die Schottky-Diode ist ein MESFET mit verbundenem Source- und Drainkontakt.

In Mikrowellenschaltungen werden präzise kapazitätsarme Widerstände als Abschlusswiderstände und Lastwiderstände gebraucht. Der TQTRx-Prozess beinhaltet eine NiCr (Nickel-Chrom) – Widerstandsschicht mit einem Schichtwiderstand von $50\,\Omega/\square$. In Figur 4.2 sind drei Metallisierungsschichten sichtbar: Die dünne Kontaktmetallisierung Metall 0 zu den Bauelementen und die als Metall 1 und Metall 2 bezeichneten Schichten.

Die Metallisierung Metall 0 zeigt einen hohen Widerstand, sie ist nur für Verbindungen zwischen benachbarten Elementen geeignet. Die Metallisierungen Metall 1 und 2 sind sehr gut leitende Goldschichten von 2 bzw. $4\,\mu\text{m}$ -Dicke und werden als Speiseleitungen, verlustarme Leitungen und Induktivitäten verwendet. Kondensatoren sind als MIM-Kapazitäten (MIM: Metal-Insulator-Metal) mit einer spezifischen Kapazität von $1.2\,\text{nF/mm}^2$ realisiert. Mit dem in Figur 4.2 dargestellten Prozess sind alle für eine Mikrowellenschaltung notwendigen Elemente verfügbar.

Das für einen MMIC-Schaltungsentwurf nötige CAD-Modell für den MESFET wurde bereits in Kapitel 1.3 und das für die Schottky-Diode in [1] eingeführt. Im Folgenden betrachten wir die für MMICs spezifischen passiven Elemente und deren Modelle.

4.2 Leitungen und andere passive Elemente von MMICs, Massekontakt

Auf einer klassischen Mikrostreifenschaltung mit diskreten Komponenten ist die Masse sehr gut definiert: Sie besteht aus einer durchgehenden Metallisierung auf der Rückseite des Substrates. Sobald auf einem Trägersubstrat ein MMIC-Chip mit einer grösseren Schaltung und einem ausgedehnten Massekontakt aufgebracht wird, stellt sich die Frage nach der zweckmässigen Führung der Signalleitungen und des Massekontaktes.

Eine typische Montageform eines MMIC-Chips auf einem Mikrostreifensubstrat in COB–Technik (Chip on Board) ist in Figur 4.3 dargestellt.

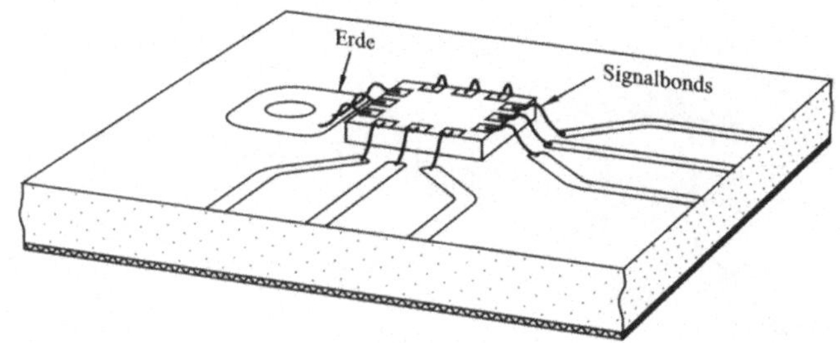

Figur 4.3 Montage eines MMIC-Chips auf einem Mikrostreifensubstrat in COB–Technik.

Figur 4.4 zeigt eine Drahtverbindung vom Substrat auf den Chip.

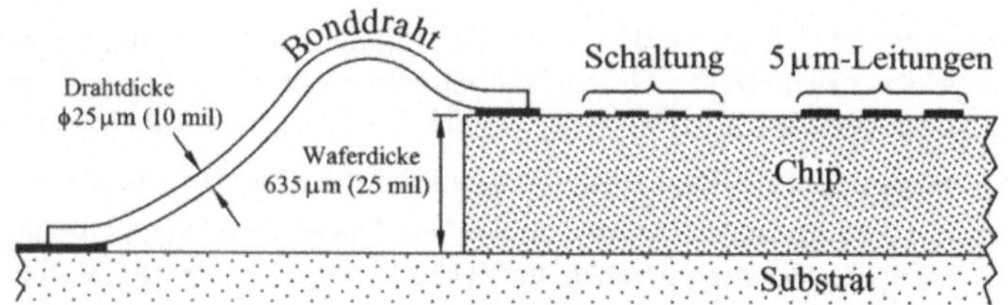

Figur 4.4 Typische Geometrie einer Bonddrahtverbindung vom Substrat auf den Chip.

Die als Signalbonds bezeichneten Drahtübergänge verhalten sich meistens induktiv. Ein besonderes Problem stellt die Massekontaktierung dar. Von der Rückseite des Substrates wird die Masse mit einem Metallzylinder auf die Oberfläche gebracht und mit einer Anzahl Bond-Verbindungen mit der Masse auf dem Chip verbunden. Dieser aus mehreren Bonddrähten bestehende Massekontakt ist in der Praxis induktiv. Leitungen auf einer MMIC-Schaltung mit dem Massekontakt auf der Chipoberseite haben den Charakter von unsymmetrischen Koplanarleitungen. Der Signal- und Massekontakt vom Substrat auf den Chip stellt also eine markante Leitungsdiskontinuität mit entsprechendem Reflexionsverhalten dar. Es ist nun möglich, auch auf dem Chip eine mikrostreifenähnliche Geometrie zu realisieren, indem die Rückseite des Chips als Massekontakt ausgebildet wird. Ein solcher mit rückseitiger Metallisierung versehener Chip kann direkt auf den Massekontakt des Substrates gesetzt werden, sodass ein grosser Teil der Induktivität der Masseverbindung entfällt. Auf dem Chip ist dann allerdings das Problem des Massekontaktes zwischen Chipoberseite zu Unterseite zu lösen.

Der TQTRx-Prozess und andere MMIC-Prozesse sind mit Grundplattenkontakten durch den Chip erhältlich, wie in Figur 4.5 dargestellt.

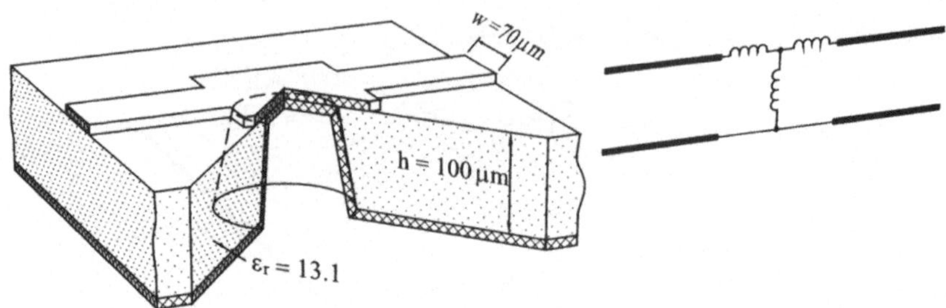

Figur 4.5 Chipdurchkontaktierung mit dem zugehörigen Ersatzschaltbild.

Bei diesen Prozessen, die für Anwendungen im mm-Wellenbereich geeignet sind, wird das Halbleitersubstrat nach Abschluss der Prozessierung auf der Oberseite auf ca. 100µm verdünnt und mit Durchkontaktierungslöchern (Via Holes) versehen. Mit der Metallisierung der Chiprückseite sind auch alle Durchkontaktierungslöcher metallisiert und der Kontakt zur rückseitigen Grundplatte ist hergestellt. Figur 4.5 zeigt das Ersatzschaltbild des Massekontaktes. Im Vergleich mit der typischen Induktivität von 1nH eines Bonddrahtes mit einer Bondlänge von 1mm wird mit der Chipdurchkontaktierung eine wesentliche Reduktion der Induktivität erreicht. Dieser Durchkontaktierungsprozess ist sehr aufwändig. Zudem beanspruchen die Via Holes eine erhebliche Chipfläche.

Neuere MMIC-Prozesse mit Betriebsfrequenzen im mm-Wellenbereich (>30GHz) machen vermehrt von der koplanaren Leitungsform (CPW) Gebrauch.

Figur 4.6 zeigt den geometrischen Aufbau von Mikrosteifen- und Koplanarleitungen.

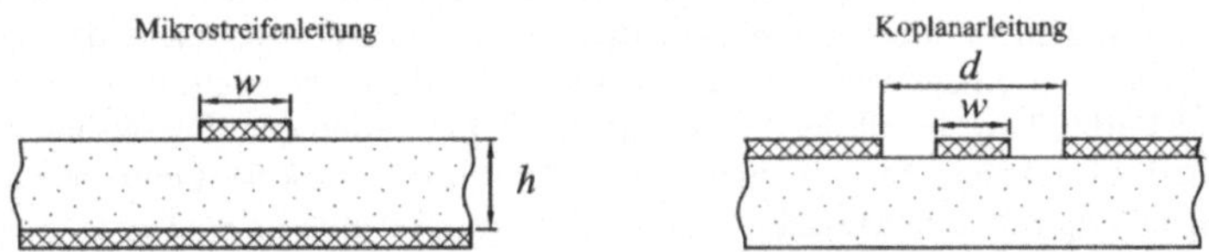

Figur 4.6 Geometrie von Mikrostreifen- und Koplanarleitungen.

Für die Dimensionierung von Koplanarleitungen auf GaAs oder InP (mit ähnlichen relativen Dielektrizitätskonstanten, $\varepsilon_{rGaAs} = 13.1$, $\varepsilon_{rInP} = 12.4$) gilt:

$$\varepsilon_{reff} = \frac{1}{2}(\varepsilon_r + 1) \tag{4.1}$$

$$Z_w = \frac{30\pi^2\Omega}{\sqrt{\varepsilon_{reff}}\,\ln\left(2\frac{1+\sqrt{w/d}}{1-\sqrt{w/d}}\right)} \tag{4.2}$$

Die Wellenimpedanz und der Kapazitätsbelag von Mikrostreifen- und Koplanarleitungen auf GaAs sind in Figur 4.7 dargestellt.

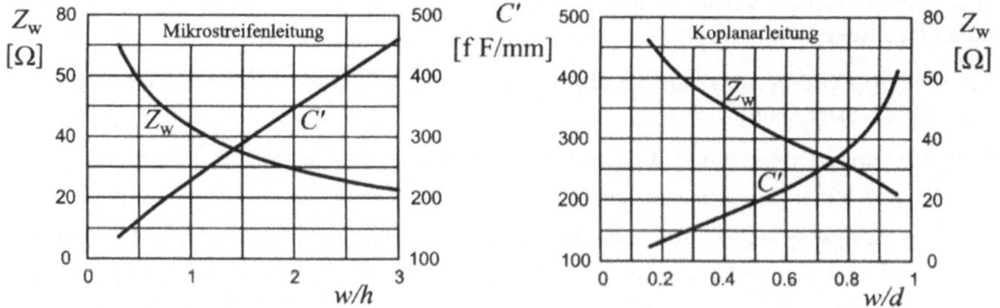

Figur 4.7 Wellenimpedanz Z_w und Kapazitätsbelag C' von Mikrostreifen- und Koplanarleitungen auf GaAs-Substrat.

Mit der hohen relativen Dielektrizitätskonstanten von GaAs und InP treten bei üblichen Dimensionen von Onchip-Leitungen bereits im mm-Wellenbereich höhere Wellentypen sowohl bei Mikrostreifen als auch bei Koplanarleitungen auf. In Figur 4.8 sind die Grenzfrequenzen des ersten höheren Wellentyps und die Leitungsverluste in Funktion der Leitungsabmessungen dargestellt [4,5]. Namentlich zeigt es sich, dass der Leitungsbreite der CPW-Leitung Grenzen gesetzt sind.

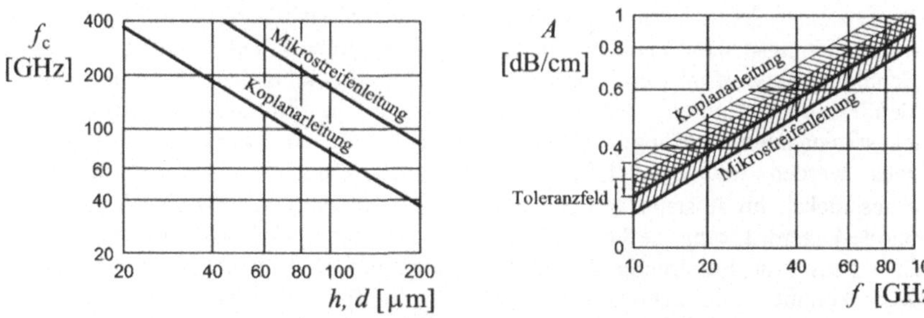

Figur 4.8 Grenzfrequenz f_c der höheren Wellentypen und Leitungsdämpfung A von Mikrostreifen- und Koplanarleitungen von auf GaAs und InP-Substraten für Wellenimpedanz $Z_w = 50\Omega$, Leiterbreite $w = 100\mu m$ und Metallisierungsdichte $1\mu m$ [4,5].

Häufig wird die gegenüber der CPW-Leitung niedrigere Dämpfung der Mikrostreifenleitung als Vorteil angeführt. Tatsächlich ist der Unterschied gering und fällt in der Praxis kaum ins Gewicht, wie aus Figur 4.8 entnommen werden kann.

Die dicken Linien in Figur 4.8 rechts geben die bestmöglichen theoretischen Werte für die Leitungsdämpfung ohne Berücksichtigung der Abstrahlung an. Die schraffierten Bereiche zeigen die praktischen Werte mit Berücksichtigung der Einflüsse von Abstrahlung, dielektrischen Verlusten und Ohmschen Verlusten der Metallschichten mit typischen Rauhigkeiten.

Als Onchip-Leitung weist die Koplanarleitung gegenüber der Mikrostreifenleitung die folgenden Vorteile auf:

1. Keine Notwendigkeit von Durchkontaktierungen durch den Chip, keine rückseitige Metallisierung.

2. Die Leitungsgeometrie ist skalierbar, d.h., wird eine sehr verlustarme Leitung gebraucht, dann kann diese mit einer grossen Breite realisiert werden, allerdings, gemäss Figur 4.8, limitiert durch die Grenzfrequenz f_c. Bei gegebener Wellenimpedanz und festgelegter Chipdicke ist die Breite der Mikrostreifenleitung eindeutig bestimmt.

Diesen Vorteilen stehen folgende Nachteile gegenüber:

1. In den zur Verfügung stehenden CAD-Programmen sind die Modelle für CPW-Leitungselemente wie Leitungsknick, T-Verzweigungen usw. weniger präzis und umfassend als die entsprechenden Mikrostreifenmodelle. Dieser Nachteil wird aber mit der Weiterentwicklung der CAD-Programme in kurzer Zeit verschwinden.

2. Die symmetrische Koplanarleitung ist eine Dreifachleitung. Neben dem gewünschten symmetrischen Wellentyp existiert auch der antimetrische Wellentyp mit stromlosem Mittenleiter und Gegenströmen in den Masseleitern. Dieser zweite Wellentyp ist der Wellentyp einer Schlitzleitung und wird daher auch Slotmode genannt. Der Slotmode wird bei Leitungsdiskontinuitäten, wie Leitungsknick oder T-Verzweigungen angeregt. Im Schaltungsentwurf müssen Massnahmen zur Unterdrückung des Slotmodes getroffen werden. Dazu steht nur eine Methode zur Verfügung: Die Einführung von Brückenkontakten, sogenannten Air Bridges zwischen den Massemetallisierungen nach Figur 4.9. Air Bridges werden bei jeder Leitungsdiskontinuität eingebaut, sowie auf geraden Leitungsstücken im Abstand von ca. $\lambda/50$. Diese einfache und effiziente Methode zur Slotmode-Unterdrückung verlangt aber eine zusätzliche Metallisierungsebene sowie einen Prozess zur Entfernung des Dielektrikums unter der Brücke. Der Air Bridge Prozess kommt hauptsächlich bei Technologien für den mm-Wellenbereich zur Anwendungen.

Figur 4.9 Koplanarleitung mit Kontaktbrücken (Air Bridges).

Mit der Koplanartechnik, die sowohl auf dem Chip als auch auf dem Board eingesetzt werden kann, lässt sich auch das Problem der Diskontinuität des Übergangs von Board zu Chip soweit lösen, dass reflexionsarme Chip-Board-Verbindungen bis zu Frequenzen $>100\text{GHz}$ möglich sind. Figur 4.10 zeigt schematisch die sogenannte Flip-Chip-Montage eines MMIC auf dem Substrat und die berechneten Transmissions- und Reflexionsfaktoren des Flip-Chip-Übergangs [6].

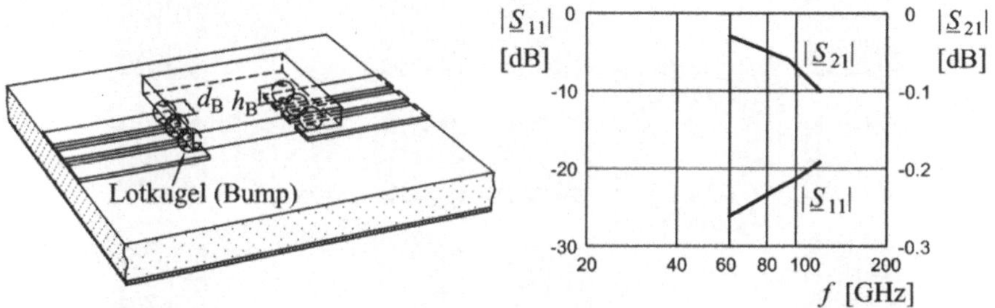

Figur 4.10 Flip-Chip montierter Chip mit Koplanarleitungen auf dem Substrat und dem Chip und berechnete Reflexions- und Transmissionsfaktoren für eine Höhe der Lotkugel von $h_B = 50\mu\text{m}$ und einen Abstand von $d_B = 90\mu\text{m}$.

Weitere reaktive Onchip-Elemente sind Induktivitäten und Kapazitäten. Induktivitäten werden meist als quadratische Spiralinduktivitäten realisiert. Wie bei hybrider Bauweise sind auch die integrierten Induktivitäten platzbeanspruchende Elemente mit relativ niedriger Güte. Figur 4.11 zeigt eine mit Air Bridge-Technik realisierte, in den Ecken abgestützte Induktivität und ihre Ersatzschaltung.

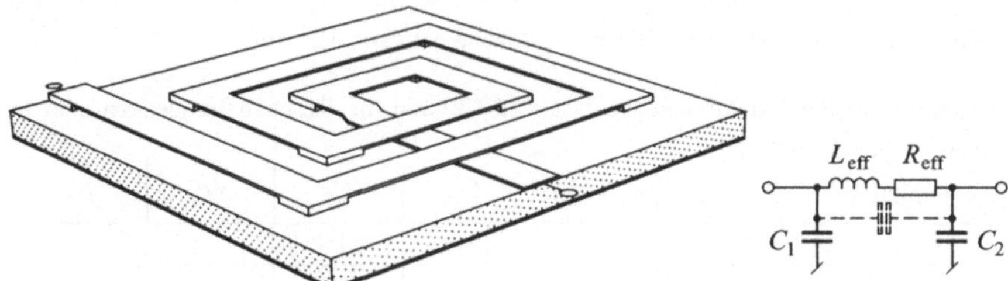

Figur 4.11 Spiralinduktivität mit in den Ecken abgestützten Air Bridges und Ersatzschaltbild.

Die exakte Berechnung der Induktivität und der Güte von Spiralinduktivitäten ist auch mit modernen Werkzeugen der numerischen Feldberechnung aufwändig. In den von den Herstellern zur Verfügung gestellten Bibliotheken von Modellen finden sich meist eine Anzahl von Induktivitäten, deren Modellparameter experimentell ermittelt wurden.

Das in Figur 4.11 gezeigte Ersatzschaltbild ist im Frequenzbereich bis zur halben Resonanzfrequenz der Induktivität genügend genau.

In Figur 4.12 sind als Beispiele zwei Spiralinduktivitäten von 7 nH und 0.56 nH, die mit dem TQTRx-Prozess (Metallisierung Metall 2) realisiert sind.

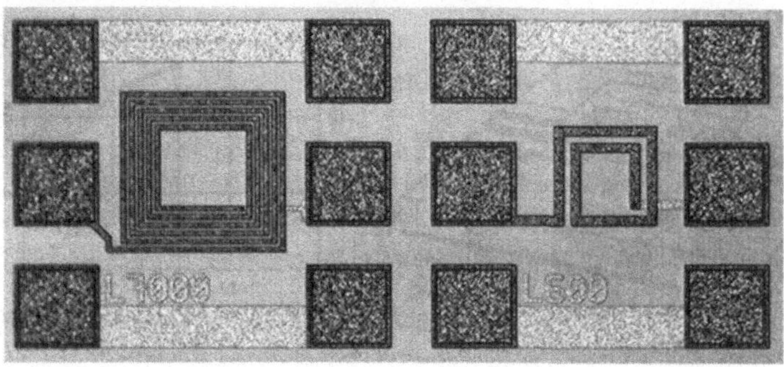

Figur 4.12 Spiralinduktivitäten von 7 nH und 0.56 nH hergestellt mit dem TQTRx-Prozess.

Masse der Induktivität 7 nH :

Linienbreite = Linienabstand = 5μm, Fläche = $200 \times 200\ \mu m^2$

Masse der Induktivität 0.56 nH :

Linienbreite = Linienabstand = 10μm, Fläche = $125 \times 125\ \mu m^2$

Die Parameter der Induktivitäten bei $f = 5\text{GHz}$ und die Resonanzfrequenzen sind in Tabelle 4.3 dargestellt.

Induktivität	L_{eff}	R_{eff}	C_1	C_2	Q	f_{res}
0.56 nH	0.56 nH	1 Ω	5.3 fF	8.1 fF	~18	~30 GHz
7 nH	7 nH	10 Ω	16.7 fF	23.6 fF	~22	~10 GHz

Tabelle 4.3 Elektrische Parameter der Induktivitäten bei $f = 5\text{GHz}$ nach Figur 4.12.

Die Güte der Induktivität ist $$Q \approx \frac{\omega L_{eff}}{R_{eff}} \quad (4.3)$$

Kapazitäten werden meist als MIM-Kapazitäten nach Figur 4.13 realisiert.

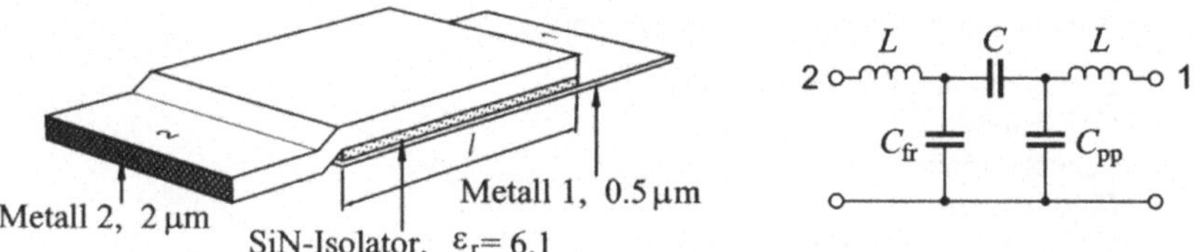

Figur 4.13 MIM-Kapazität mit Ersatzschaltbild.

MIM-Kapazitäten zeichnen sich durch eine hohe Güte $Q = G/(\omega C)$ aus. Typischerweise werden Werte von $Q > 50$ bei $f = 10\text{GHz}$ erreicht.

4.2.1 Überspannungsschutz auf dem Chip

Ein weiteres peripheres Element des MMIC ist der Überspannungsschutz (ESD, Electric Surge Discharge Protection). Bei der Montage und im Betrieb von MMICs können an Ein- und -ausgängen des Chips Überspannungen auftreten, die Schottky-Dioden und MESFETs zum Durchbrechen bringen können. In der MESFET-Technologie werden als Schottky-Dioden geschaltete MESFETs zum Überspannungsschutz eingesetzt. Figur 4.14 zeigt die Schaltung mit je einer in Sperrrichtung vorgespannten Schottky-Diode gegen die Masse und die positive Speisespannung.

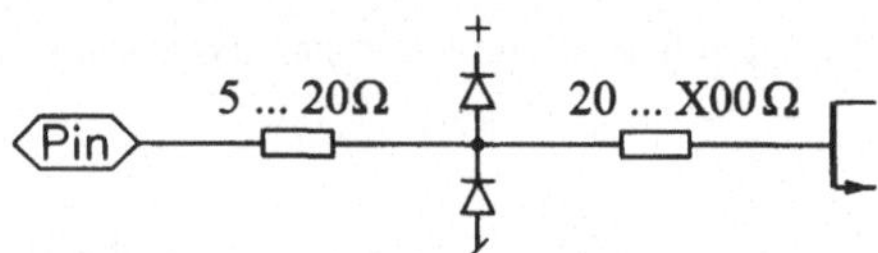

Figur 4.14 Überspannungsschutz auf einem MESFET-Chip, bestehend aus zwei in Sperrrichtung vorgespannten Schottky-Dioden.

Die Dimensionierung der Schutzdioden muss bei Ein- und Ausgängen mit Mikrowellensignalen sehr sorgfältig vorgenommen werden und ist ein Kompromiss zwischen Schutzwirkung und kapazitiver Belastung der zu schützenden Schaltung.

4.3 Typen von monolithischen Mikrowellenschaltungen

Monolithische Mikrowellenschaltungen können vereinfacht in drei Klassen eingeteilt werden:

1. *Analogschaltungen* sind für hochfrequente Signalverarbeitung ausgelegte Schaltungen mit den Elementen der konventionellen analogen ICs. Sie weisen keine reaktiven Elemente zur Anpassung von einzelnen Stufen auf, einzelne Stufen können also stark fehlangepasst sein. Kapazitäten werden zur Entkopplung der Speisung eingesetzt. Induktivitäten werden nur in Ausnahmefällen verwendet, wie z.B. in Resonatoren von Oszilla-

toren. Es kommen Gegenkopplungen und differentielle Schaltungstechnik zur Anwendung. Die Schaltungen sind äusserst kompakt, aber bezüglich Verlustleistung nicht optimal. Anwendungen der Analogschaltungen sind:

- Breitband- und Basisbandverstärker
- Oszillatoren
- Komparatoren
- Modulatoren
- Frequenzvervielfacher
- AD/DA-Wandler

Die Betriebsfrequenz f_B für Analogschaltungen mit MESFETs ist wesentlich tiefer als die Transitfrequenz f_T. Es gilt: $f_B < 0.3 f_T$

2. *Aktive Mikrowellenschaltungen* sind verstärkende Schaltungen bei denen die klassischen Methoden zur Leistungsanpassung und Entkopplung mit reaktiven konzentrierten und verteilten Elementen eingesetzt werden. Dagegen werden Gegenkopplungen sehr begrenzt nur über einzelne Transistoren angewandt. Die Anwendungen sind:

- Breitband bis Schmalbandverstärker
- Rauscharme Verstärker bis Leistungsverstärker
- Oszillatoren
- Modulatoren
- Frequenzvervielfacher

Die Betriebsfrequenz f_B für aktive Mikrowellenschaltungen mit MESFETs ist begrenzt auf $f_B < 0.6 f_T$.

3. *Passive Mikrowellenschaltungen* sind Schaltungen, bei denen die Transistoren die Funktionen von Schaltern und steuerbaren Widerständen haben. Dabei werden reaktive Elemente eingesetzt. Die Anwendungen sind:

- Steuerbare Attenuatoren
- Schalter
- Phasenschieber

Die Betriebsfrequenz kann die Transitfrequenz übersteigen: $f_B < 1.5 f_T$.

Die Übergänge zwischen den einzelnen Schaltungstypen sind naturgemäss fliessend.

4.4 Schaltungselemente von monolithischen Mikrowellenschaltungen

Im Folgenden werden lineare und nichtlineare MMIC-Schaltungselemente betrachtet. Wir beschränken uns dabei auf MESFETs und HEMTs als verstärkende Halbleiterbauelemente. Die Grundschaltungen von FETs sind bereits im Kapitel 2 vorgestellt worden.

4.4.1 Cascode-Schaltung, hochohmige aktive Last

Die Eigenschaften der Cascode-Schaltung wurden in Abschnitt 2.3.1 diskutiert. Die Cascode zeigt eine geringe Rückwirkungskapazität und ist am Ausgang hochohmig. Sie lässt sich mit einer MESFET- oder HEMT-MMIC-Technologie platzsparend realisieren, da der Cascode-FET als FET mit zwei Gates (Dual Gate FET) wenig Fläche beansprucht. In Figur 4.15 ist eine Cascodestufe mit einem FET als aktive Ausgangslast und einer geeigneten Vorspannungserzeugung für das Gate G_2 dargestellt.

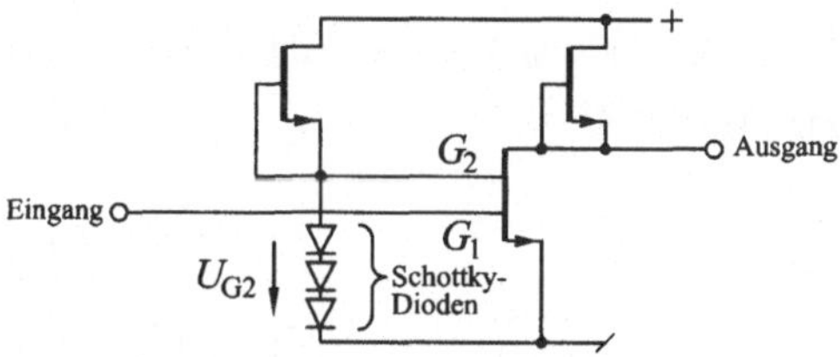

Figur 4.15 Cascode-Schaltung.

Die Vorspannung für G_2 wird mit drei in Serie geschalteten in Flussrichtung gespeisten Schottky-Dioden hergestellt. Die Diodenstrecke ist durch einen als Stromquelle geschalteten FET mit einem konstanten Strom gespeist. Das Gate G_2 ist somit auf einem Potential von ca. 2.1V und wechselstrommässig niederohmig mit der Erde verbunden.

In der Cascode-Schaltung nach Figur 4.15 bildet ein FET mit negativer Schwellenspannung, wobei Gate und Source verbunden sind, die Gleichstromzuführung und gleichzeitig die Last für den aktiven FET.

Wenn der Lasttransistor in Sättigung betrieben wird, ist die damit erreichte Lastimpedanz gleich dem Drainwiderstand R_D, gemäss dem Transistormodell nach Figur 1.40. Bei MESFETs mit Gatelängen $<1\,\mu\text{m}$ ist der Drainwiderstand nicht mehr sehr hochohmig. Typischerweise ist das Produkt $g_\text{m} R_\text{D} \approx 20...40$. Wird eine aktive FET-Stufe mit einem Ausgangswiderstand von R_D mit einer aktiven Last mit dem gleichen Widerstand betrieben, dann reduziert sich die maximale Spannungsverstärkung auf $0.5\, g_\text{m} R_\text{D} \approx 10...20$. Namentlich bei einer Cascode mit einem sehr hochohmigen Ausgangswiderstand ist eine ebenfalls hochohmige aktive Last erwünscht. MESFETs erlauben eine Verbesserung der aktiven Last mit der Schaltung nach Figur 4.16.

Gemäss dem Ersatzschaltbild nach Figur 4.16 ist der effektive Lastwiderstand R_L :

$$R_\text{L} = \frac{\underline{U}_\text{D2} + \underline{U}_\text{D3}}{\underline{I}_\text{D}} \tag{4.4}$$

mit identischen MESFETs Q_2 und Q_3 gilt:

$$I_\mathrm{D} = -g_\mathrm{m}\underline{U}_\mathrm{D2} + \frac{\underline{U}_\mathrm{D3}}{R_\mathrm{D}} \qquad \text{und} \qquad \underline{U}_\mathrm{D2} = \underline{I}_\mathrm{D} R_\mathrm{D} \tag{4.5}$$

Daraus folgt:

$$R_\mathrm{L} = R_\mathrm{D}(2 + g_\mathrm{m} R_\mathrm{D}) \approx v_\mathrm{o} R_\mathrm{D} \tag{4.6}$$

mit v_o : Leerlaufverstärkung, $v_\mathrm{o} = g_\mathrm{m} R_\mathrm{D}$.

Damit wird der effektive Lastwiderstand R_L wesentlich grösser als der Ausgangswiderstand R_D des einzelnen MESFET.

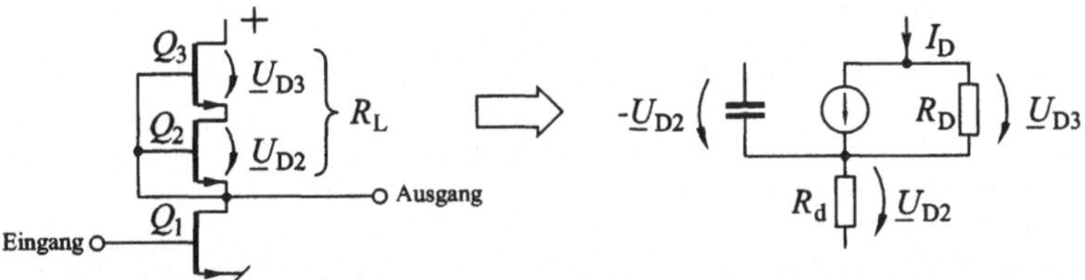

Figur 4.16 Schaltung einer aktiven hochohmigen Last R_L mit Ersatzschaltbild.

Bei der Speisung der aktiven Last nach Figur 4.16 muss dafür gesorgt werden, dass beide FETs, Q_2 und Q_3 in Sättigung sind. Dies ist nur möglich, wenn die Schwellenspannungen von Q_2 und Q_3 unterschiedlich sind: $U_\mathrm{TH2} > U_\mathrm{TH3}$. Beim MESFET-Prozess TQTRx sind MESFETs mit drei unterschiedlichen Schwellenspannungen verfügbar. Die beiden Typen D-FET und G-FET haben die Schwellen $-0.6\,\mathrm{V}$ und $-2.2\,\mathrm{V}$. Damit lässt sich die aktive hochohmige Last realisieren. Mit einem D-FET als Q_2 und einem G-FET als Q_3 sind mit der Schaltung nach Figur 4.16 beide FETs in Sättigung.

Wenn nur ein Typ von MESFETs mit negativer Schwellenspannung zur Verfügung steht, kann eine ähnliche hochohmige Last mit einer komplizierteren Schaltung erzielt werden. Figur 4.17 zeigt eine Cascode-Schaltung mit hochohmiger aktiver Last. In dieser Schaltung muss mit zusätzlichem Schaltungsaufwand dafür gesorgt werden, dass am Gate des oberen der beiden Lasttransistoren die gleiche Wechselspannung anliegt wie am unteren, dagegen muss die Vorspannung der beiden Gates unterschiedlich sein. Wenn wir in Figur 4.17 den mit Pfeilen versehenen gestrichelten Pfad verfolgen, dann bleibt die Signalspannung fast unverändert. Auf dem gleichen Pfad nimmt aber über den drei in Flussrichtung gespeisten Schottky-Dioden der Gleichspannungspegel zu, sodass der MESFET Q_4 eine höhere Gatevorspannung hat als der MESFET Q_3.

Bezüglich des Signals verhält sich die Schaltung wie eine Cascode-Schaltung mit hoher Spannungsverstärkung bei niedrigen Frequenzen.

Bei identischen MESFETs $Q_{1...4}$ ist die Spannungsverstärkung v:

$$v = \frac{\underline{U}_2}{\underline{U}_1} \approx \frac{(g_m R_D)^2}{2} \qquad (4.7)$$

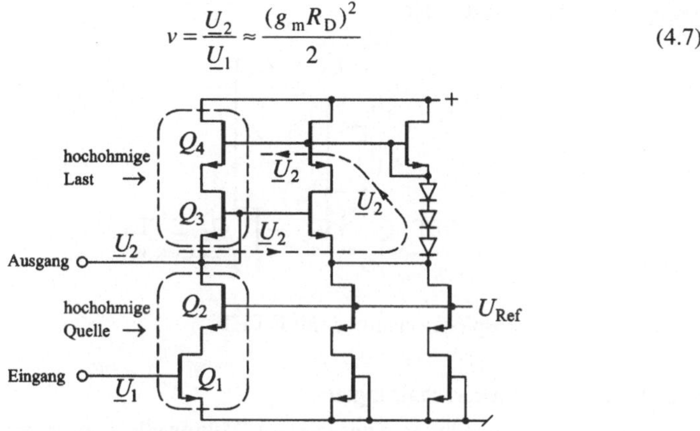

Figur 4.17 Cascode-Schaltung mit hochohmiger aktiver Last.

4.4.2 Schaltungen zur Herstellung von Speisespannungen und Speiseströmen

Aktive Schaltungen verlangen häufig vorgegebene Spannungen und Ströme. Die MESFET-Technologie liefert mit der Schottky-Diode ein Schaltungselement, das, in Flussrichtung vorgespannt, sehr niederohmig ist, aber gleichzeitig einen gut definierten Gleichspannungsabfall zeigt. Diese Eigenschaft wird nach Figur 4.18 zur Spannungsregulierung verwendet. Eine Diodenstrecke wird mit einem als Stromquelle geschalteten MESFET gespeist. Über jeder Diode fällt eine Spannung von ca. 0.7 V ab. An den Dioden können also verschiedene Spannungen abgegriffen werden.

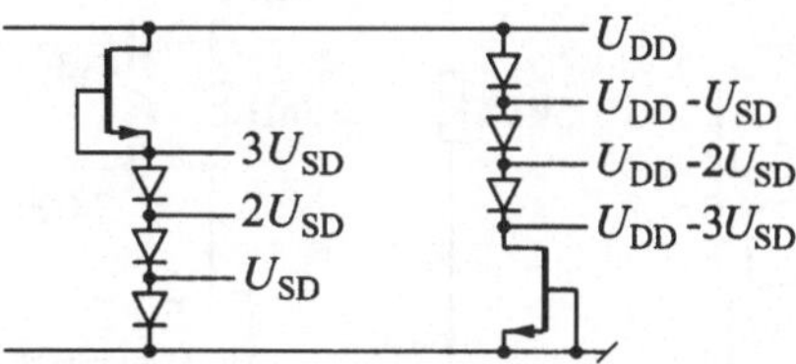

Figur 4.18 Spannungsregulierungen mit Schottky-Diodenstrecken.

Wie mit CMOS-Schaltungen, können Stromspiegelschaltungen auch mit MESFET-Schaltungen realisiert werden. In Figur 4.19 ist eine Stromspiegelschaltung dargestellt, die sich zur Speisung von E-FETs eignet. Die Schwellenspannung U_{TH} von E-FETs zeigt eine hohe Empfindlichkeit gegenüber Prozesstoleranzen in der Herstellung. Die strombestimmenden Elemente der Stromspiegelschaltung dürfen daher keine E-FETs beinhalten. D-FET Q_2 der eine kleine Toleranz der Schwellenspannung aufweist, ist als

Stromquelle geschaltet und mit Q_1 wird die Gatespannung für den von Q_2 und R_1 vorgegebenen Strom festgelegt.

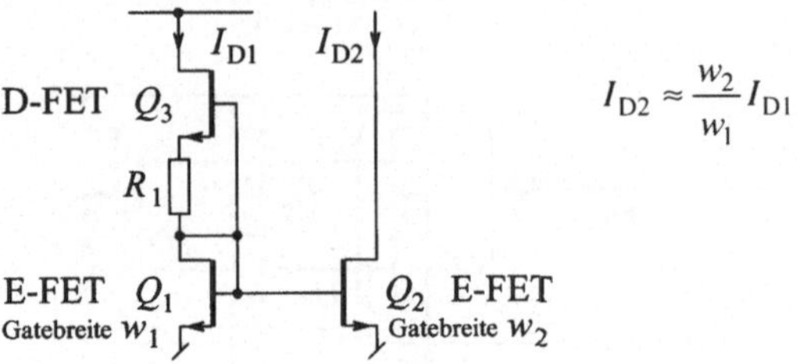

Figur 4.19 Stromspiegelschaltung mit E-FETs.

4.4.3 MMIC-Verstärkerschaltungen

Die im Kapitel 2 eingeführten Konzepte von Mikrowellenverstärkern können direkt in den Entwurf von monolithisch integrierten Verstärkern übernommen werden. Allerdings muss beim Übergang von hybriden Verstärkern mit relativ kostengünstigen reaktiven Elementen auf den Mikrostreifensubstraten zu MMIC-Schaltungen dem Umstand Rechnung getragen werden, dass der Flächenbedarf des MMIC ein wichtiger Parameter ist. Weiter ist die Ausnützung des Tracking-Verhaltens der Bauelemente wichtig zur Erreichung einer hohen Ausbeute. Als Beispiel zeigt Figur 4.20 die Schaltung eines rauscharmen MESFET-Vorverstärkers, wobei der aktive FET mit einer Stromspiegelschaltung nach Figur 4.19 gespeist ist. Der Vorverstärker weist eingangs- und ausgangsseitig reaktive Anpassungen auf [7].

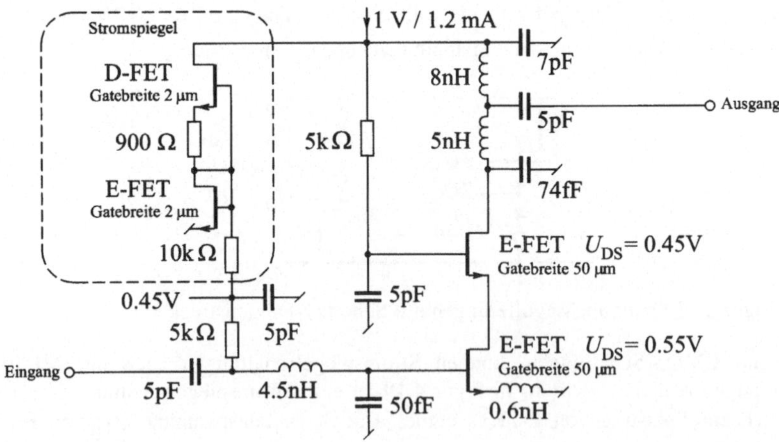

Figur 4.20 Rauscharmer MESFET-Vorverstärker für 5.2 GHz-Betriebsfrequenz, hergestellt mit TriQuint TQTRx-Prozess.

In Figur 4.21 ist der Chip des Vorverstärkers nach Figur 4.20 abgebildet.

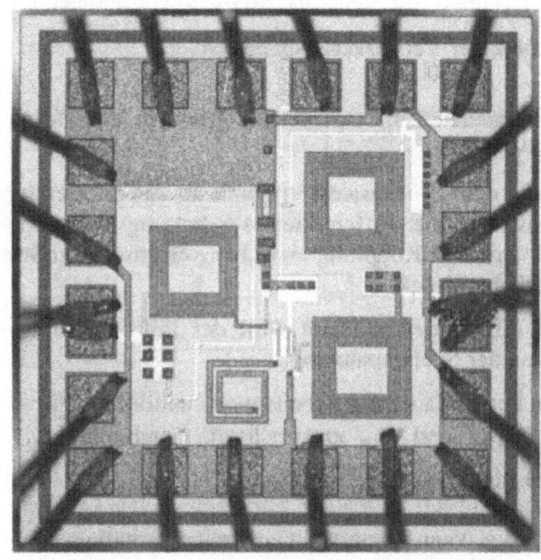

Speisespannung = 1 V
Speisestrom = 1.2 mA
$S_{21} = 12.3$ dB
$S_{11} = -7$ dB
$S_{22} = -14$ dB
$F = 2.4$ dB
$P_{ausK} = -8.3$ dBm
$P_{OIP3} = -0.8$ dBm
Fläche der Schaltung:
0.5 mm^2

Figur 4.21 Fotografie des MMIC-Vorverstärkers mit der Schaltung nach Figur 4.20 Chipgrösse: 1mm × 1mm, Werte der Parameter für 5.2 GHz-Betiebsfrequenz .

Hybride Verstärker werden selten als Differenzverstärker aufgebaut. Dagegen kommt der differentiellen MMIC-Schaltungstechnik eine hohe Bedeutung zu. Die Grundschaltung eines differentiellen Verstärkers ist in Figur 4.22 dargestellt.

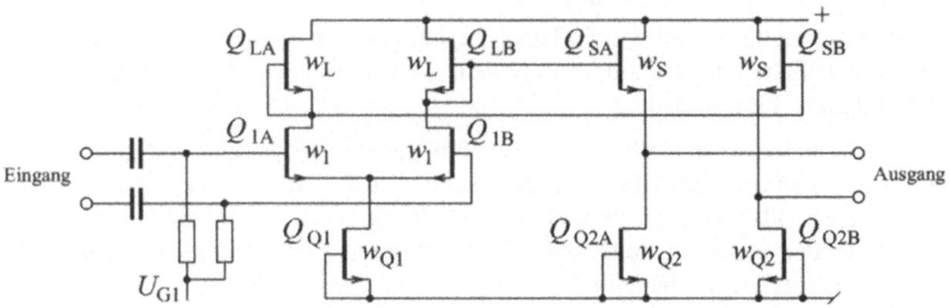

Figur 4.22 Grundschaltung eines differentiellen Verstärkers.

Die verstärkenden FETs treten dabei immer paarweise auf und diese Transistorpaare werden durch Stromquellen gespeist. Nach Figur 4.22 wird das Transistorpaar Q_{1A} und Q_{1B} mit dem als Stromquelle eingesetzten Transistor Q_{Q1} gespeist.

Das differentielle Eingangssignal erfährt mit der ersten Stufe Q_{1A}/Q_{1B} und den Lasten Q_{LA}/Q_{LB} eine Spannungsverstärkung. Mit dem als Sourcefolger geschalteten Paar Q_{SA} und Q_{SB} wird ein niederohmiger Verstärkerausgang erreicht.

Das in der analogen Niederfrequenztechnik verbreitete Konzept der differentiellen Schaltungstechnik hat folgende Vorteile:

1. Bei differentieller Ansteuerung wird der Gesamtbetriebsstrom des differentiellen Paares nicht moduliert. Der Speisestrom einer differentiellen Schaltung bleibt im Idealfall unabhängig vom Signal. Damit wird eine Kopplung zwischen verschiedenen Stufen über die Stromversorgung weitgehend unterdrückt.

2. Mit der Stromspeisung der differentiellen Paare wird der Betriebsstrom in einem gewissen Bereich unabhängig von der Speisespannung.

3. Mit gutem Trackingverhalten der FETs ist der Arbeitspunkt stabilisiert. Für identische Stromdichten in den FETs Q_{Q1}, Q_{1A} und Q_{1B} entspricht die Gatebreite w_{Q1} des FET Q_{Q1} der doppelten Gatebreite w_1 der FETs Q_{1A} und Q_{1B}.

4. Den aktiven FETs Q_{1A} und Q_{1B} kann durch das Gatebreitenverhältnis w_1/w_{Q1} ein bestimmter Strom aufgezwungen werden.

5. Der Arbeitsstrom kann durch Modifikation der Stromquelle mit einem bestimmten Temperaturgang versehen werden, ohne dass dabei die aktiven Transistorstufen geändert werden müssen.

Die differentielle Schaltungstechnik eignet sich, neben Verstärkern, für weitere verschiedenste Mikrowellengrundschaltungen, wie Oszillatoren, Modulatoren und Frequenzvervielfacher. Allerdings stehen den genannten Vorteilen auch Nachteile gegenüber:

1. Die differentielle Schaltung verlangt gegenüber der konventionellen einpfadigen (single ended) Schaltungstechnik eine höhere Anzahl Bauelemente und damit höheren Platz und höhere Verlustleistung.

2. Über dem Stromquellen-FET ist immer ein gewisser Spannungsabfall erforderlich, damit dieser in Sättigung betrieben werden kann. Die Speisespannung muss daher höher gewählt werden als in einer einpfadigen Schaltung. Dies ist namentlich bei leichten tragbaren Geräten von Bedeutung, wo jede Reduktion der Betriebsspannung eine Reduktion des Batteriegewichtes bedeutet.

In Figur 4.23 ist die Schaltung eines MESFET-Verstärkers in differentieller Schaltungstechnik dargestellt. Der Verstärker weist eine Gegenkopplung auf, die die Spannungsverstärkung weitgehend von Prozessschwankungen unabhängig macht. Zudem lässt sich die Verstärkung mit der Steuerspannung U_C steuern (Gain Control).

Die Eingangsstufe dieses Verstärkers entspricht der des Verstärkers nach Figur 4.22, mit dem Unterschied, dass den beiden aktiven FETs Q_{1A} und Q_{1B} je ein FET Q_{SA} und Q_{SB} parallel geschaltet ist. Mit der Steuerspannung U_C kann der von der Stromquelle gelieferte Strom den aktiven FETs entzogen werden. Da die Steilheit g_m der aktiven FETs Q_{1A} und Q_{1B} stromabhängig ist, kann also die Verstärkung der ersten Stufe mit der Steuerspannung U_C variiert werden.

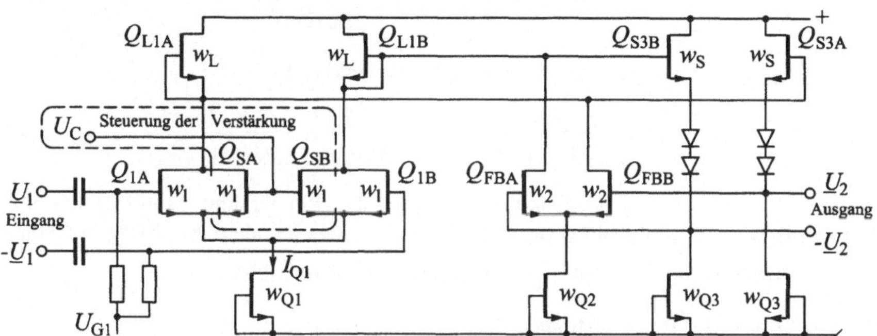

Figur 4.23 Gegengekoppelter Verstärker mit Steuerung der Verstärkung.

Die Funktionsweise der Gegenkopplung mit den FETs Q_{FBA} und Q_{FBB} in Figur 4.23 wird anhand der vereinfachten einpfadigen Schaltung des Verstärkers nach Figur 4.24 und ihres Ersatzschaltbildes nach Figur 4.25 erläutert:

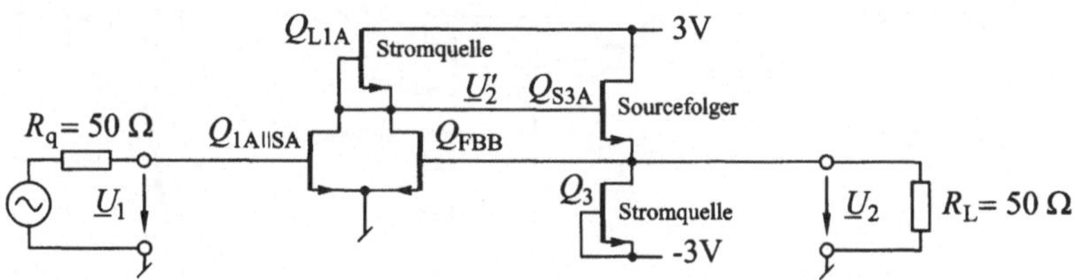

Figur 4.24 Einpfadiges Schaltbild der Gegenkopplung des Verstärkers nach Figur 4.23.

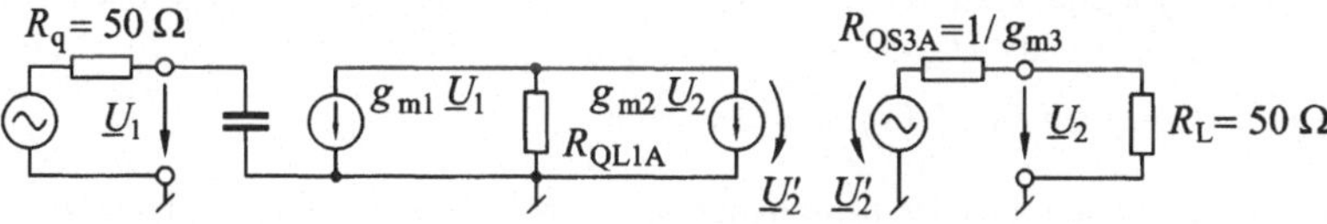

Figur 4.25 Ersatzschaltung der Gegenkopplung nach Figur 4.24.

Gemäss Ersatzschaltung in Figur 4.25 gilt:

$$\underline{U}_2' = (g_{m1}\underline{U}_1 + g_{m2}\underline{U}_2')R_{QL1A} \tag{4.8}$$

und

$$U_2 = \frac{R_L}{R_{QS3A} + R_L}\underline{U}_2' = \frac{g_{m3}R_L}{1 + g_{m3}R_L}\underline{U}_2' \tag{4.9}$$

Für $g_{m2}R_{QL1A} \gg 1$ und $g_{m3}R_L \gg 1$ folgt aus (4.8) und (4.9)

$$\frac{\underline{U}_2}{\underline{U}_1} = \frac{g_{m1}R_{QL1A}}{1 - g_{m2}R_{QL1A}} \cdot \frac{g_{m3}R_L}{1 + g_{m3}R_L} \approx -\frac{g_{m1}}{g_{m2}} \tag{4.10}$$

Nach (4.10) bewirkt die Gegenkopplung, dass die Verstärkung hauptsächlich vom Verhältnis g_{m1} / g_{m2} abhängig ist. Bei gutem Trackingverhalten der FETs auf einem Chip ist dieses Verhältnis wenig von Prozessschwankungen abhängig.

4.4.4 Schalter und Phasenschieber

Dank der isolierenden Steuerelektrode, dem Gate, eignen sich FETs sehr gut als Schalter. In [3] wurde ein Schalter mit PIN-Dioden beschrieben und es wurde gezeigt, dass die Trennung des Diodenvorstroms vom Signal mit einem Aufwand von passiven Elementen, inklusive Induktivitäten verbunden ist. Mit dem MESFET lassen sich breitbandige Schalter in integrierter Form realisieren. Figur 4.26 zeigt einen SPDT (Single Pole Double Throw) Schalter.

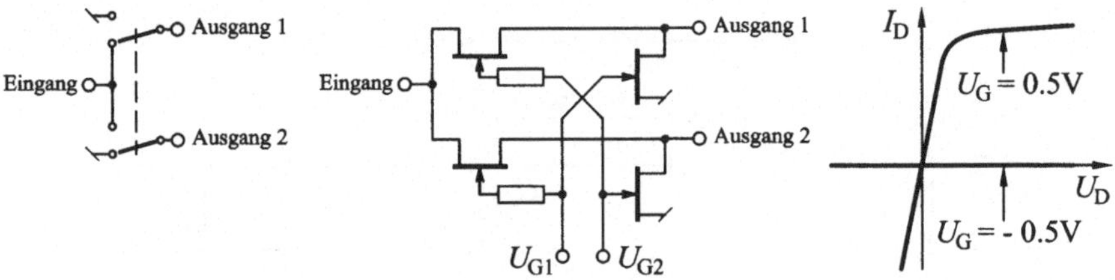

Figur 4.26 SPDT-Schalter mit GaAs-MESFETs.

Die FETs werden mit den Steuerspannungen U_{G1} und U_{G2} gesteuert. Die Steuerspannungen sind typischerweise für die Strecke "Eingang – Ausgang 1" leitend und "Eingang – Ausgang 2" sperrend: $U_{G1} = (-4...-8)\,V$ und $U_{G2} = (0...0.5)\,V$. Mit der Drainspannung $U_D = 0$ werden die FETs passiv betrieben.

Im Vergleich mit dem PIN-Diodenschalter hat der MESFET-Schalter folgende Vorteile:

- Der FET-Schalter benötigt keine dc/ac Entkopplungselemente.
- Es können sehr breitbandige Signale geschaltet werden.
- Der Schalter benötigt nur niedrige Schaltspannungen und –ströme.
- Der Schalter ist monolithisch integrierbar.

Ein Nachteil gegenüber dem PIN-Schalter ist zu erwähnen: Die Dämpfung des geschalteten Pfades ist bei FET-Schaltern höher und damit die schaltbare Leistung von FET-Schaltern niedriger als bei PIN-Schaltern. Mit einem FET-Schalter kann eine maximale HF-Leistung von ca. 1 W geschaltet werden.

Typische Daten eines MESFET-Schalters sind:

Frequenzbereich: 0...20GHz , Durchgangsdämpfung: (0.3...2)dB , Isolation: > 30dB

Die Gatebreite in einem MESFET-Schalter muss sehr gross gewählt werden, um den Kanalwiderstand im leitenden Zustand genügend niedrig zu halten. Bei einer zulässigen Dämpfung von 0.3dB in einem 50Ω-System müsste der Serie-FET im leitenden Zustand einen Kanalwiderstand von $< 4\Omega$ aufweisen. Die Gatebreite eines solchen FET liegt in der Grösse von 1mm. Mit dieser Gatebreite weist der FET eine grosse Gatekapazität auf. Figur 4.27 zeigt das Ersatzschaltbild eines passiv als Schalter betriebenen GaAs-MESFETs.

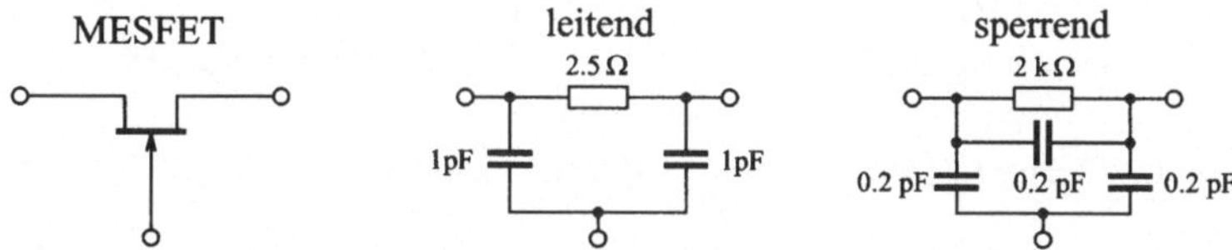

Figur 4.27 Ersatzschaltbild eines passiv als Schalter betriebenen GaAs-MESFET mit den Dimensionen Gatebreite $w = 1$mm und Gatelänge $l = 1\mu$m.

In [3] sind Phasenschieber auf der Basis von PIN-Schaltern eingeführt worden. GaAs-MESFETs können in gleicher Weise in Transmissions- und Reflexionsphasenschiebern eingesetzt werden. In Figur 4.28 ist das Prinzip und die Schaltung eines Phasenschiebers mit Dual Gate MESFETs dargestellt, wobei der MESFET aktiv gespeist ist und eine Leistungsverstärkung aufweist. Mit der Steuerspannungen U_{G1} und U_{G2} wird der eine oder andere Dual Gate MESFET aktiv geschaltet. Der mit einem Drainstrom betriebene FET wirkt für das am Eingang anliegende Signal als Cascode und wird damit das Signal verstärken. Der Wilkinson-Teiler am Ausgang dämpft das Signal um 3dB.

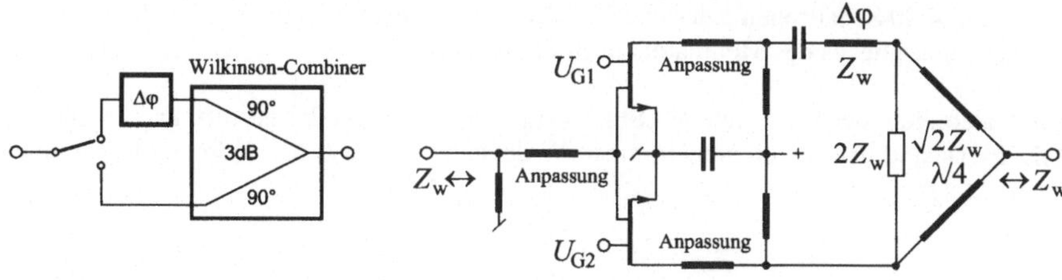

Figur 4.28 Phasenschieberschaltung mit Dual Gate MESFET

Mit der Umschaltung des Signalpfades wird das Signal eine Phasendifferenz von $\Delta\varphi$ erfahren. Die Schaltung ist eingangs- und ausgangsseitig auf die Wellenimpedanz Z_w angepasst. Mit Dual Gate MESFETs, die als schaltbare Cascodestufen eingesetzt sind, kann auch ein Vektormodulator aufgebaut werden.

Figur 4.29 zeigt das Trägerzustandsdiagramm eines 16QAM-Vektormodulators und die dazugehörige Schaltung, aufgebaut mit 180° und 90° Leistungsteilern und schaltbaren Verstärkerstufen.

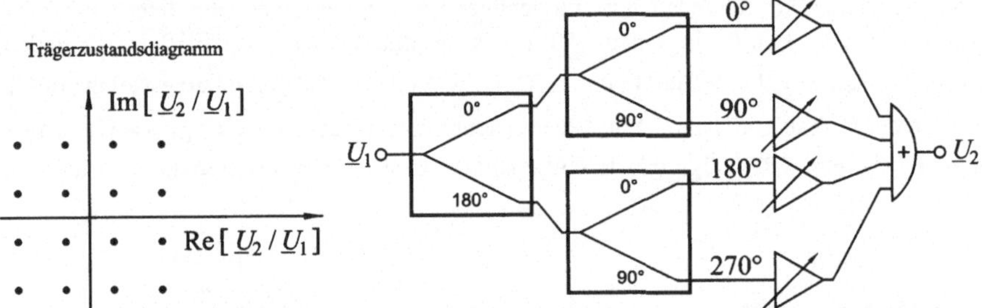

Figur 4.29 Trägerzustandsdiagramm und Blockschaltung eines 16QAM-Modulators.

Figur 4.30 zeigt die Realisierung der Verstärker mit geschalteten Dual-Gate-MESFET-Stufen.

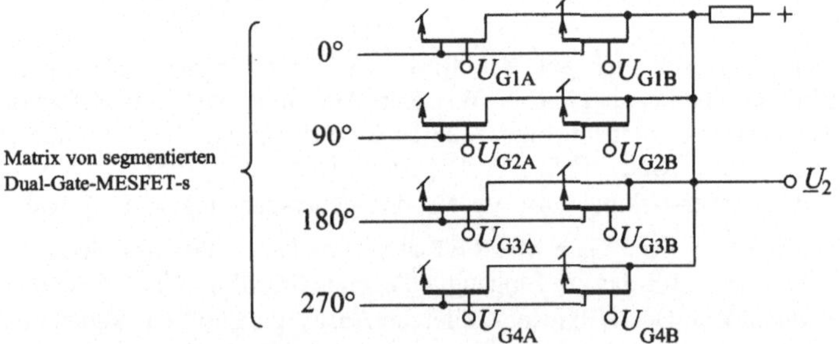

Figur 4.30 Schaltschema der vier Verstärker mit umschaltbaren Steilheiten und des Summiergliedes des Modulators nach Figur 4.29.

Die Gatebreiten der Dual-Gate-MESFETs sind im Verhältnis 2:1 gestuft. Die Drains der MESFETs sind über einen gemeinsamen Widerstand gespeist, der dadurch als Summierer wirkt.

4.4.5 Mischerschaltungen mit MESFETs

Während die Anwendung von Schottky-Dioden in Mikrowellenmischern etabliert und verbreitet ist, gewinnt der GaAs-MESFET und -HEMT namentlich in der monolithischen Schaltungstechnik an Bedeutung. Gegenüber dem Schottky-Diodenmischer ermöglicht der *aktiv betriebene* FET-Mischer eine Konversionsverstärkung. Zudem ist die geforderte LO-Leistung kleiner und es kann eine höhere Isolation zwischen den Toren erreicht werden. Der Konversionsverlust von *passiv betriebenen* FET-Mischern ist in der gleichen Grösse wie der von Diodenmischern, dagegen können die Intermodulationsprodukte 3. und höherer Ordnungen reduziert werden.

Der Entwurf von FET-Mischern stützt sich heute ganz wesentlich auf die numerische Analyse nichtlinearer Schaltungen, hauptsächlich auf der Basis der Harmonic Balance Methode. In einem ersten Schritt wird mit linearer Schaltungsanalyse eine Optimierung der Anpassungen der Tore für die jeweilige Frequenz vorgenommen und in einem 2. rechenintensiveren Schritt wird mit nichtlinearer Analyse die Schaltung bezüglich LO-Leistung, Konversionsverstärkung und Intermodulation optimiert.

Aktiver FET-Mischer

Figur 4.31 zeigt die Grundschaltung des aktiven FET-Mischers. Das Eingangssignal und das LO-Signal werden gemeinsam über ein Anpassungs- und Filternetzwerk an das Gate gelegt. Der FET wird so betrieben, dass das grosse LO-Signal die FET-Steilheit zeitabhängig durchsteuert und das Eingangssignal niedriger Leistung den FET als spannungsgesteuerte Stromquelle mit zeitvarianter Steilheit "erfährt".

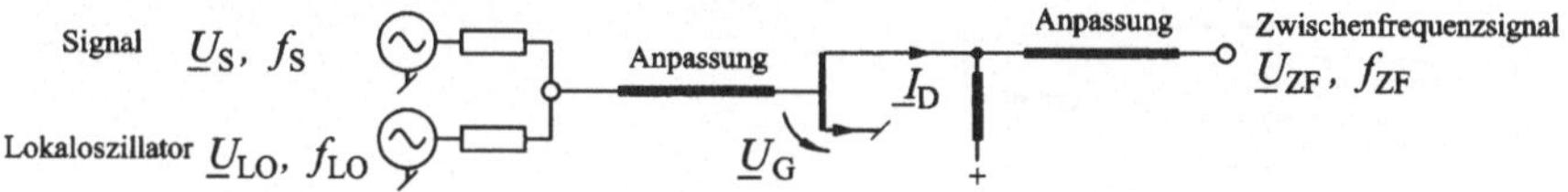

Figur 4.31 Grundschaltung des FET-Mischers.

Der Mischvorgang über die Steuerung der FET-Steilheit g_m durch das LO-Signal ist in Figur 4.32 dargestellt.

Mit der Oszillatorspannung U_{LO} wird die Steilheit g_m periodisch durchgesteuert. Die Gatevorspannung wird im Bereich der Schwellenspannung gewählt. Damit wird der FET praktisch nur mit der positiven Halbwelle des LO-Signals in den leitenden Bereich gebracht. Der Spitzenwert des LO-Signals bringt die Steilheit auf den maximalen Wert. Die auf der Zeitachse periodische Steilheit $g_m(t)$ kann als Fourierreihe dargestellt werden:

$$g_m(t) = g_{mo} + 2\sum_{k=1}^{\infty} g_{mk} \cos(k\,\omega_{LO}\,t) \qquad (4.11)$$

Für den Wechselanteil des Drainstromes gilt:

$$i_D(t) = g_m(t) U_S \cos(\omega_S\, t) \qquad (4.12)$$

Auf den Zwischenfrequenzen $\omega_{ZF} = \omega_{LO} \pm \omega_S$ sind die entsprechenden spektralen Wechselanteile

$$i_{ZF}(t) = g_{m1} U_S \cos\left((\omega_{LO} \pm \omega_S)t\right) \tag{4.13}$$

Die Mischsteilheit für die Zwischenfrequenzen $\omega_{ZF} = \omega_{LO} \pm \omega_S$ ist gleich dem 1. Fourierkoeffizienten g_{m1} der periodischen Steilheit $g_m(t)$. In der Praxis kann eine Mischsteilheit $g_{m1} \approx (0.3...0.5) g_{mmax}$ erreicht werden, wobei g_{mmax} der maximalen Steilheit entspricht. Damit kann eine *Mischverstärkung* erreicht werden, die typischerweise um $(6...10)\,\mathrm{dB}$ unter der maximalen Kleinsignalverstärkung (MAG) liegt.

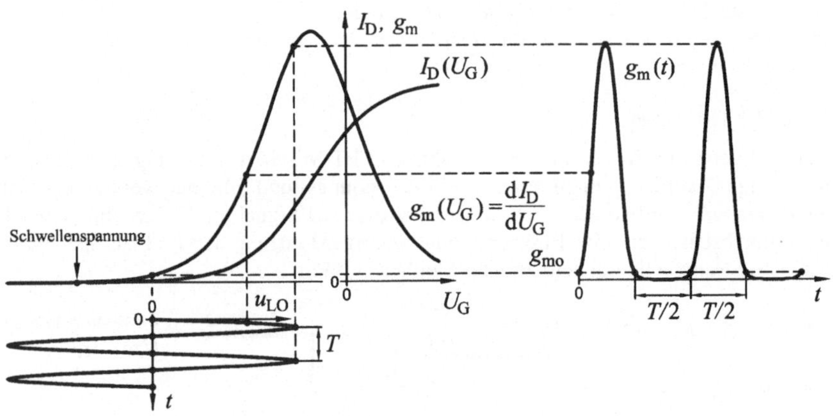

Figur 4.32 Mischvorgang des FET-Mischers.

In Figur 4.33 ist ein einfaches Mischerersatzschaltbild dargestellt.

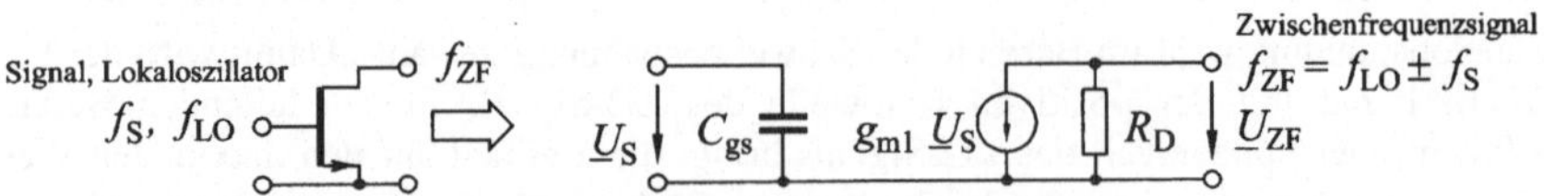

Figur 4.33 Einfaches Mischerersatzschaltbild.

Dual-Gate-MESFET-Mischer

Der FET-Mischer in der Grundschaltung nach Figur 4.32 zeigt eine Mischverstärkung und eine Isolation zwischen dem ZF-Tor und dem Eingangstor sowie zwischen ZF-Tor und LO-Tor. Dagegen ist die Isolation zwischen dem LO-Tor und dem Eingangstor nur durch die Eingangsfilter bestimmt. Die Entkopplung zwischen Eingangstor und LO-Tor wird mit dem Dual-Gate-MESFET- Mischer nach Figur 4.34 wesentlich verbessert.

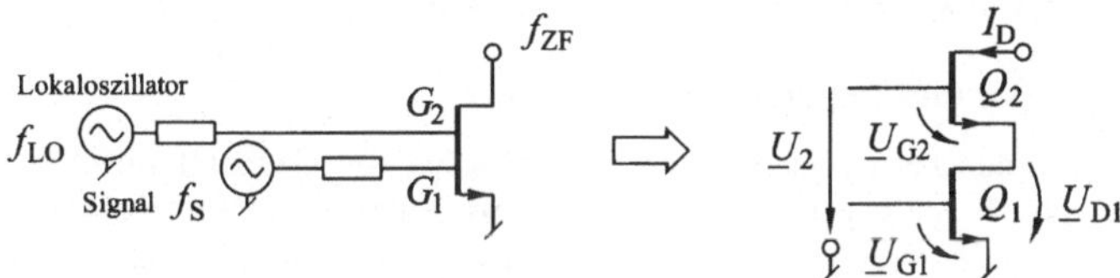

Figur 4.34 Dual-Gate-MESFET-Mischer.

Das LO-Signal mit hoher Leistung steuert das Gate des MESFET Q_2. MESFET Q_2 ist immer in Sättigung und wirkt als Sourcefolger für das LO-Signal. Er bestimmt die Drainspannung des MESFET Q_1, der durchgesteuert wird zwischen dem linearen und dem gesättigten Betrieb. Ist MESFET Q_1 in Sättigung, dann arbeiten die beiden MESFETs als Cascode mit einer hohen Spannungsverstärkung für das Eingangssignal. Figur 4.35 zeigt die Durchsteuerung des MESFET Q_1 in der Überlagerung der Charakteristiken $I_D(U_{D1},U_{G1})$ und $I_D(U_{G2})$ des MESFET Q_2 im gesättigten Bereich.

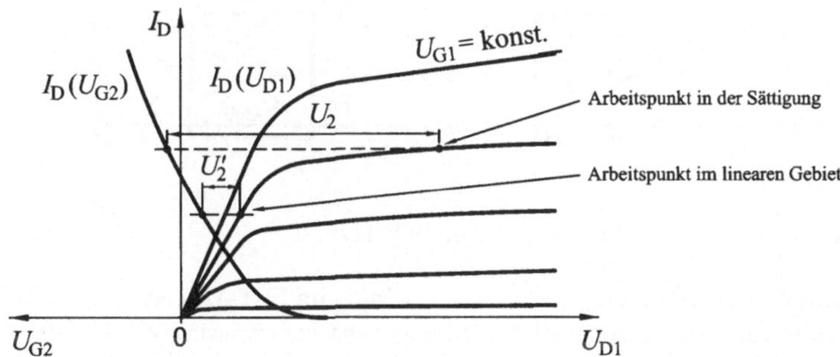

Figur 4.35 Charakteristik des Dual-Gate-MESFET-Mischers mit zwei Betriebspunkten für die Eingangsspannungen U_2 und U_2'.

Die LO-Spannung U_2 am Gate des MESFET Q_2 ist die Summe von U_{D1} und U_{G2} und kann direkt als horizontale Stecke zwischen den Charakteristiken $I_D(U_{D1})$ und $I_D(U_{G2})$ entnommen werden. Bei einer hohen Aussteuerung von U_2 ist ersichtlich, dass der

MESFET Q_1 zwischen dem gesättigten und dem ungesättigten Betrieb durchgesteuert wird. Der Dual-Gate-MESFET-Mischer weist mit den Eingangssignalen LO- und S auf verschiedenen Gates eine Isolation zwischen diesen Toren auf.

Im Entwurf des Dual-Gate-MESFET-Mischers stellt man allerdings fest, dass aus Stabilitätsgründen die theoretisch mögliche Konversionsverstärkung nicht erreichbar ist. Zudem müssen aus dem gleichen Grund Kompromisse in der Anpassung gemacht werden, sodass das Rauschverhalten ebenfalls nicht optimal wird [8].

Gegentaktmischer und Doppelgegentaktmischer

Wie bei Diodenmischern können auch FET-Mischer als Gegentaktmischer (Balanced Mixer) oder als Doppelgegentaktmischer (Doubly Balanced Mixer) aufgebaut werden. Figur 4.36 zeigt eine Variante des Gegentaktmischers mit 180°-Hybrid, und Figur 4.37 eine andere mit 90°-Hybrid.

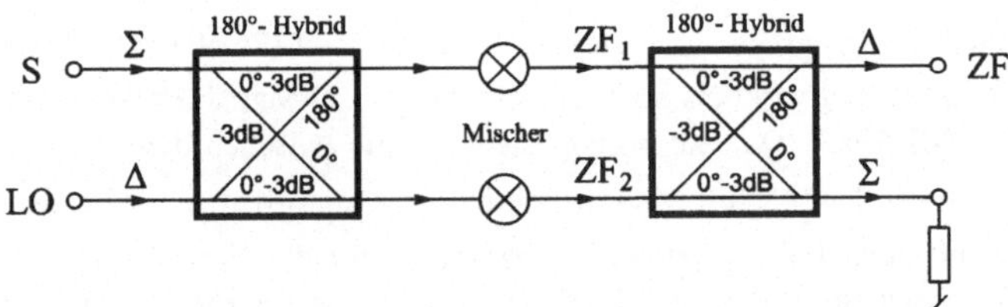

Figur 4.36 Gegentakt-FET-Mischer mit 180°-Hybrid.

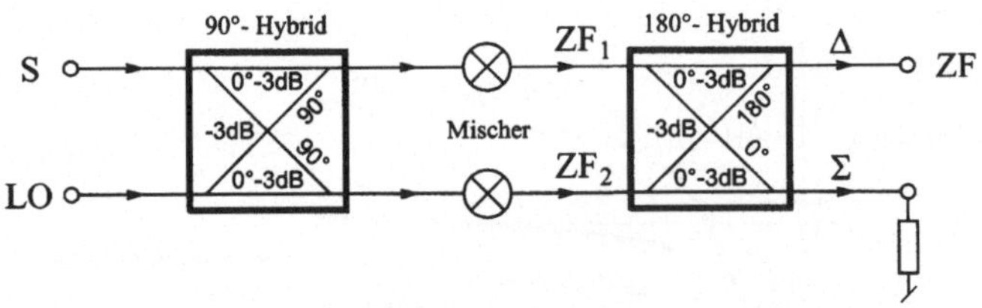

Figur 4.37 Gegentakt-FET-Mischer mit 90°-Hybrid.

Im Gegensatz zum Diodengegentaktmischer wird beim FET-Mischer ausgangsseitig ein 180°-Hybrid zur Überlagerung der beiden gegenphasigen Mischer-ZF-Signale ZF_1 und ZF_2 eingesetzt. Beim Diodenmischer ist dieses Hybrid nicht erforderlich, da die Dioden gegensätzlich gepolt in die Schaltung eingesetzt sind. Diese Möglichkeit der gegensätzlichen Polung existiert beim FET nicht. Da im Gegensatz zum Diodengegentaktmischer die ZF-Signale ZF_1 und ZF_2 subtrahiert werden, ergibt sich ein unterschiedliches Verhalten der Intermodulationsprodukte.

In der Schaltung nach Figur 4.36 mit dem LO-Signal angelegt am Δ-Tor werden die FETs in Gegenphase gepumpt. Damit werden im Zwischenfrequenzsignal am ZF-Tor die Mischprodukte von der Form

$$m f_{\mathrm{LO}} \pm n f_{\mathrm{S}} \tag{4.14}$$

mit m: geradzahlig und n: ungeradzahlig

unterdrückt. Wenn die beiden Eingänge S und LO vertauscht würden, dann würden die Produkte mit m ungeradzahlig und n geradzahlig verschwinden. In beiden Fällen werden aber alle Produkte mit m und n geradzahlig unterdrückt. Ein guter Grund, das LO-Signal beim Σ-Tor einzuspeisen ist, dass in diesem Fall das ZF-Signal vom LO-Signal isoliert ist. Dies ist besonders dann von Bedeutung, wenn die LO- und die ZF-Frequenz nahe zusammen liegen und mit Filtern schwer zu trennen sind. In der Praxis kann mit dieser Schaltung eine ZF-LO-Isolation von ca. 20dB erreicht werden.

Die Mischerschaltung nach Figur 4.37 mit einem 90°-Hybrid am Eingang zeigt im Wesentlichen die gleichen Eigenschaften wie die entsprechende Diodenmischerschaltung mit 90°-Hybrid. Bei dieser Schaltung sind alle Mischprodukte von geradzahligen Harmonischen der Eingangssignale LO und S unterdrückt.

Der Doppelgegentaktmischer mit FETs zeigt die gleichen auf der Schaltungssymmetrie begründeten Eigenschaften wie der Doppelgegentaktmischer mit Dioden: Gute Isolation der Tore, hohe Bandbreite, Unterdrückung des AM-Rauschens des Lokaloszillators und Unterdrückung aller Mischprodukte die eine geradzahlige Harmonische des LO- und/oder des S-Signals enthalten. Der Doppelgegentaktmischer mit Bipolartransistoren oder FETs ist auch unter dem Namen Gilbert-Cell bekannt. Er benötigt keine verteilten Schaltungselemente und die MMIC-Realisierung ist für differentielle Signalführung besonders einfach und platzsparend.

Figur 4.38 und Figur 4.39 zeigen eine MESFET-Realisierung der Gilbert-Cell mit den zugehörigen simulierten Spannungsverläufen.

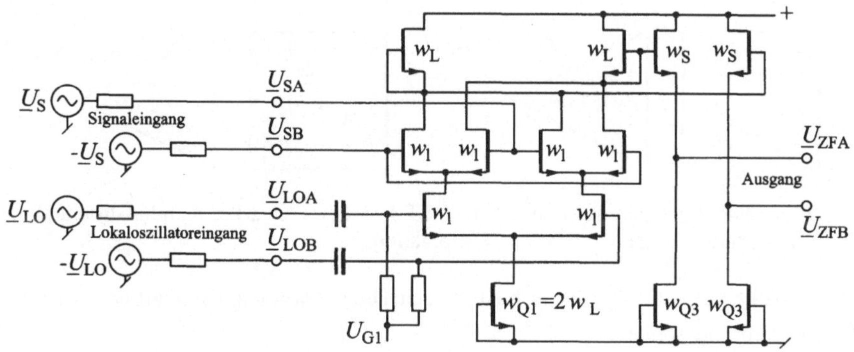

Figur 4.38 Schaltung der Gilbert-Cell mit MESFETs.

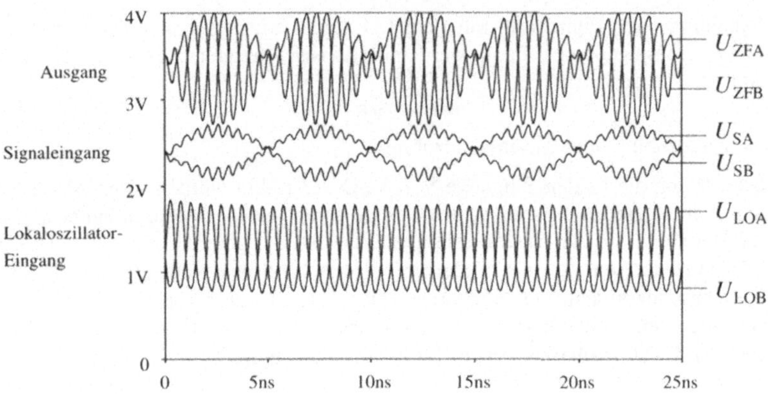

Figur 4.39 Simulierter Verlauf der Eingangs- und Ausgangsspannungen des Mischers nach Figur 4.38.

Die Quellenimpedanzen sind auf 50Ω festgelegt. Auf dem Eingangssignal U_{SA}, U_{SB} ist das Übersprechen des LO-Signals U_{LOA}, U_{LOB} deutlich sichtbar.

Rauschverhalten von aktiven MESFET-Mischern

Die einfachen Mischer mit nur einem MESFET zeigen im Bereich $(1...10)\,\text{GHz}$ eine um $(1...2)\,\text{dB}$ grössere Rauschzahl als Schottky-Diodenmischer. Da die FET-Mischer eine Konversionsverstärkung aufweisen, kann die Systemrauschzahl einer FET-Mischer/Verstärker-Kombination trotzdem kleiner werden als für eine Diodenmischer/Verstärker-Kombination, wie dies an einem typischen Beispiel in Figur 4.40 ausgeführt ist.

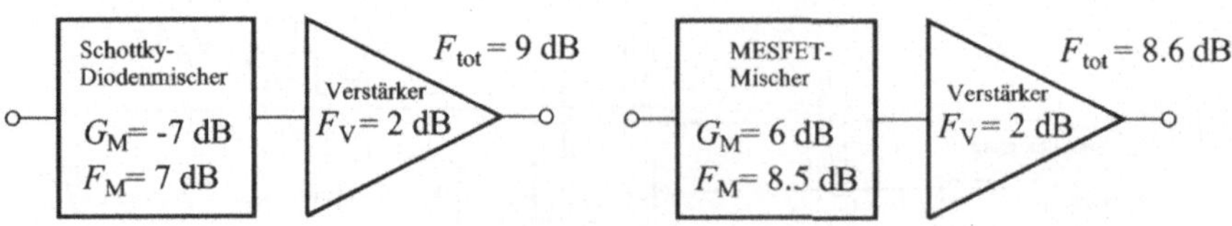

Figur 4.40 Systemrauschzahlen einer FET-Mischer/Verstärker-Kombination und einer Diodenmischer/Verstärker-Kombination.

Die Systemrauschzahl F_{tot} der in Kaskade schalteten Zweitoren kann mit der Friischen Formel berechnet werden:

$$F_{tot} = F_M + \frac{F_V - 1}{G_M} \qquad (4.15)$$

Die Gilbert-Cell mit MESFETs unterdrückt die unerwünschten Mischprodukte wohl sehr gut, sie weist aber mit einer Rauschzahl von $>10\text{dB}$ ein wesentlich höheres Rauschen als die Einzel-FET-Mischer auf. Der Grund für diese hohe Rauschzahl liegt darin, dass die Eingangsstufen bezüglich Rauschen schlecht angepasst sind und dass die Stromquellenschaltung sowie die vom Lokaloszillator durchgesteuerten FETs als zusätzliche Rauschquellen auftreten.

Passive MESFET-Mischer

In modernen Mikrowellenempfängersystemen werden gleichzeitig hohe Ansprüche an den dynamischen Bereich und an die Verlustleistung gestellt. Bei den aktiven MESFET-Mischern besteht ein enger Zusammenhang zwischen der Verlustleistung, der Konversionsverstärkung und dem 1dB-Kompressionspunkt oder dem IP3-Wert (Intercept-Punkt 3. Ordnung). Es zeigt sich namentlich, dass bei Versorgungsspannungen von $<2\text{V}$ die IP3-Werte der aktiven Mischer eine dominante Begrenzung des dynamischen Bereichs bilden.

Andererseits stehen sehr leistungsarme integrierte Verstärkerschaltungen zur Verfügung, sodass auf die relativ teuer erkaufte Konversionsverstärkung von aktiven Mischern verzichtet werden kann. Die Entwicklung von passiven MESFET-Mischern ist in den letzten Jahren vorangetrieben worden und diese neuesten Mischer gewinnen an Bedeutung [9]. Bekanntlich kann ein FET als mit der Gatespannung steuerbarer Widerstand eingesetzt werden, wenn keine Drainvorspannung angelegt wird. Source und Drain werden dann nicht unterschieden, d.h. im Kanal des FETs können beide Stromrichtungen auftreten. Figur 4.41 zeigt schematisch zwei Möglichkeiten des Einsatzes von FETs als passive oder resistive Mischer.

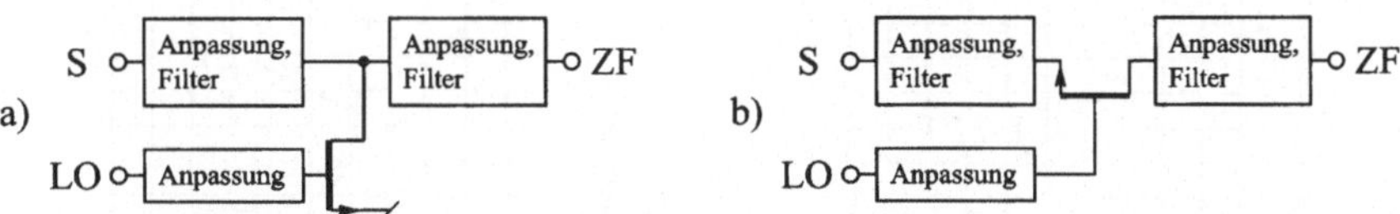

Figur 4.41 Passive Mischer mit FETs als zeitvariablem Shunt- und Seriewiderstand zwischen den Toren S und ZF.

In [10] wird ein Mischer mit zeitvariablem Shuntwiderstand nach Figur 4.41a beschrieben. Der passive GaAs-MESFET-Mischer mit einem einstufigen ZF-Verstärker, hergestellt mit dem TQTRx-Prozess, zeigt bei einer Eingangsfrequenz $f_{RF} = 1.9\text{GHz}$ und einer LO-Frequenz $f_{LO} = 1.79\text{GHz}$ eine Gesamtverstärkung von 5dB und eine Rauschzahl von 5dB bei einem Speisestrom von 3mA. In [11] werden Mischer mit FETs als Seriewiderstand nach Figur 4.41b beschrieben, wobei alle Filterelemente monolithisch integriert sind.

Figur 4.42 zeigt die detaillierte Schaltung.

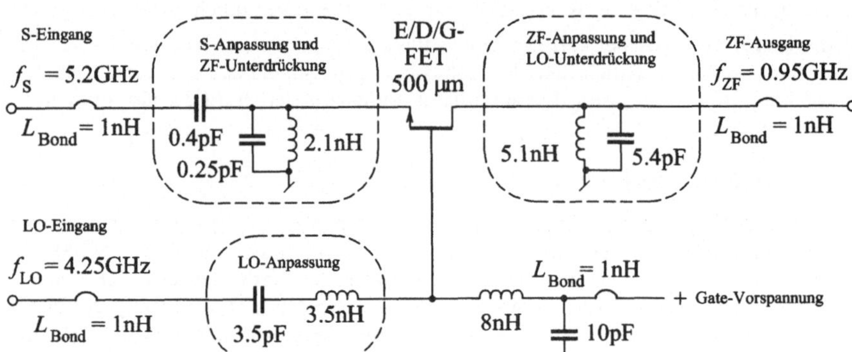

Figur 4.42 Monolithisch integrierter passiver MESFET-Mischer.

In Figur 4.43 sind gemessene Konversionsverluste und Rauschzahlen in Funktion der Lokaloszillatorleistung dargestellt. Die passiven MESFET-Mischer verhalten sich bezüglich Rauschzahl und Konversionsverlust ähnlich wie Einzel-Schottky-Diodenmischer, zeigen aber bessere Isolation vom S-Tor zum ZF-Tor und weisen bessere Intermodulationseigenschaften auf.

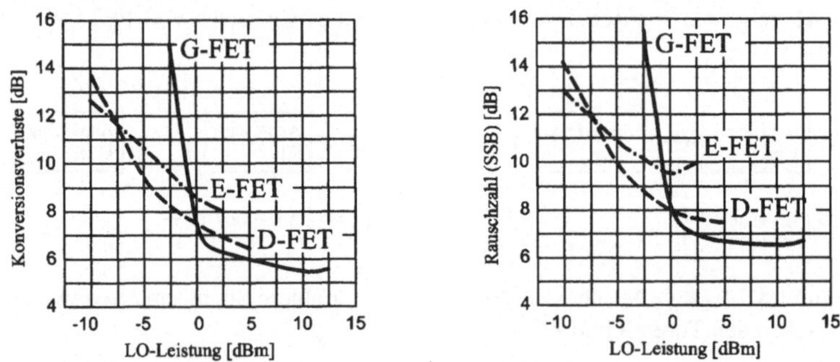

Figur 4.43 Gemessene Konversionsverluste und Rauschzahlen in Funktion der LO-Leistung der Mischerschaltung nach Figur 4.42 mit den MESFET-Typen E, D und G des TQTRx-Prozesses.

4.4.6 Digitale Schaltungen mit MESFETs und HEMTs

Auf dem Gebiet der schnellen logischen Schaltungen steht die MESFET-Technologie in Konkurrenz mit der Silizium und Silizium/Germanium-Bipolar- und CMOS-Technologie. Die Siliziumtechnologien sind bezüglich Schaltgeschwindigkeit der MESFET-Logik ebenbürtig. Die MESFET-Logik weist bei gleicher Schaltgeschwindigkeit eine kleinere Verlustleistung auf, d.h. das Produkt Schaltverzögerung × Verlustleistung ist vorteilhafter. Bei gemischt analogen/digitalen Schaltungen hat die MESFET-Technologie den Vorteil des hochisolierenden Gallium-Arsenid-Substrates, das eine bessere Isolation zwischen digitalen Schaltungen mit hohen Störpegeln und rauschempfindlichen analogen Hochfrequenzschaltungen erlaubt.

Heute ist eine Vielzahl von monolithisch integrierten digitalen MESFET-Schaltungen für Funktionen mit höchsten Ansprüchen an die Schaltgeschwindigkeit kommerziell erhältlich. Namentlich die faseroptische Kommunikationstechnik hat die Entwicklung von wenig komplexen aber sehr schnellen digitalen und gemischt analog/digitalen Schaltungen vorangetrieben. Die heute zur Verfügung stehenden digitalen MESFET-Schaltungen werden hauptsächlich in faseroptischen Kommunikationssystemen mit Datenraten von 622 Mb/s bis 10 Gb/s eingesetzt. In der Mikrowellentechnik finden digitale Schaltungen auf MMICs als Vorteiler (Dual Modulus Prescaler) und als Komponenten von Modulatoren Anwendung.

Wir betrachten im Folgenden die zwei heute meist verbreiteten MESFET-Logikfamilien: Die DCFL (Direct Coupled FET Logic) und die SCFL (Source Coupled FET Logic) [13].

Direkt gekoppelte FET-Logik

Die direkt gekoppelte FET-Logik DCFL (Direct Coupled FET Logic), aufgebaut mit einer Kombination von Enhancement und Depletion FETs, ist die einfachste aber technologisch anspruchsvollste Logikfamilie. Sie weist das beste Produkt Schaltverzögerung × Verlustleistung (Power-Delay Product) auf. Die Schaltungen eines NOR-Gates und eines Super Buffers sind in Figur 4.44 dargestellt.

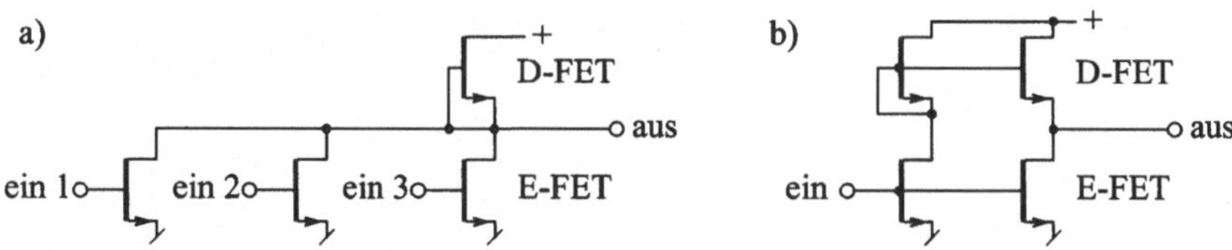

Figur 4.44 NOR-Gate und Super Buffer in DCFL Logik-Technik.

Wie die Schaltung nach Figur 4.44a zeigt, sind die aktiven FETs Enhancement FETs mit einer positiven Schwellenspannung. Die erforderliche positive Schwellenspannung mit einer sehr kleinen Toleranz, typischerweise $U_{TH} = (0.15 \pm 0.1)\,V$, verlangt einen ausserordentlich stabilen und reproduzierbaren MESFET-Prozess. Der Last-FET ist ein Depletion-FET, bei dem Source und Gate verbunden sind. Die Schaltung wird mit einer Speisespannung von ca. 2 V gespeist. Im unbelasteten Zustand ist, bei gesperrten aktiven FETs, die Ausgangsspannung ungefähr gleich der Speisespannung. Wenn das Gate mit weiteren DCFL-Gates belastet ist, dann wird die Ausgangsspannung durch die Schottky-Dioden der belasteten Gates auf ca. 0.7 V fixiert.

Ist mindestens ein aktiver FET im leitenden Zustand, dann liegt die Ausgangsspannung bei ca. 0.1 V. Der logische Hub mit 0.6 V ist relativ niedrig und die Treiberleistung des Gates ist beschränkt. Wird höhere Treiberleistung verlangt, dann wird ein Super Buffer nach Figur 4.44b eingesetzt.

Das unbelastete DCFL-Gate zeigt ein Produkt Schaltverzögerung $\times$ Verlustleistung $\tau P \approx 0.1\,\mathrm{pJ}$, d.h. bei einer Verlustleistung des Gates von 1 mW kann eine Schaltverzögerung des unbelasteten Gates von 100 ps erreicht werden.

Source gekoppelte FET-Logik

Die Source gekoppelte FET-Logik SCFL (Source Coupled FET Logic) entspricht der Emitter-gekoppelten Logik der Bipolartechnologie (ECL), d.h. die Grundschaltung ist ein Differenzverstärker. Figur 4.45 zeigt diese Schaltung, bestehend aus einer differentiellen Eingangsstufe und einem Paar von Sourcefolgern. In dieser logischen Familie sind alle logischen Signale als "true" und "complement" ausgeführt, d.h. zu jedem Signal wird das invertierte Signal gebildet und mit zwei Leitungen verdrahtet.

Die Schaltung hat folgende Vorteile:

- Jeder Ausgang liefert "true" und "complement"; Inverterstufen sind überflüssig.
- Die Speisung wird durch die logischen Signale nur in geringem Mass gestört.
- Die Schaltung ist wenig empfindlich auf Gleichtakt (Common Mode) –Störungen.
- Da die FETs nur im aktiven Bereich betrieben werden, ist die Schaltgeschwindigkeit sehr hoch.

Die SCFL-Schaltung hat gegenüber der DCFL die Nachteile des erhöhten Flächenbedarfs der logischen Schaltung und der Verdrahtung. Die Schaltgeschwindigkeit ist wohl höher als bei DCFL, aber diese wird erkauft durch ein höheres τP -Produkt.

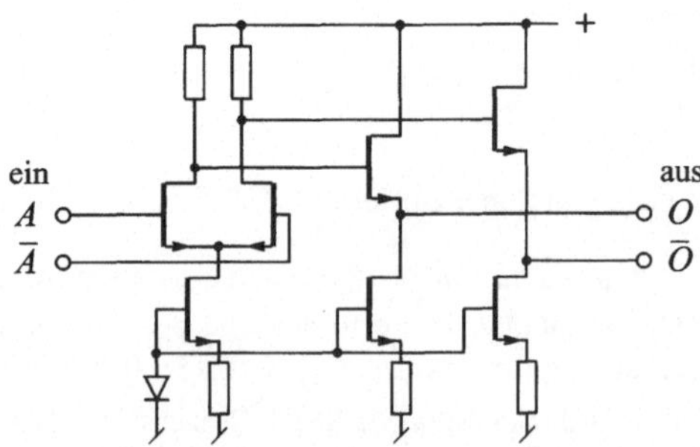

Figur 4.45 Grundschaltung der Source gekoppelten FET-Logik.

Die SCFL ist daher geeignet für wenig komplexe Schaltungen mit höchsten Geschwindigkeitsansprüchen. Figur 4.46 zeigt eine vollständige 2-Input-OR-Schaltung.

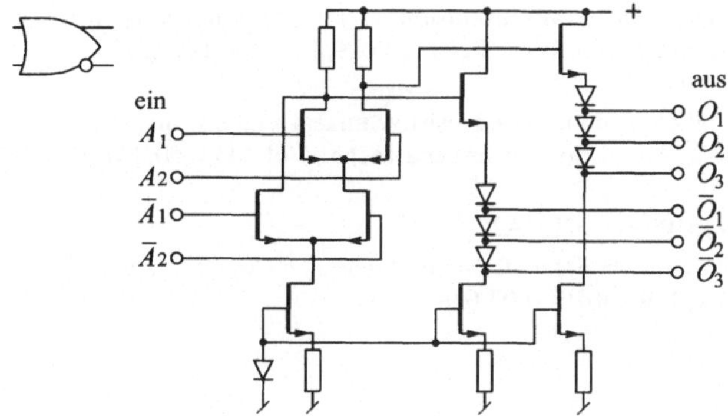

Figur 4.46 2-Input-OR-Tor in Source gekoppelter FET-Logik-Technik.

Die Schaltung weist eine weitere Eigenschaft auf, die beim Verdrahten berücksichtigt werden muss: Die Eingänge verlangen logische Signale mit unterschiedlichen Gleichspannungspegeln. Diese Pegel werden von den Sourcefolgern über eine Reihe von Schottkydioden geliefert. Die Speisespannung beträgt ca. 5 V und der logische Hub ca. 1 V. Das Produkt Schaltverzögerung × Verlustleistung τP ist im Bereich (0.25...1) pJ [12].

Literatur

[1] TriQuint Semiconductors: *Foundry Sheet TQTRx Process*, http://www.triquint.com/foundry.

[2] R. Williams: *Modern GaAs Processing Methods*, Artech House, Boston, 1990.

[3] W. Bächtold: *Mikrowellentechnik*, Vieweg, uni-script, Braunschweig/Wiesbaden, 1999, ISBN 3-528-07438-8.

[4] W.H. Haydl et al, "Design data for millimeter wave coplanar circuits", 23rd European Microwave Conference 1993, pp. 223-228, Sept. 1993.

[5] M.E. Goldfarb, A.Platzker, "Losses in GaAs Microstrip", IEEE Trans. Microwave Theory and Techn., Vol. MTT-38, no. 12, pp. 1957 ... 1963, Dec. 1990.

[6] T. Krems et al., "Millimeter-wave performance of chip interconnections using wire bonding and flip-chip", IEEE-MTT Symposium 1996, Digest pp 247 ... 250, 1996.

[7] F. Ellinger: *Monolithic Integrated Circuits for Smart Antenna Receivers at C-band*, Dissertartion ETH, Nr. 14063, Hartung-Gorre, Konstanz 2001, ISBN 3-89649-663-8.

[8] S.A. Maas: *Nonlinear Microwave Circuits*, IEEE Press, New York 1996, ISBN 0-7803-3403-5.

[9] S.A. Maas: *The RF and Microwave Circuit Design Cookbook*, Artech House, 1998.

[10] J.J. Kucera, U. Lott, "A zero DC-power low distortion mixer for wireless applications", IEEE Microwave and Guided Wave Letters, Vol.9, No.4, pp.157 ... 159, April 1999.

[11] F. Ellinger, "Compact monolithic integrated resistive mixers with low distortion for HIPERLAN", IEEE Trans. Microwave Theory and Techn., Vol. MTT-50, No. 1, pp. 178...182, Jan. 2002.

[12] TriQuint-Semiconductors Prozess QEDA2.

[13] S. I. Long, S. E. Butner: *Gallium Arsenide Digital Integrated Circuit Design*, McGraw-Hill, New York, 1990, ISBN 0-07-038687-0

Sachwortverzeichnis